电气火灾调查

主　编　张金专　赵艳红

编　者（按姓氏笔画排序）

王　斌　孙潇潇　杜泽弘　李海宁

李雅巍　杨继光　吴　涛　赵维敏

中国劳动社会保障出版社

图书在版编目（CIP）数据

电气火灾调查 / 张金专，赵艳红主编. -- 北京：中国劳动社会保障出版社，2022

ISBN 978-7-5167-5617-1

Ⅰ. ①电… Ⅱ. ①张…②赵… Ⅲ. ①电气设备 – 火灾事故 – 调查方法 Ⅳ. ①TM08-31

中国版本图书馆CIP数据核字（2022）第163632号

中国劳动社会保障出版社出版发行

（北京市惠新东街 1 号 邮政编码：100029）

*

保定市中画美凯印刷有限公司印刷装订 新华书店经销

880 毫米 ×1230 毫米 32 开本 12.75 印张 330 千字

2022 年 6 月第 1 版 2022 年 6 月第 1 次印刷

定价：45.00 元

营销中心电话：400-606-6496

出版社网址：http://www.class.com.cn

前言

电气火灾是我国发生最频繁，造成的人员伤亡和财产损失最多的一类火灾，近十年一直占火灾总数的30%左右，这与欧美发达国家及日本、韩国等亚洲国家相比，高出近20个百分点。由于电气火灾突出，我国对于电气火灾的预防一直十分重视，而从已发生的电气火灾中总结起火原因，分析发掘火灾发生规律，进而提出有针对性的预防措施是提高电气火灾治理水平的重要一步。

为了提升电气火灾调查水平和效率，本书在总结电气火灾发生机理的基础上，提出电气火灾的认定条件，现场询问和勘验的主要内容，认定电气火灾应注意的问题；结合输配电系统，介绍了电气线路、变压器及电气控制装置以及常见家用电器等电气火灾调查的方法和内容。

本书由中国人民警察大学张金专教授、赵艳红副教授任主编，具体编写分工如下：第一章，中国人民警察大学研究生院张金专；第二章，保定市消防救援支队杨继光；第三章，哈尔滨市阿城区消防救援大队李海宁；第四章，临沧市消防救援支队杜泽弘；第五章，乌鲁木齐市消防救援支队赵维敏；第六章，沧州市消防救援支队吴涛；第七章，天津市河西区消防救援支队李雅巍；第八章，中国人民警察大学图书馆王斌；第九章，中国人民警察大学侦查学院孙潇潇；第十章，中国人民警察大学侦查学院赵艳红。

在编写过程中，王鑫宇、闫欣雨、李俊哲等研究生协助做了资料整理工作，为本书的出版发行做出了贡献。

本书内容全面，各种电器组成和工作原理详细，书中图、表丰富，便于读者理解和掌握。

由于编者水平有限，书中难免有不妥之处，敬请读者批评指正。

编者

2022 年 3 月 22 日

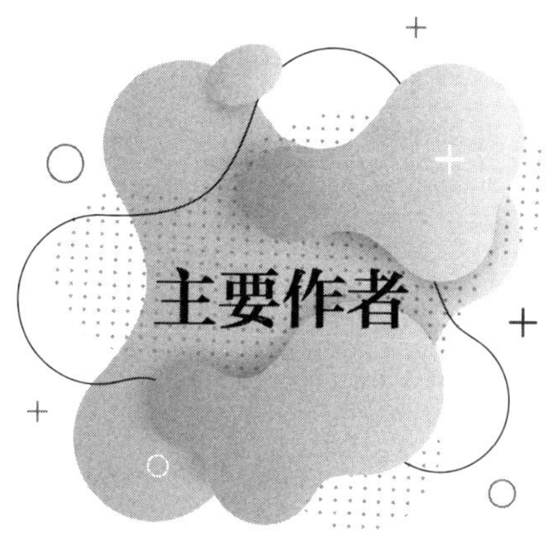

本书由中国人民警察大学研究生院党委书记、硕士研究生导师张金专教授和侦查学院物证鉴定中心副主任、硕士研究生导师赵艳红副教授编写。

张金专教授长期工作在教学、科研一线，系统讲授过5门本科生、2门研究生课程，主持完成国家科技基础性工作专项子课题1项，主持或参与完成省部级科研项目8项，在研省部级科研项目2项。2010年被聘为研究生导师以来，已指导毕业研究生50余人。

赵艳红副教授一直从事火灾调查的教学、科研和实践工作，承担多门本科生和研究生课程，完成全国各地委托电气火灾物证鉴定500余起，主持参与完成省部级以上课题10余项。

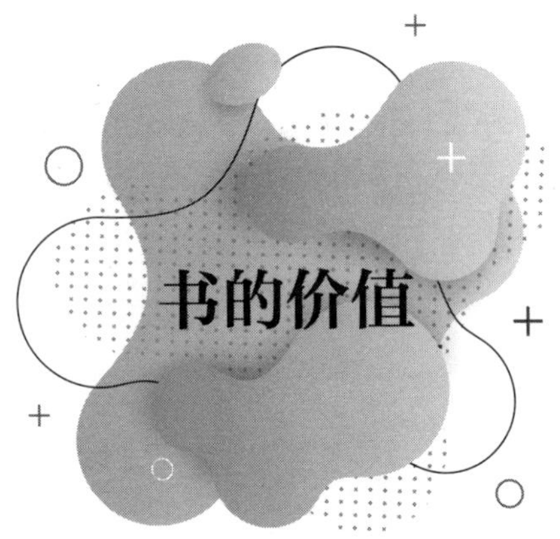

本书是一本系统介绍如何调查电气线路和常用电器火灾的书，可为从事火灾调查工作的人员分析、认定电气火灾原因提供帮助，同时本书也可作为大专院校消防工程、火灾勘查等相关专业学生的专业参考书。

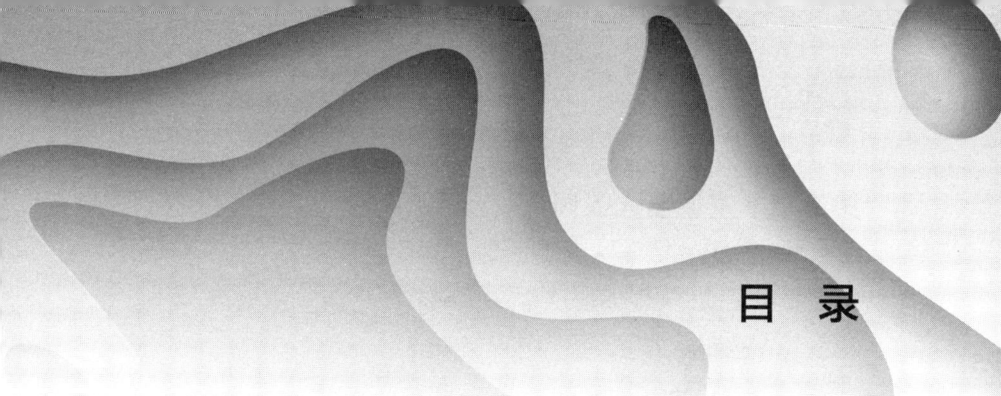

目 录

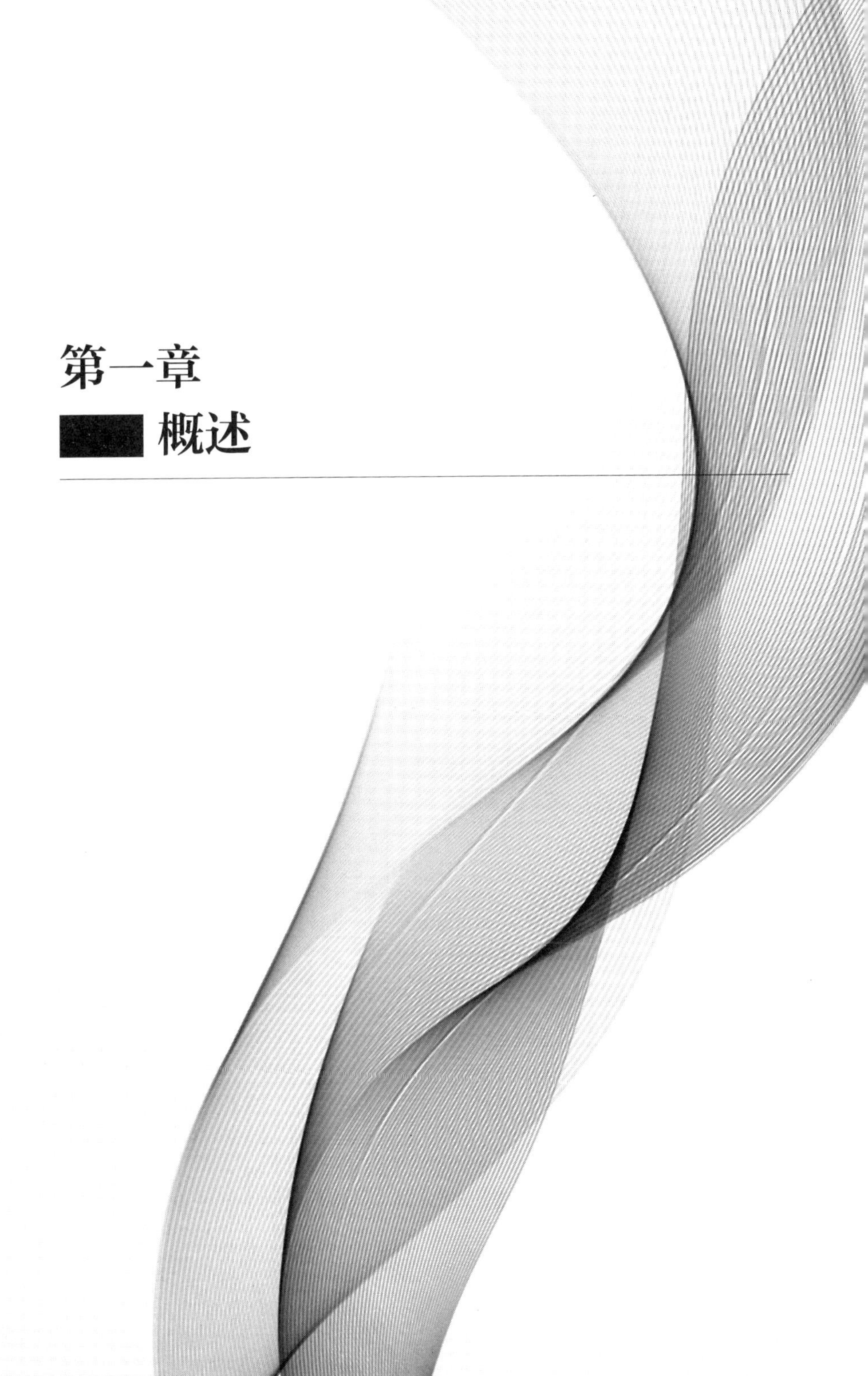

第一章 概述

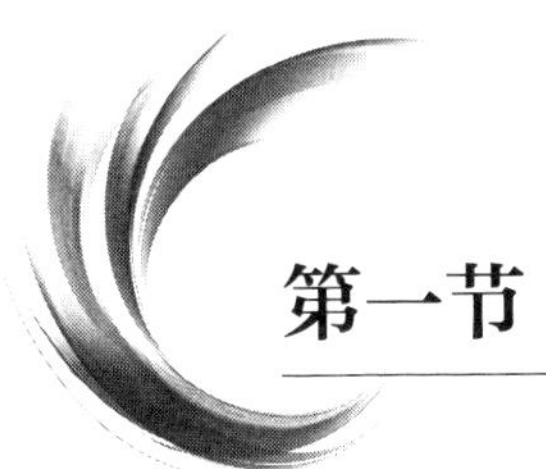

第一节 电学基础

一、电学基本参数

在调查电气火灾时，经常要用到与电相关的各种参数。掌握电学参数的含义并知道各个参数间的相互关系，对于调查电气火灾很有帮助。电气火灾调查中常用的电学参数有电压、电流、阻抗、功率等。

1. 电压（U）

单位为伏（V），是回路中的潜在能力或者压力。无论回路接通与否，都存在电压。

2. 电流（I）

单位为安（A），通过某一路径的流速或流量。只有在接通负载或故障发生时，才会产生电流。

3. 阻抗（Z）

对电流的阻碍作用称为阻抗。阻抗取决于电气系统导体的配置。根据已知情况，阻抗分为以下三类。

电阻（R）是指导体本身天然存在的阻碍。导线是最常见的导体，一般为铜或铝。电阻是导体对电流的摩擦阻力。电阻单位为欧，用希腊字母 Ω 表示。

电感（L）是由于导体缠绕成绕组造成的。绕组将电能转化为磁能。绕组用于储存磁能。绕组常用于延迟器、电动机和变压器。电感单位为亨，用字母 H 表示。

电容（C）是由于两个导体之间逐渐接近产生的。电容储存电能。电容可用于缓和电能波动。电容常用在电子电路中，减少线圈的延时作用。在电气线路中，电容常用来辅助启动发动机。电容的单位为法，用字母 F 表示。

对于上述每种阻抗而言，都伴随着相应能量的消耗。这三者共同产出功率。三者中读者最熟悉的是电阻，电阻产生热量，产出功率单位为瓦，用字母 W 表示。

4. 功率（P）

单位为瓦（W），是电流和电压的乘积。功率是在某一时间段产生的能量或做的功。

$$P=UI \tag{1-1}$$

火灾调查人员要理解电压、电流和电阻间的相互关系，掌握计算功率的方法。这些知识将帮助火灾调查人员分析电气系统引发火灾的可能性。例如，已知电压和电阻、电压和功率或功率和电阻，就可以得到电器的电流值或消耗的能量，判断电气线路是否发生过负荷，过流保护装置是否与回路的用电功率匹配。理想状态下，火灾调查人员应该可以通过查看设备确定每个设备的功率，将各个设备的功率相加计算出整个电气线路的总功率值。在设备铭牌上，提供了重要电气参数的部分相关信息。通常情况下，给出参数值的单位为安、瓦、伏等。需要注意的是，这些值往往指的是最大值（正常电压条件下的峰值），前提是在峰值功率使用时，设备可以有效运行。例如，洗衣机在滚动或旋转时，电流将达到额定电流值（铭牌所注），此时克服惯性所需的功率达到最大值。因为实际功率是动态变化的，根据设备运行状态，将实时发生变化，分支线路的过负荷状态可能随着不同负载运行的间歇性变化，而不断发生变化。

二、欧姆定律

欧姆定律解释了电压、电流和电阻之间的关系。

$$U=IR \tag{1-2}$$

式中　U——电压，V；

I——电流，A；

R——电阻，Ω。

对于纯电阻电路（不包括电感和电容）来说，欧姆定律是基本的电气运行原理。它明确了电压、电流和电阻之间的关系。已知其中两个值，就可以确定第三个值。对于查明电气火灾的原因或弄清导致火灾发生的电气故障是否释放出足够的热量来说，火灾调查人员理解电学参数和它们之间的关系尤为重要。

对发生火灾后的电气线路进行勘验分析，电阻测量值是较为有用的测量值之一。如果电压一定，调查人员测得电阻，就可以推算出功率。可以根据功率，找到导致大量可燃物升温至燃点的局部发热点或高热通量的点。可用欧姆表或多用表测量纯电阻电热设备的电阻值，将电热设备两端连在表的两极，通过读取测量指针数值得到电阻值。电热设备的测量结果就是电阻值。如前所述，可以用电压值除以电阻值，计算得到设备的电流值。通过此方法，调查人员可以确定电路中所有设备的电流值（假设均为纯电阻设备）。也可以通过电压和电流值，计算出设备的电阻值。在设备的铭牌上，通常标有上述参数，可以不用测量。

三、交流和直流

建筑物中的用电多为交流电（Alternating Current，AC），其电压和电流以正负交替循环方式进行变化，因此称为交流电。交流电的电压和电流波形为正弦波曲线。如果系统称为交流电系统，是指电压和电流都交流变化，在使用纯电阻负载时，二者具有相似的变化趋势。在居民建筑中，可认为电源来自配电盘。连接一个纯电阻负载，电流将从电源处流出，经过分支线路，然后经过重复电路流回电源，循环往复。一个电压循环包括正负两个部分，从正极峰值到负极峰值变化。一个完整的循环是从零点开始，到达正极峰值，而后返回零点，向下到达负极峰值，返回零点。电流每秒钟的循环次数称为频率，单位为赫（Hz）。包括中国在内的大多数国家交流电频率为 50 Hz，美国为 60 Hz。

在直流电（Direct Current，DC）系统中，电流往往从电源流向负载，通过回路返回电源。直流电系统在运行过程中电压不发生周期性变化，一直保持一个恒定值不变。直流电系统常用于固定安装、要求稳定、电压可控的仪器设备之中，包括某些设备和控制器。移动或便携设备，如电动汽车、轮椅等，也都是用的直流电。有些便携设备有两套电源，一套是直流电，另一套是交流电，视配置情况而定。例如，轮椅或扫地机器人，正常工作状态时用电池（直流电），电池充电时使用交流电。火灾调查人员必须弄清楚电源的类型和运行的负载，才能对引发火灾的引火源进行排除。例如，如果在轮椅电池板上发现接有充电器，就可以排除电动机为引火源，因为此时电动机根本不会工作。但是，充电器进行充电有两个来源，一个是直流电，另一个是交流电，电池对交流电压有反馈作用。如果发现充电器处于连接状态，应将两个电源均视为可能引火源进行勘验。

四、单相和三相

进入建筑物中的电气系统要求有三根导线：一根相线，一根中性线（零线），一根接地导线，这种电气系统称为单相电气系统。相线和中性线之间电压为 220 V。单相电气系统常出现在居民建筑（单户住宅建筑）和小型商业建筑中。输送至建筑中的单相线路，通常架空铺设或地下铺设。

在三相系统中，由三根带电相线和一根中性线供电。三相的正弦波不同步，这样就保证了当一相达到最大值时，其他两相在正弦波的其他位置。此种相位差为 120° 的间隔，这样，前相达到峰值电压时，后相距离峰值相差 120°。三相系统通常需要四根导线：三根相线和一根中性线。三相系统常出现在工业和大型商用建筑以及多户居民聚集建筑中。两根相线间的交流电压是 380 V。相线和中性线间的电压为 220 V。在大型商用和工业场所中，220 V 用于照明，380 V 用于运行大型设备。

第二节 低压配电系统

一、电气系统

电气系统由供电系统、控制系统、线路及负载组成。人们经常用供水系统来解释电气系统。水流（电流）在水压（电压）的作用下在管道（电路）中流动，与供水系统不同的是，电路是闭合的，电流最终要经过回路流至电源。

电气系统与供水系统的对比见表 1–1。

表 1–1　电气系统与供水系统的对比

供水系统	电气系统
水泵：提供水流动的驱动力	发电机或电池：提供电荷流动的驱动力
水压：一定面积上的压力，单位为 Pa，用水压表测量	电压（U）：单位为 V，用电压表测量
水：流过管道，做功	电子：流过导线，做功
水流：单位是 m^3/s，用流量表测量	电流（I）：单位为 A，用电流表测量

续表

供水系统	电气系统
阀门：控制水的流动 ■ 打开：水流动 ■ 关闭：水停止流动	开关：控制电流通过 ■ 闭合：回路闭合，电流通过 ■ 断开：回路断开，没有电流
阻力：水通过管线或水带的阻力，单位为 Pa	电阻：电子通过导体时的阻力，单位为 Ω
阻力损失：管线中两点间的压力差	电压降：回路中两点间的电势差
管线或水带尺寸：指内径 ■ 大管线 = 更大流量 ■ 小管线 = 较小流量	导线尺寸：导线直径 ■ 粗导线 = 更大电流 ■ 细导线 = 较小电流

二、供配电系统组成

供配电系统的任务是将公共电网提供的电能合格地供给到每一台用电设备。供配电系统由总降压变电所、高压配电所、配电线路、车间变电所或建筑物变电所和用电设备组成，如图 1-1 所示。

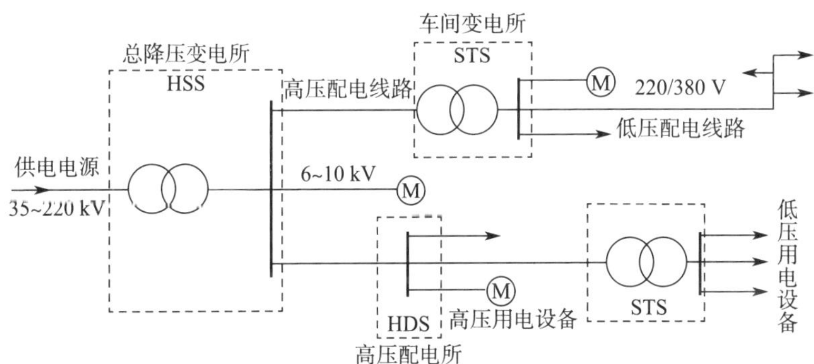

图 1-1　供配电系统结构示意图

三、低压配电系统

火灾调查过程中接触最多的是低压配电系统，其构成如图 1–2 所示。10 kV 的市电经过用电单位的降压变压器降为日常生产生活中常用的 380/220 V 电压，供用电单位的三相和单相用电设备使用。

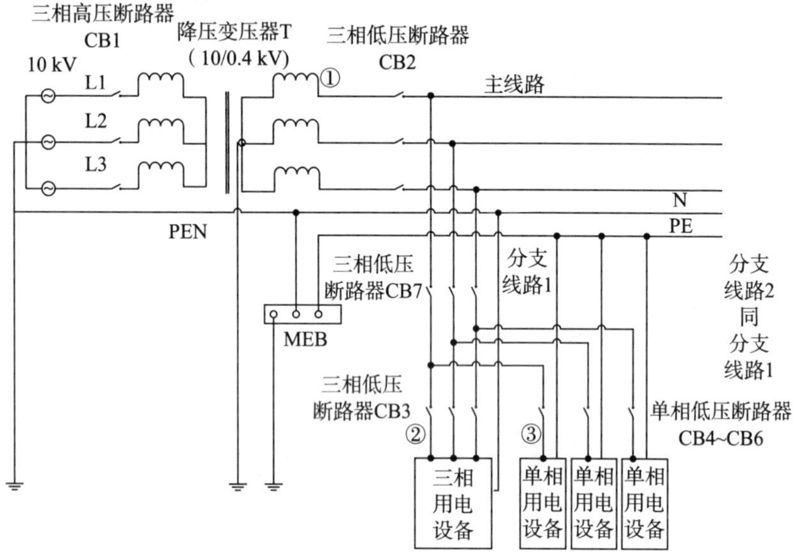

图 1–2　低压配电系统

用电单位的低压配电系统常用三级配电方式，从用电单位的主变压器把电能输送到末端用电设备，如图 1–3 所示。

四、低压配电系统接地形式

低压配电系统的接地形式按电源与用电设备外壳接地的不同组合，可分为 IT、TT、TN 三种形式。第一个字母表示电源接地情况，T 为电源一点接地，I 为电源不接地或电源经高阻抗接地。第二个字母表示电气设备的外露可导电部分的接地情况，T 为设

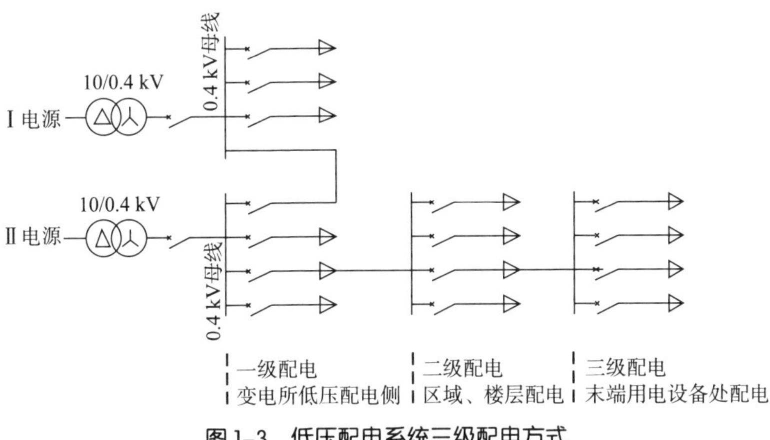

图 1-3　低压配电系统三级配电方式

备外露可导电部分直接接地，且该接地与电源接地之间无任何电气连接，N 为设备外露可导电部分直接与电源接地电气连接。需要注意的是，只有电击防护 I 类设备才存在外露可导电部分接地问题。这三种接地形式适用于任何相数、任何电源连接方式的系统。

（一）IT 系统

IT 系统是电源不接地、用电设备外露可导电部分直接接地的系统，如图 1-4 所示。IT 系统常用于对供电连续性要求较高或对电击防护要求较高的场所，前者如矿山的巷道供电，后者如医院手术室的供电等。

（二）TT 系统

TT 系统是电源一点直接接地、用电设备外露可导电部分也直接接地的系统，且这两个接地必须是相互独立的，它们之间没有电气连接。设备接地可以是每一设备都有各自独立的接地装置，也可以是若干设备共用一个接地装置，如图 1-5 所示。

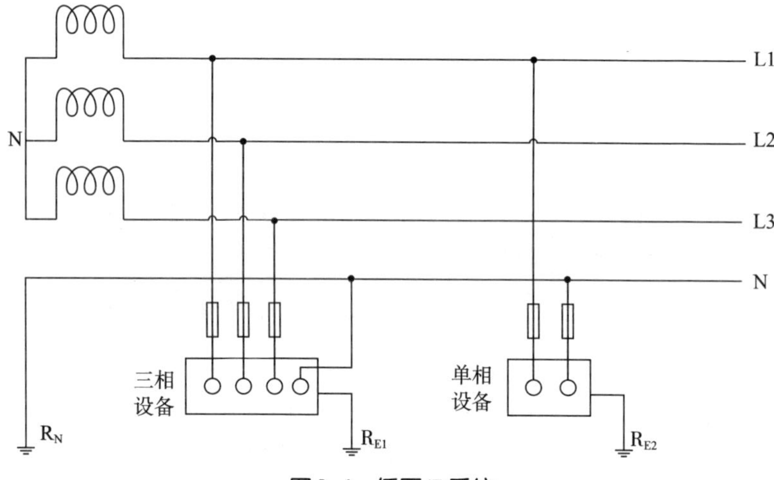

图 1-4　低压 IT 系统

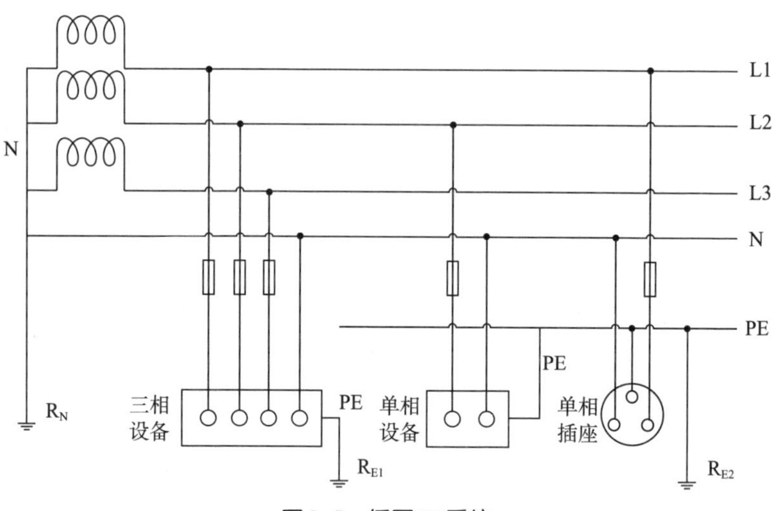

图 1-5　低压 TT 系统

TT 系统在有些国家应用十分广泛，在我国则主要用于城市公共配电网、农网配电，有一些大城市在住宅配电中采用 TT 系统。在辅以剩余电流保护的基础上，TT 系统有很多优点，是一种值得推广的接地形式。

（三）TN 系统

TN 系统是电源一点直接接地、用电设备外露可导电部分与电源地直接电气连接的接地方式。TN 系统有三种类型：

1. TN–S 系统

如图 1–6 所示，图中相线 L1 ~ L3，中性线 N 与 TT 系统相同，不同的是用电设备外露可导电部位通过保护线（PE）连接到电源接地点，与电源共用接地装置，没有独立于电源地的设备外壳专用地。在这种系统中，中性线（N 线）与保护线是分开的。

TN–S 系统是我国应用最广泛的一种系统。在自带变电所的建筑物中几乎无一例外，在建筑中也有很多采用 TN–S 系统。

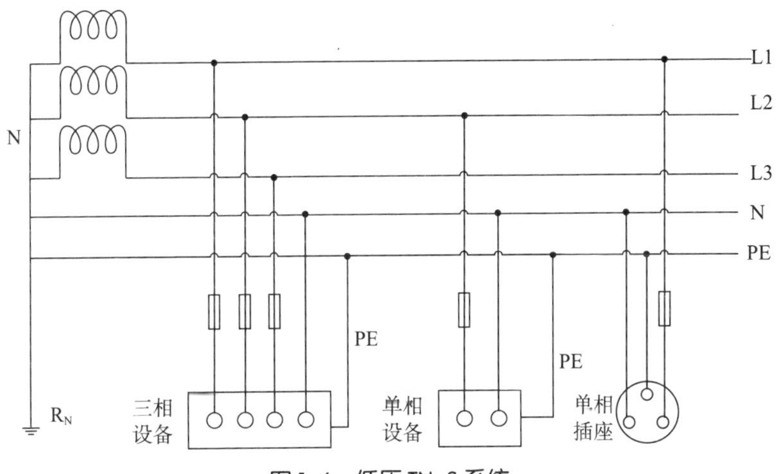

图 1–6　低压 TN–S 系统

2. TN–C 系统

TN–C 系统曾在我国广泛使用，但由于它在技术上有许多弊端，现在已经很少采用，尤其是民用建筑配电中已基本不允许采用 TN-C 系统。TN-C 系统如图 1-7 所示。

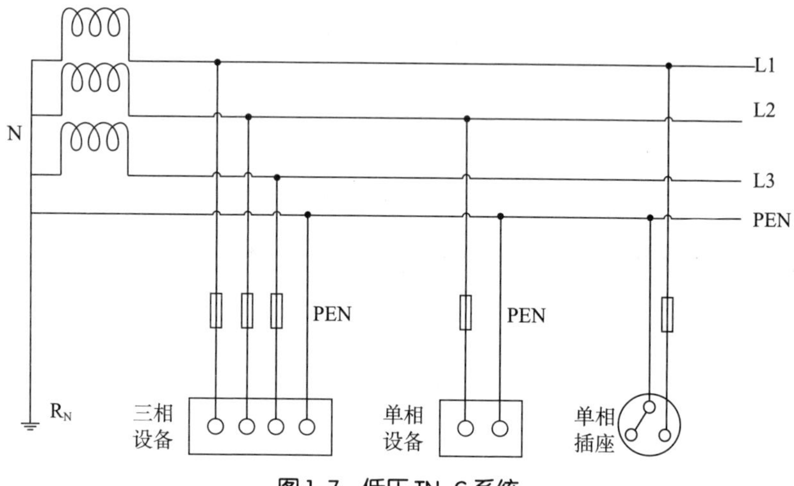

图 1-7 低压 TN-C 系统

3. TN-C-S 系统

TN-C-S 系统是 TN-C 和 TN-S 系统的组合形式，如图 1-8 所示。从电源出来的一段采用 TN-C 系统，到用电设备附件某一点处再将 PEN 线分开成独立的 N 线和 PE 线，从这一点起相当于 TN-S 系统。

TN-C-S 也是应用较多的一种系统。工厂低压配电系统、城市公共低压电网、住宅小区低压配电等常有采用。

在使用 TN-C-S 系统时一般要辅以重复接地措施，如图 1-8 中虚线所示，以提高系统安全性，但重复接地并不构成 TN-C-S 的必要条件。

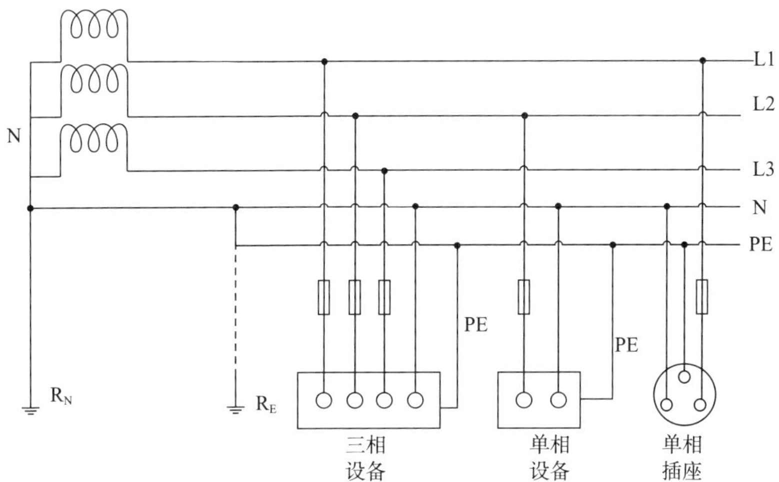

图 1-8　低压 TN-C-S 保护系统

第三节 电气火灾原理

一、电发热

电气火灾与电发热和散热平衡有直接关系。发热和散热平衡的标志是温升，绝大部分电气设备都规定了允许温升和极限允许温度，如发热和散热（允许温升时）平衡被破坏，或达到超过允许温升的另一种平衡，轻者降低电气设备使用寿命，重者使电气设备温升过高烤燃或引燃绝缘等可燃物。电气设备和装置中的金属材料和绝缘材料在温度超过一定范围以后，其机械强度下降，绝缘强度受到破坏。电气设备工作温度过高，会使其使用寿命降低，甚至遭到破坏。其损坏以及非正常工作都会给整个被控系统带来严重后果。

电发热引燃可燃物的机理主要概括为以下几个方面：

（1）载流导体过电流会引起导线绝缘燃烧，几乎所有橡胶、塑料电线电缆都可以因温度过高而引燃；导体过电流会引起回路中的接点过热，发生化学反应，进一步使接点温度上升，造成接点的熔融和滴落引燃可燃物。

（2）大电流短路故障发生时，短路接触点温度在瞬间达到金属的熔点和汽化点，接触处发生沸腾，产生气泡喷溅。金属喷溅是造成相邻物品燃烧的一个因素，如电缆终端爆炸、对地短路后线路爆炸等。

（3）电磁式电气设备如变压器、电动机、电磁开关等，都会因电气绝缘降低、铁芯过热或机械因素使其整体或局部发热，引燃绝缘体发生火灾。如绝缘漆包线在超过 175 ℃时会发生分解、冒烟、炭化，出现火苗等。

（4）某些正常状态下发热的物体如电感式镇流器、白炽灯、电炉、微波炉等，在散热条件破坏时，会持续升温，一些遮挡物、装饰物，邻近热源的一面温度也会升高，达到燃点而起火。

（5）电气制冷制热设备都存在着一个空气过滤装置，如通风不畅会引起电动机功率加大，电动机绕组烧损。有些转动电气设备，使用环境必须与设计环境一致，否则环境压力过高，旋转阻尼过大，相当于增加负荷，电气线路会被烧损。如多起高压氧舱火灾事故，都是因为旋转阻尼增大而发生火灾。

二、电接触

各种电器的导电回路总是由若干导电元件构成。其中，两个导电零件通过机械连接方式互相接触，以实现导电的现象，称为电接触现象。电接触按工作方式一般可分为两大类，一是可控接触，二是不可控接触。可控接触按照人为设计的可以控制的方式接触，实现某种连接目的。当设计、生产、使用过程中存在缺陷出现故障时，出现失控现象而向着不可控方向发展，称为不可控接触。如金属短路性接触、电弧性接触、物件搭接接触、接触电阻过大、动静触点的振动等。

电接触引发火灾主要有以下几个方面：

（1）接触点部位过热，直接引燃绝缘或粘落在其表面的粉尘、纤维、污染物等起火。

（2）接触点熔融滴落引燃下方或附近的可燃物起火。

（3）接触不良严重或不可控接触时，产生金属喷溅和强烈的弧光放电（或火花放电）现象，可以直接点燃易燃、易爆粉尘和气体。接触不良由于目前电气保护过程中先期发热，但对整个回路影响较小，保护电器不动作，又不易识别，或接点处于隐蔽工程之内，不易发现，因此更具有火灾危险性和危害性。

（4）引发其他电气故障，如相间短路、缺相、接地、熔焊等故障，引燃相关故障发生处可燃物起火。

在这里需要说明的是超容量的过电流、故障大电流同样会引起接点过热，发生的机理同接触不良相似。

三、电弧放电

在大气中当导体断开或接入电路时，如果电源电压超过 12 V，被开断的电流超过 0.25 A，在触头间隙（以下简称弧隙）中通常会产生一团温度极高、发出强光和能够导电的近似圆柱形的气体，这就是电弧。

弧隙中气体由绝缘状态变为导电状态，使电流得以通过的现象，叫做气体放电。电弧是气体放电的一种形式。气体放电主要以游离和激励产生离子和电子，离子和电子在电极和空间复合，释放出热量和光能。气体放电的形式分为汤森放电、辉光放电和弧光放电，分别对应不同的阶段，放电过程为汤森放电→辉光放电→弧光放电，这一过程称为自持放电过程。在自持放电前，有电压击穿的过程，在没有击穿时，电流不随电压而变化，不能产生热能，如电压下降，则绝缘强度恢复。导体间的绝缘体同大气一样，只不过是绝缘体一旦产生放电，便不可恢复。

弧光放电原理为当带电导体或开关电器接触或分开时，在大多数情况下，被断开和未接通前电路的电压和电流都大于生弧电压和生弧电流，所以，在断开和接通电路时导体之间不可避免地要产生电弧。电弧产生和发展过程可以概述如下：当导体开始做分离或接触运动时，分离使接触的面积逐渐减小，电流密度逐渐增大，当接触面要分开时，接触面小突起部分熔化和气化。刚接触时接触表面为小突起接触，随后接触面积逐渐增大，因而接触处刚分刚合时，金属小突起强烈发热，金属首先熔化，形成液态的金属桥，然后一部分变成金属蒸气进入触头间隙中。赤热的金属表面加强了电子的热发射。同时，接点开始分开或邻近闭合时距离很小，触头间的电场强度甚高，阴极表面将产生高电场发射。由于这两种发射的作用，大量电子从阴极表面进入弧隙，它们在电场作用下，通过电场游离使弧隙中产生更多的电子和大量的正离子。电子进入阳极与阳极金属中的正电荷复合，并放出能量加热阳极表面。正离子走向阴极，从阴极取得电子进行复合，释放出能量。一部分正离子和电子在弧隙空间复合，将放出的能量以光量子形式进行辐射或增加气体粒子的热运动。结果，弧隙中气体温度逐渐升高，热游离越来越起主要作用。气体中带电粒子越来越多，气体电导也越来越大，因而弧隙两端的电压降（即电弧电压）越来越小。据试验证实电弧在燃弧时的弧柱温度为 6 000 K 以上，趋于熄灭时的温度也在 3 000 ~ 4 000 K。这就是常说电弧温度在 3 000 K 以上说法的出处。

电弧是电气回路分断过程中或电气故障发生时必然产生的物理现象。由于电弧具有温度高和发光强的性质，因此，具有很高的火灾危险性，电弧引发火灾的机理，主要包括以下几个方面：

（1）使电路仍旧保持导通状态，用以释放电能，因其为高温等离子体，形成超过 3 000 ℃的局部高温度区域，可以瞬间点燃可燃物、易燃物，形成火灾和爆炸。

（2）烧损金属，严重者可以造成金属熔化、汽化，发生喷溅引发可燃物造成火灾。特别是铝导线，喷溅金属在空间继续氧化，是一种吸热反应，保持较高的温度，更容易引燃可燃物起火。

（3）对于某一分支回路，发生故障时因电弧连接，持续时间从几个周波到几百个周波，特别是对地短路，在导线或接点上形成过电流，易引起回路中相关线路和接点过热起火。

（4）对于某些大负荷配电电器，经常产生电弧，可使相间绝缘炭化或金属粒子在相间沉积而形成导电通道，进而发生短路故障。

（5）过电压如雷电过电压、操作过电压等是造成初始击穿，产生弧光放电的重要因素，如果没有击穿就不会产生弧光放电。很容易使电气设备发生着火、易燃易爆粉尘和气体发生爆炸。

（6）电子式电气设备如电视机、显示器、录音机等，有时半导体管脚会出现放电现象，而这时设备内部如残存粉尘纤维，就可能引起爆燃。

第四节 电气火灾认定条件及调查要点

一、电气火灾的概念

电气火灾是指因为电气设备、线路故障或其安装、使用、维护不当造成的火灾。这类火灾的共同特点是电能转换为热能后，作为引火源引发火灾。随着我国国民经济的发展和人民生活水平的提高，电器的种类和用电范围在不断扩大，用电量也在逐年提高，电气原因引发的火灾事故也居高不下。

电气火灾调查，是指火灾调查工作进行到确定起火点后，在起火点处寻找电气引发火灾的证据的过程，也就是说围绕电气系统进行勘验和访问，在起火点处寻找电火源的过程。由于电气是引发火灾的主要原因之一，火灾调查中及时准确地查清电气系统造成火灾的原因，为电气防火工作提供基础资料，对于采取有效措施防止电气火灾的发生，具有重要的现实意义。

二、电气火灾的认定条件

调查认定电气火灾，除应满足其他火灾认定的基本条件外，还应具备以下条件：

（一）起火时或者起火前的有效时间内，电气线路、电气设备处于通电状态

认定电气火灾时，首先应该确认电气系统的通电情况，线路或设备带电才可能引起火灾。电气线路或设备如果不带电，一般认为火灾与电无关。认定电气线路或设备的通电状态时，应注意以下三种情况：

一是开关控制在零线的照明线路，关灯时仍可发生相线对地短路火灾和漏电火灾。

二是已经停电的设备的余热，在停电较长时间后仍然可能引起火灾。如电熨斗、电炉停止使用后余热仍能引燃可燃物。所以，起火前的有效时间内带电同样是认定电气火灾的必要条件。

三是起火时间可能与通电时间存在一段时间差，在这种情况下，应该认为起火前的有效时间内带电使用也可能引发火灾。例如，在天棚上的电气线路可能因接触电阻过大发热、过负荷、短路等原因引燃天棚上保温材料（如锯末）而发生阴燃，阴燃时可能很难被人发现。而阴燃过程中电气系统是否通电对火灾的发生和发展已经没有意义了，从发现明火时起向前推到锯末被引燃这段时间称为起火前的有效时间。

（二）电气线路、电气设备存在短路或者发热痕迹

由电气线路或设备引起火灾后，通常在电气系统的某一处留下故障点，即存在能够证明电气原因引发火灾的证据。例如短路留下的熔痕、电热器具留下的过热痕迹等。如果在现场勘验中未发现这类故障点，则不可轻易将火灾原因定为电气火灾。

（三）起火点或者起火部位存在电气线路、电气设备发热点

电气火灾的火源是电火源，必须在起火点处存在引起火灾的

电气线路或设备，才有可能认定电气火灾。这里的起火点应位于电气设备或线路故障点的附近、下方或下风方向。电气故障引发火灾时，有时故障点可能与起火点存在一定的距离。例如，电气故障产生的电火花飞溅后引燃可燃物造成火灾，起火点可能与故障点存在几十厘米甚至几米的距离。尤其是铝导线，由于喷溅出的铝与空气发生剧烈的氧化反应，在飞溅的过程中能够保持高温状态，其引燃能力更强。另外，电气设备的发热体产生的热量，可能通过热传递、热辐射引燃可燃物，使起火点与电气设备存在一定的距离。

在确定电气设备或线路与起火点的对应关系时，应该考虑到一些临时的用电设备或线路，以及非正常的电流回路，如漏电回路。

（四）电气线路、电气设备发热点或者电气线路短路点电源侧存在能够被引燃的可燃物质

可燃物的存在是火灾发生的必要条件，因而在电气线路、电气设备发热点或者电气线路短路点电源侧存在能够被引燃的可燃物质是电气火灾发生的必要条件。在认定电气火灾时，应考虑电火源产生能量的大小，起火物的点火能量，以及起火物与电火源的位置关系等。如短路时产生的电火花，温度可达 2 000 ℃以上，但瞬间消逝，电能逐渐损失，有时不能引燃可燃物，所以不是发生短路就必然起火，能否引起火灾是由客观条件和被点燃物质的燃烧性质决定的。

（五）起火部位或者起火点具有火势蔓延条件

任何一起火灾从起火点燃起后，周围必须存在能够促使火灾发展蔓延的条件，这样火灾才可能扩大，电气火灾也不例外。这些条件包括起火点周围可燃物的分布，起火点处的保温蓄热条件等。

三、通电状态认定

在认定电气火灾原因时，认定通电状态十分重要。认定通电状态主要是通过勘验配电线路、电气控制装置和设备来进行，有时还需要证言进行验证。现场勘验的具体方法根据现场的实际情况确定，如火灾中配电盘未被烧毁，可采用由配电盘处向负荷处查找的方法，也可采用由负荷处向电源处查找。认定通电状态方法如下：

（一）根据电气控制装置状态认定

电气控制装置主要集中在配电盘。在 1 000 V 以下的电路中，电气控制、保护和调节装置有很多，常见的有刀开关、单极开关、铁壳开关、断路器、各种熔断器、交流接触器、磁力启动器、气体继电器等。

1. 根据刀开关的状态认定

在配电盘未被严重烧损时，可以通过开关的关合位置认定通电状态。如果刀闸严重烧损，可用复原勘查法，在收集残体使其恢复原状后，判定其合、断的状态。一般有五种方法：

（1）根据动片、静夹片的离合状态认定。现场烧毁的状态是动片和静夹片复合在一起，表明是通电状态。

（2）根据动片、静夹片烟熏痕迹认定。如果动片和静夹片内侧有烟尘，说明处在未通电状态；如果动片和静夹片没有烟熏，静夹片内侧较其他部位洁净，外部其他部位烟痕很重，形成明显的界线，说明处于通电状态。

（3）根据静夹片间距认定。如果两静夹片间距大于等于动片厚度，则说明火灾发生时刀开关处于闭合位置。如果两静夹片间距略小于动片厚度，则说明火灾发生时刀开关处于断开位置。

（4）根据动片与底座活动轴的活动性认定。开关受到高温作用，其活动轴由于氧化严重而失去活动性。通过观察刀闸与静接点、锈丝连点的关系确定通电状态。一般呈现 180° 角时表明通电状态，若呈现 90° ~ 0° 角时则表明断电状态。

（5）利用手柄螺孔封漆熔流状况认定。紫褐色电工封漆熔点不高，在火灾中受热会熔化。如果开关处于断开位置，手柄螺孔中封漆将会熔化流出，滴落于开关下部和本体上，经火烧后一般呈现黑色，烧毁严重的呈灰白色残渣。如果开关处于闭合位置，经火烧后开关本身仍保持完整，则开关下部和本体上不会残留手柄螺孔内熔化封漆的流滴痕迹。火烧严重时，手柄瓷器被烧裂，其螺孔内封漆会流出，熔化封漆将从开关本体最高位往下流，在其流经处都会留下痕迹。

2. 根据铁壳开关的状态认定

铁壳开关的铁盖上有机械联锁装置，其用途是保证合闸打不开盖，而开盖时又合不上闸。根据手柄和铁壳的相对位置认定通电情况，必要时可开盖查看。

3. 根据自动空气开关的状态认定

可根据开关的“闭合”“断开”状态判断。如果开关在“闭合”状态，且表面有烟熏，则可认为火灾前或火灾期间断路器处于“闭合”状态，发生短路后才跳闸的。也可通过拆开断路器，查看主触头的位置来认定，通电情况下两触点无间隙，触点面与其他部位颜色变化有区别；断电情况下，两触点分离，触点面与其他部位颜色一致。

4. 根据熔断器状态认定

熔断器是在电气线路和电气设备的回路上防止短路和严重过

负荷的保护装置。选择熔丝的条件是熔丝的额定电流应与被保护线路的安全载流量相适应。勘验时检查熔断器熔丝的状态，可以认定通电状态。

（1）开关处于合闸状态，熔断器（熔丝与熔片、熔丝管等）完整无缺，如果起火时线路断电，该线路未发生电气故障，可能是其上一级保护装置发生动作所致。

（2）如果熔断器爆断或熔断，形成的痕迹是新的，则可以认定发生火灾前或火灾中电路处于通电状态。

（二）根据现场短路熔痕认定

现场勘查电气线路中，如果发现短路熔痕，则证明火灾前或火灾中电气线路或电气设备处于通电状态。

（三）根据插头插座状态认定

在烧毁不严重时，可对插头的颜色和燃烧状态进行分析判断。插头连接在插座的情况下，插头的接触片和插口内表面没有烟熏，说明插头插座处于通电状态。如果插头和插座有烟熏并附有炭渣，说明着火时没有连在一起，即处于断电状态。

（四）根据仪器、仪表的状态认定

现场中的仪器、仪表停电后的状态能表明火灾时通电、断电的情况。如电钟的指针指示方向可以证明火灾现场何时停电。

（五）根据证言认定

1. 变电所使用情况的证言

查阅变电所记录的断电、送电时间；弄清断电的原因，是事故跳闸，还是正常倒闸，或者紧急情况下人为拉闸。

2. 供电情况的证言

向电工、现场操作人员和其他人员了解供电情况，尤其要注意系统突然停电，但操作人员未能关闭电源，当人员离开后系统又送电的特殊情况。

四、电气火灾现场勘验的主要内容

对怀疑为电气火灾的现场，在确定起火部位后，应该对起火部位有关的电气线路或设备进行勘验，主要目的是勘验电气系统是否存在故障、产生故障的原因，以及与火灾的发生有无直接关系等。主要应查明如下内容：

（一）电气系统的设计与安装情况

勘验现场中的电气线路、电气设备设计、施工安装是否符合国家电气安装、安全规范，是否符合地方政府及有关部门的安全规定；通过勘验，确定现场电气系统是否存在“先天不足”，有无潜在的火灾隐患。如果发现电气线路或设备被人改装和检修过，应该查明何时、何地经过何人改装，何人验收鉴定，改装或检修后使用状态如何。

（二）电气线路和设备火灾前的使用情况

勘验电气线路和设备，查明电气线路和设备在火灾发生前是否在使用，使用是否正常；电气线路、设备以前是否发生过某种故障，发生经过和原因，事后的处置情况；现场用电设备配置情况，有无过负荷的可能；现场有没有临时接线和临时用电设备。

（三）电气设备的原始位置

勘验现场中电气设备的原始位置，如用电器具、开关、插座、插头等的位置是否发生过变动，如果发生过变动，变动情况如何，变动原因是什么。查明是火灾扑救过程中触动的还是结构倒塌时位置变动，或者救火后人为故意变动。

（四）提取相关的痕迹物证

在现场勘验中，对于能够证明电气系统真实情况的痕迹物证进行提取。可作为电气火灾物证的有：开关上的烟迹；开关插销、电热器具等实物；电弧痕迹；开关等把手上的指纹；短路痕迹；熔丝熔断状态；变电所运行记录；电气设计安装、竣工改装图纸；同一现场上的电气接点、开关等。

五、电气火灾现场询问的主要内容

（一）供电情况

向火场周围使用同一配电线路的群众了解用电系统的一般情况，如供电电压质量、一般停电时间和次数、线路负荷情况，以往电气系统曾发生过哪些故障或事故、什么原因、引起什么后果以及维修情况等；火灾前供电的状况，如电灯是否忽明忽暗，是否出现过断电，是否有过电灯发暗、突亮等情况，持续多长时间等。这些供电情况可以帮助火灾调查人员判断可能存在的电气故障。如电灯忽明忽暗，说明电气线路的接头或开关松动，存在严重接触不良的故障。

向配、变电所值班人员了解供电情况及事故当时的仪表反应。他们根据仪表指示和保护装置的动作情况，可以准确地提供有关线路、设备发生故障的范围及故障时间。

（二）电气设备的使用情况

向电气设备的使用人员了解电气设备的生产厂家、生产时间、设备及线路的使用情况，交接班验收情况；向设备科技维修人员了解设备的来源、质量、历次事故及维修情况，了解设备故障易发点。

（三）起火前的异常情况

向电气设备的使用人员及起火前在现场的人员了解起火前电气系统有何异常情况，有无事故征兆。常见的事故征兆如下：

（1）电灯正常亮，说明供电、用电正常。

（2）电灯突然熄灭，如果不是停电，则有两种可能：一是短路，二是断路。

（3）电灯突然亮一段时间后灯丝烧断。这说明电压发生了不正常的突然升高，这可能由三种情况引起：一是误接入 380 V 电源，或者另一相线与零线相混；二是雷电侵入电压升高；三是供电变压器高、低压线圈之间绝缘击穿。如果是误接入 380 V 电源，电灯突然亮，然后持续较长时间，可达数秒至数十秒。后两种情况会出现突然亮、瞬时熄灭的现象。

（4）电灯突然稍暗，数秒内恢复正常，说明有电动机接入，电动机启动电流引起短时间的电压降，运转正常后恢复正常电压。

（5）电灯突然稍暗，并且维持稍暗，说明有电炉等电阻性大负荷接入，大负荷的大电流引起稳定电压降。

（6）电灯忽亮忽熄或忽亮忽暗，说明是接触不良发展到严重程度的表现。

（7）电灯明显暗淡，说明漏电，原因是不良接地或变压器一次侧缺相。

六、电气火灾原因认定应注意的问题

（一）应注意现象与原因的一致性

1. 过负荷和接触电阻过大两种原因引起的火灾

对接触电阻过大引起的火灾，还应注意到当时的用电负荷问题，实际多数情况是用电量过大，同时线路过负荷运行，两种因素共同作用，长时间过热导致火灾发生。因此调查时不能单纯地从现象出发。

2. 高阻抗短路火灾

电气线路发生高阻抗短路，电流经过线芯间一种非金属但又属于半导体物质时会导致漏电。由于非金属材料的电阻较高，形成的漏电电流不足以使保护装置起作用，但却能引起非金属材料的燃烧。

（二）注意痕迹与原因的关系

认定一起电气火灾原因，要重视痕迹物证的证明作用，同时要结合证言进行综合分析。例如小型配电变压器和镇流器发生火灾，常由于本身故障过热短路起火。它的特点是过热冒烟在先，短路在后。所以就线圈的短路熔痕来说，它是在热烟和部分火焰状态下形成的，具有二次熔痕的特征，属于火烧短路熔痕。在这种情况下，二次短路同样是导致火灾发生的直接原因。要注意这种痕迹和火灾原因的关系。

（三）注意故障点与证言的关系

有时发现电气线路上的故障点，经分析可能是电气火灾，但与证言的内容有很大的差异。这种情况往往是证人不了解事实，回避线路通电的事实所致。或者该线路接在总配电盘处，单独形成回路，当事人不清楚。有时也不排除当事人为逃避责任而说谎。因此，要实事求是地进行分析，保证痕迹物证与证言一致。

第二章 电气线路火灾调查

第一节 架空线路火灾调查

一、架空线路的组成

架空线路主要指架空明线，架设在地面之上，是用绝缘子将输电导线固定在直立于地面的杆塔上以传输电能的输电线路，如图 2–1 所示。架空线路的优点是造价低、机动性强，便于检修。架空线路的缺点是可能妨碍交通和建设，易受空气中杂物的污染；而且，架空线路可能碰撞或过分接近树木及其他高大设施或物件，导致电击、短路等事故。

图 2–1　架空线路

架空线路由杆塔、导线、避雷线和其他附件组成，如图 2–2 所示。杆塔用于支撑导线、避雷线和其他附件，以使导线之间、导线与避雷线、导线与地面及交叉跨越物之间保持一定的安全距离。导线用以传输电能。避雷线布设在导线上方，用于保护输电线路不受雷击破坏。其他附件包括横担、绝缘子、线夹等，用于固定导线和避雷线。

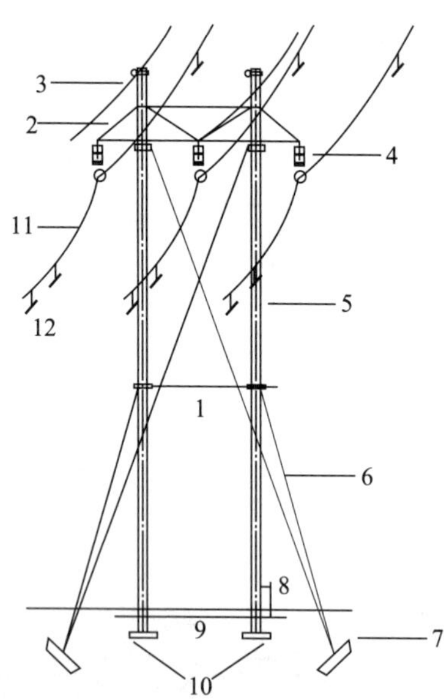

图 2-2　架空线路组成

1—横梁　2—横担　3—避雷线　4—绝缘子　5—混凝土杆　6—拉线　7—线盘　8—接地引下线　9—接地装置　10—底盘　11—导线　12—防振锤

二、架空线路导线

（一）架空线路导线种类

1. 铜线

铜是导电性能很好的金属，能抗腐蚀，但密度大、价格高，且机械强度不能满足大挡距的强度要求，现在的架空输电线路一般都不采用。

2. 铝线

铝的电导率比铜的低，密度小、价格低，在电阻值相等的条件下，铝线的重量只有铜线的一半左右，但缺点是机械强度较低，运行中表面形成氧化铝薄膜后，导电性能降低，抗腐蚀性差，故在高压配电线路用得较多，输电线路一般不用铝绞线。

3. 钢线

钢的机械强度虽高，但导电性能差，耐腐蚀性也差，易生锈，一般都只用作地线或拉线，不用作导线。

4. 钢芯铝线

目前架空输电线路导线几乎全部使用钢芯铝线。钢的机械强度高，铝的导电性能好，导线的内部有几股是钢线，以承受拉力；外部为多股铝线，以传导电流。由于交流电的集肤效应，电流主要在导体外层通过，这就充分利用了铝的导电能力和钢的机械强度，取长补短，互相配合。

（二）架空线路导线截面积

架空线路导线运行中，除受自身重量的载荷之外，还承受温度变化及覆冰、风压等产生的载荷。这些载荷可能使导线承受的拉力大大增加，甚至造成断线事故。导线截面越小，承受外载荷的能力越低。为了保证安全，使导线有一定的抗拉强度，在大风、覆冰或低温等不利气象条件下，不致发生断线事故，需要规定各种情况下架空导线最小允许截面积。

选择导线电缆的截面积时应满足以下条件：

1. 发热条件

导线通过电流时，导线的电阻消耗能量并使导线发热，导线中流过的电流越大，温升越高。导线温度过高可能造成导线绝缘的损坏，裸导线机械强度降低，甚至烧断导线造成事故。为在最高环境温度和最大负荷情况下，保证导线不被烧坏，导线中通过的电流不应超过其允许电流（安全电流）。

2. 满足电压损失条件

用户受电端的电压变动幅度应不超过额定电压的一定百分数。

3. 满足机械强度条件

为保证架空导线在大风、覆冰或低温等不利气候条件下不致发生断线事故，因此规定了使用导线的最小截面积，以满足机械强度的要求。

4. 满足保护条件

保证断路器或熔断器能对导线起到保护作用。

根据以上四个条件选择出的截面即为最合适的导线截面。除此之外，也可根据投资和运行费用，按经济电流密度选择导线截面。

三、架空线路火灾原因

（一）碰撞短路

当风力和弧垂满足条件时，就有可能碰接。最重要的一点是如果发生碰接短路，线路上一定残存区域性痕迹，如图 2–3 所示，即在一定的长度内多点短路熔化，大部分断点在区域性痕迹的中心部位，形状为无拉伸变细尖状痕迹。如果无断点，跳闸复位后可继续通电。

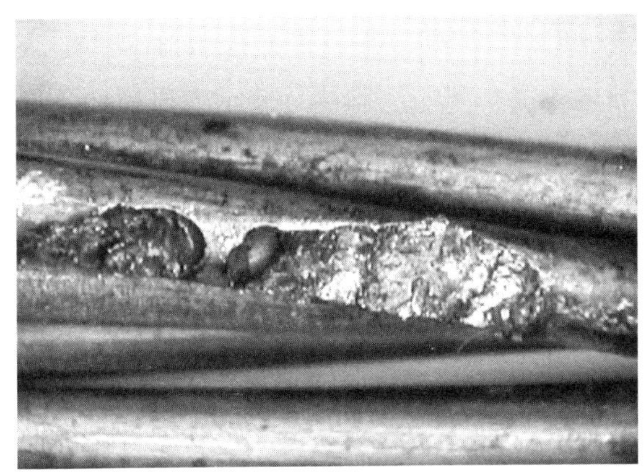

图 2-3　架空线路碰撞短路痕迹

（二）相间或对地放电

相间放电的主要原因是空气潮湿，高压引起水汽击穿放电。

对地放电只在树木、突出物距高压线贴近时或带有金属离子蒸气时才能使得高压带电体对地放电。放电时，电线上的金属粒子穿过金属表面势垒进入空气中，向大地放电。

相间放电和对地放电很难留下痕迹，在电镜下观察可能会发现线路表面的针状空洞。

（三）导线接点压接不良

架空线路也有许多接点，多采用压接方式或螺栓固定，虽然高压线通过的电流不大，但也可以造成某点熔融脱落，引燃下方可燃物起火。

对于架空线路，只要线路熔断，电源侧在重力的作用下向支撑杆塔方向移位，脱落的导线对地或地面上的物质放电或短路，而痕迹可能在脱离起火部位后形成，因此在痕迹判别时应引起重视，否则火灾原因认定会出现错误。

（四）物品或动物飞落引起击穿

当有导电物品如风筝、动物等跌落或碰撞到不同相的架空导线上时，也可以引起架空导线相间放电，产生火源，进而引发火灾。

四、架空线短路火灾现场勘验和调查询问的主要内容

（一）现场勘验的主要内容

1. 查明起火部位和架空线路的关系

认定的起火部位上空有架空线。架空线路不得跨越易燃易爆物品库、易燃材料堆场等。往往架空线路正下方不可能堆放可燃物，应在附近寻找可燃物。短路点底部有能被电熔珠引燃的可燃物质。

2. 查明导线规格、品种、型号及被烧状态

高压和低压架空线路对导线的规格、品种、型号要求是严格的，如果不符合规范易导致事故发生。

3. 起火部位上部导线上形成有多处凹凸状电熔痕

由于架空线路电杆间距过大或弧度较大的两线相碰形成短路。短路痕迹的特征是出现明显的对称电熔痕。在落地导线上，如果发现电弧烧痕，则应在另一根相邻的导线上寻找对应线段的电弧烧痕，或在接地体及地面上寻找导线短路熔痕或导线熔渣。

4. 接触不良或接触电阻过大起火的根据

起火部位上部导线有接头，松动打火击断痕。绝缘子破裂，有放电烧蚀痕。

5. 检查架空线路断头，观察其断前断后与起火点的相对位置，以判明导线断落原因

如果导线与导线、导线与接地体发生短路断开，不仅在其断点有电弧烧伤痕迹，而且在其断点附近一段导线上也有导线相碰或与接地体接触造成的电弧烧痕。

（二）调查询问的主要内容

（1）走访电气线路附近群众，指认线路短路打火地段和部位。

（2）调查有无在线路附近高架施工、车辆通过、放风筝、抛金属物、飞禽碰撞电线和树木摇动等情况。

（3）起火当时的风力、风向。

（4）短路点附近可燃物堆放情况，可燃物堆垛与电线的水平距离及高度。

（5）起火前电气线路反常情况。

（6）断电人、断电时间和过程。

第二节 室内线路火灾调查

一、室内线路火灾的主要原因

（一）短路

短路是指线路中不同相或不同电位的两根或两根以上导线不经过负载直接接触，常见的有相间短路和对地短路两种。由于短路时容易击穿空气放电产生电弧，可以引燃其周围的可燃物造成火灾。

室内敷设线路短路故障主要原因包括：年久失修，绝缘老化；导线规格型号未按具体环境选用，在高温、潮湿、腐蚀性气体等作用下加速导致绝缘老化；乱接乱拉，管理不善或用电量过大，线路长期过负荷运行致使绝缘损坏；进户线短路或接地往往是因风吹摇动，电线与穿线管管端摩擦及室内外温差而造成绝缘破坏的结果。

短路易形成短路痕迹，按其特征不同可分为短路熔珠、凹坑状熔痕、尖状熔痕和喷溅熔珠，如图 2–4 至图 2–7 所示。

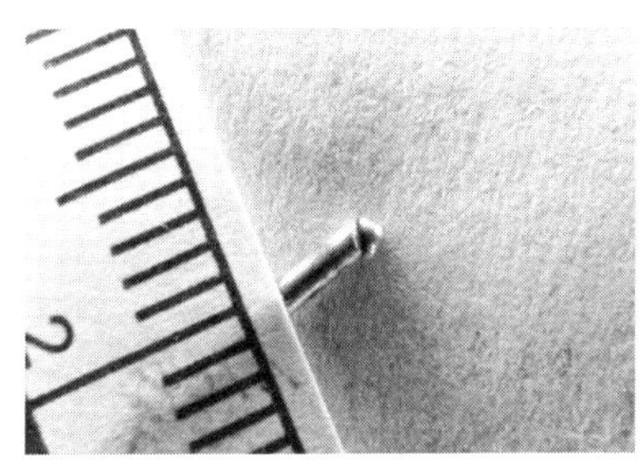

图 2-4　短路熔珠

图 2-5　凹坑状熔痕

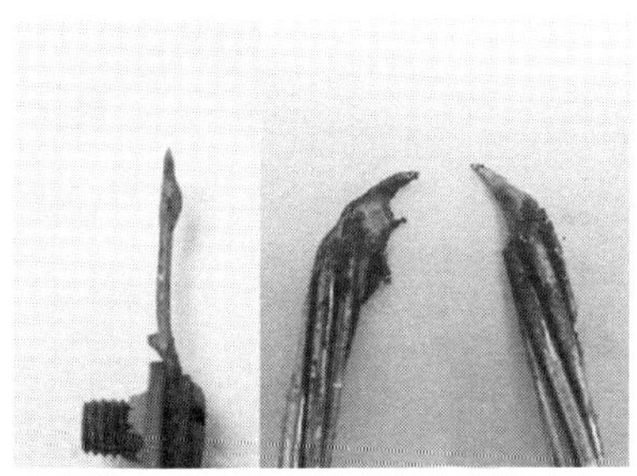

图 2-6　尖状熔痕

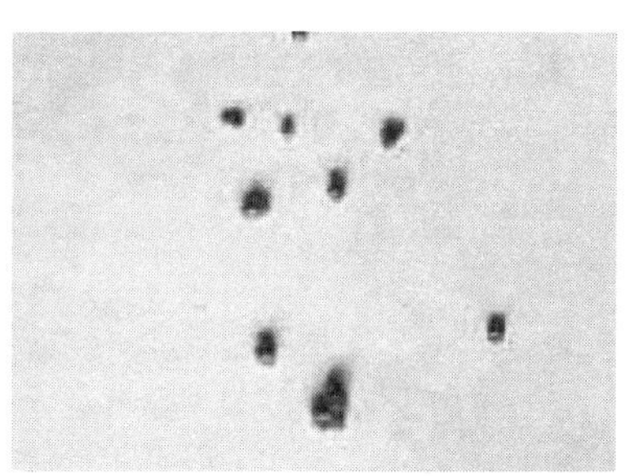

图 2-7　喷溅熔珠

（二）过负荷

电气线路过负荷是指线路中的电流超过了线路的安全载流量。电气线路过负荷故障主要是由于：导线截面选择不当，实际负荷超过了导线的安全载流量；不考虑回路的实际载荷能力，过多地接入用电设备；漏电等。导线过负荷时，由于电流过大，或者导线的散热条件不好，可使整个回路中导线过热，如果此时导线附近有可燃物就可能被引燃而造成火灾。由于过负荷是整个回路过热，所以可以形成沿导线走向的条形起火点。

导线过负荷时，会造成绝缘损坏，在整条过负荷线路中形成均匀的过负荷痕迹，铝导线还可能形成均匀断节。导线过负荷破坏痕迹如图 2-8 至图 2-10 所示。

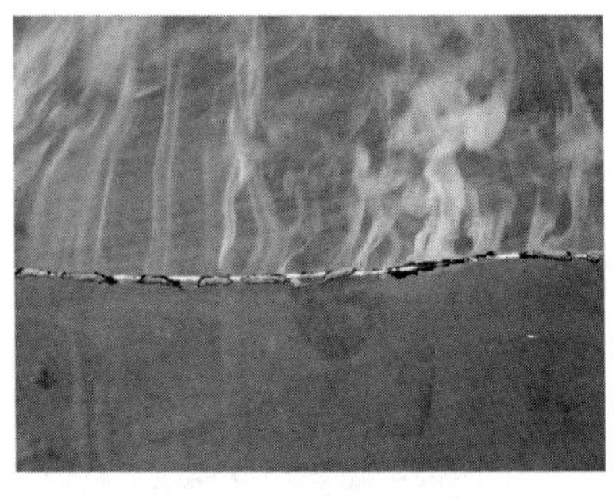

图 2-8　过负荷时导线绝缘破坏情况

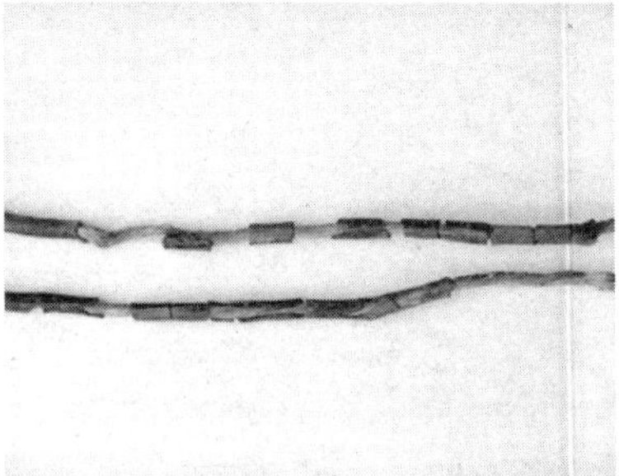

图 2-9　过负荷熔痕外观特征

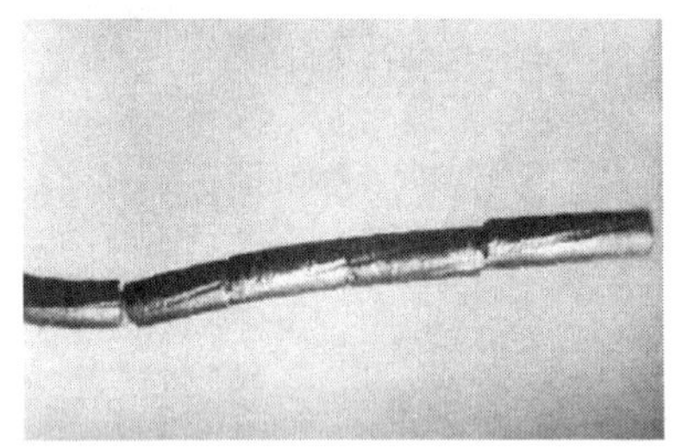

图 2-10　铝导线在过负荷情况下形成的断节

（三）接触不良

电气系统中导线与导线、导线与接线柱、插头与插座连接时，接触界面上不可能全部接触，只可能是点、线或面接触，接触面积会缩小，如图 2-11 所示。

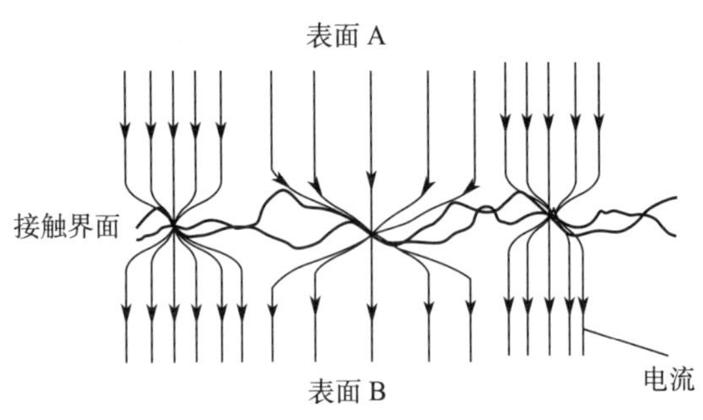

图 2-11　电接触界面示意图

接触不良是指在线路的接头部位因连接不好而形成的接触电阻过大的故障。由于接触电阻过大，可以使这一部位异常发热，一方面可能损害附近的绝缘而造成短路，另一方面可能引燃周围可燃物而造成火灾。造成电气线路中连接点处接触电阻过大的主要原因有：安装质量差，如压接时不紧密，应加弹簧圈的而未加，应将螺栓旋紧的而未旋紧，绞接时绞接长度不够，插接时静接点尖片压力不够等；导线连接时接触面没有经过处理，沾有杂质、氧化层、油污等；接点长期运行缺乏检修；在长期负载下接点的氧化、电腐蚀、蠕变作用逐渐加剧，尤其是铜铝混接的接点，形成恶性循环，而使接触电阻进一步加大。由接触不良过热引起局部绝缘失效，造成短路而引发火灾。

接触不良会在导线或接插件上形成接触不良痕迹，如图 2–12 至图 2–14 所示。

（四）漏电

1. 漏电的概念

漏电是因绝缘破坏导致不同电位或不同相位导体间的不正常电流。如果在绝缘破损处和大地之间，存在着某种程度的导电路

图 2–12 断路器上形成的接触不良痕迹

图 2–13 垫片接触不良痕迹

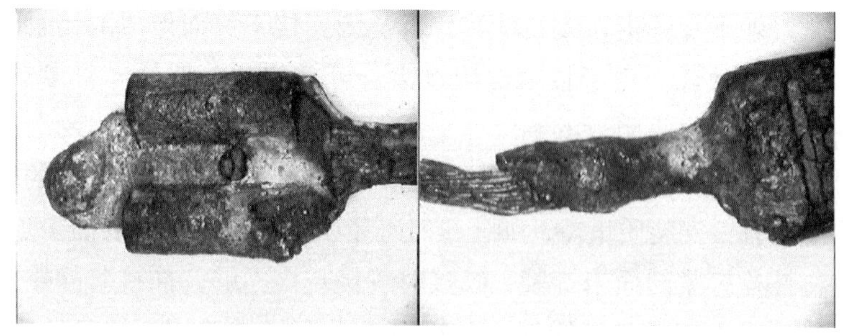

图 2–14　接插件接触不良痕迹

径，在对地电压的作用下，有一部分电流就会从绝缘破损处流出，经导电路径进入大地，再流回电源，这种故障现象，就是一种漏电。我国的低压供电方式是三相四线制，即变压器二次线圈按星形接法接线，中性点工作接地，配出线为三根相线，一根零线。这样，每根相线对地有 220 V 的电压。不管线路离开变压器多远，只要它发生接地故障，并且变压器二次保险没有熔断，电流就会由变压器的输出端子经过线路、漏电点，经大地回到变压器的中性接地点。上述绝缘破损处，称为漏电点，电流进入大地处，称为接地点。

2. 漏电的分类

漏电有不同的分类方法，按照漏电的部位可分为线路漏电和设备漏电。线路漏电又可分为相间漏电和对地漏电。相线与大地之间的漏电叫做对地漏电。一般漏电多指对地漏电，这种漏电发生的机会比较多。相间漏电指导体和导体之间的漏电，经常发生在成束布置的导线中，尤其是在导线中有接头，不同导线的接头位置没错开，或错开太近，在潮气侵蚀、绝缘破坏的情况下，则会在不同相线间发生漏电。久而久之，漏电电流逐渐增大，漏电点发热，使导线绝缘能力降低发生火灾。有时漏电流的热效应严重破坏绝缘，发展成为相间短路。设备漏电是指电气设备接地不良或接触建筑物对地漏电。按照漏电电流的大小可分为大电流漏电和小电流漏电。只有小部分大电流漏电使保护装置动作切断电源，其余大部分漏电故障一般会长时间存在，不会使保护装置动作，直至发生触电事故或引起火灾才被人们发现。

3. 漏电火灾

由于电气系统发生漏电故障，使过电阻较高的部位过热，引燃可燃物而造成的火灾称为漏电火灾。漏电火灾发生在漏电回路中电阻大的地段容易发热，在接触不良的地方容易产生火花。在漏电回路中发热或打出火花的地方如果有可燃物质，则可能引起漏电火灾。对于 220 V 供电线路，漏电回路电阻小于 1.1 kΩ，此时漏电电流为 200 mA 时，就有可能引起漏电火灾。漏电火灾发生的具体原因有：

（1）导体整体过热。这是由于导体截面积过小所致。如漏电电流通过细铁丝时由于铁丝截面积小，铁丝红热引燃可燃物。

（2）接触点过热。主要是因接触电阻过大而产生的电阻性发热。电气系统中正常连接点电阻仅有千分之几欧，在正常情况下不会造成过热现象。由于漏电点松动氧化等因素会导致接触电阻过大，在触点处容易发生火灾。

（3）产生击穿性电弧。接触点松动或绝缘破坏严重，产生电弧引起火灾。

4. 漏电发生的原因

漏电是由于电气系统安装不良、设备装配不当、电线长年使用绝缘老化等造成的。有时漏电电流的热效应使绝缘严重破坏，形成对地短路或相间短路。漏电的具体原因有：

（1）架空导线从瓷瓶落到横担上发生漏电。

（2）低压进户线进户处由于安装不当，导线接触导电构件发生漏电。

（3）成束的电气线路配线和电气设备内部配线易发生漏电。

（4）露天的用电设备容易发生漏电。如露天的配电盘、开关、插座等，在未加保护的情况下，容易发生漏电。

（5）临时布线搭在铁件上容易发生漏电。如用钉子固定电线，当钉子接触线芯时，容易发生漏电。

（6）各种电器内部纸绝缘损坏容易发生漏电。

（7）电焊机焊把随便扔在地上或焊件上容易发生漏电。

（8）接地装置故障或零线断线容易发生漏电。

5. 漏电火灾发生的条件

（1）存在着漏电点是漏电的必要条件。设备漏电和相间漏电的漏电点就是事故的起火点。相间漏电不存在接地点，同时对变压器接地线（中性线）电流也没有影响。对地漏电存在着漏电点和接地点。

（2）电气设备或导线必须接触金属结构或建筑物构件。电气设备或导线只有接触金属结构才可能发生漏电，金属结构或建筑物构件是漏电的主要载体。

（3）起火点处有能被漏电热能点燃的可燃物。首先是漏电电能足够大，其次是可燃物燃点较低，再就是两者长时间作用，方可发生漏电火灾。

（五）断路

断路是指电气线路因受到外力发生机械断裂，如大风、砸、拉等。断路引发火灾的方式有两种，一种情况是当电气线路发生断路时，在断开的瞬间击穿空气放电，产生电火花，引燃周围的可燃物而造成火灾；另一种情况是断开的导线处于带电状态，脱落时可能接触接地的导体产生电火花而造成火灾。

二、短路火灾调查的主要内容

建筑物内线路短路火灾原因认定：

1. 现场勘验的主要内容

（1）检查起火部位处是否有线路经过，起火点处是否有短路点。

（2）检查短路点附近最初起火物质的残留物，并判断其种类，观察此处有无向周围蔓延火势的痕迹。

（3）在起火点处寻找证明发生短路的痕迹物证。如电流作用形成的熔珠、熔断痕、击穿痕、喷溅熔珠等。

（4）检查控制装置，确定火灾前是否处于通电状态。

2. 调查询问的主要内容

（1）火灾前电压变化情况。如电风扇、电动机转数变化等。

（2）目击者证实短路的部位和原因。

（3）发生短路有关的反常现象。如冒烟、异味、不正常的响声等。

（4）起火后断电时间和过程。如跳闸、电视图像忽然消失、照明忽然灭掉等。

（5）短路的人为原因和根据。

三、过负荷火灾调查的主要内容

电气线路是否过负荷要根据线路中实际负荷进行计算，查阅有关资料用需要系数法或估算法确定计算负荷。只有火灾现场中实际发生的负荷超过计算负荷，同时现场发现了过负荷痕迹，才能认定发生了过负荷火灾。

1. 现场勘验的主要内容

（1）认定的起火点是否是多个，是否是条形。

（2）起火点处是否有电气线路，线路是否有过负荷均匀破坏的痕迹特征。

（3）检查整个回路，火场内部和外部的电线绝缘层和线芯是否均匀破坏，是否具有过负荷破坏特征。

（4）检查该回路的保险装置，观察熔丝、熔片熔断特征是否为熔断，并且间距小、无喷溅。

（5）在整个回路上每隔一段取 10 cm 导线，作金相分析鉴定。

2. 调查询问的主要内容

（1）查明该回路负荷总功率。对线路的总负荷进行计算，特别注意增加的大功率用电设备。

（2）该回路电气设备启动的次数、频率、连续使用时间。

（3）线路配置形式和散热条件。有时过负荷并不严重，但由于可燃物堆积，影响了散热可能造成火灾。

（4）该回路中线路和用电设备是否有短时间的漏电或短路情况。

（5）测量电线的截面积，判断电线的型号，查表找出对应的安全电流。

四、接触不良火灾调查的主要内容

1. 现场勘验的主要内容

（1）在起火部位内部寻找导线接头。接触电阻过大火灾，热作用只发生在接头处，线路的其他部位绝缘层、线芯一般没有明显变化，故在起火点处查找与火灾有关的接头和残体。尤其注意发现铜铝线接头，并查明接头与起火点的位置关系。

（2）现场是否有阴燃起火的特征。由于电火源温度较高，易引燃低燃点可燃物，先阴燃后很快起明火，相对的阴燃时间较短，但仍然有阴燃起火的痕迹特征。

（3）对找到的导线接头进行表观判定。接头处是否具有电阻过大而过热的特征，如绝缘烧焦，金属线过热变色痕迹，表面有电弧烧蚀痕。有时局部形成熔接，接头处形成电火花痕、麻点坑等。

（4）查清接头的连接方式。找出接触不良的具体原因或查明违反电气线路安装规定的行为。

（5）检查保护装置熔丝熔断状态。一般情况下，因接触不良不会使熔丝熔断，当因接触不良过热发展为短路时才会使熔丝爆断。

2. 调查询问的主要内容

主要询问安装、使用、维修电气线路和电气设备的人获取证言，主要包括：

（1）起火部位电气线路配置情况。主要询问电工，了解起火部位处接头的连接方式及检查维修情况，特别是铜铝线接头情况。

（2）起火部位电气接头以往发生故障的原因及处理情况。

（3）起火前起火部位附近电源新接入的电气设备及启动情况。

（4）起火部位电路和用电设备送电、断电方式和时间。

（5）查明起火点处可燃物与电气接头接触情况。

（6）询问在火场的人，是否发现阴燃起火的现象。如起火前有冒烟、异味、电灯忽明忽暗等现象，过一段时间才起明火。

（7）勘验阴燃起火的痕迹特征。起火部位处是否有局部炭化、烟熏较重痕迹。

五、漏电火灾调查的主要内容

漏电火灾调查必须查明起火点、漏电点和接地点。

1. 认定起火点的根据

（1）在起火点寻找电熔痕时应注意：漏电总是发生在平时不带电的钢结构上留下熔痕，单独的导线熔痕不能判断为漏电熔痕；漏电总是发生在钢结构之间或钢结构与导线之间的部位。我们常在建筑物、构筑物或者设备外壳直接接触的部位寻找电熔痕。

（2）寻找导线，并检查其绝缘程度，是否发生过切割、挤压、高温老化、腐蚀、水浸等情况。

（3）附近电气系统分布及供电情况。

（4）附近可燃物的情况。根据可燃物的燃烧状态确定起火点。

（5）起火点处痕迹不明显时，可在漏电点与接地点漏电电流经过的路径上查找发热点，在金属结构或建筑物构件附近寻找起火点。

2. 查明漏电点的根据

（1）用实地勘验法。火场破坏严重时，不能用测量电阻的方法寻找漏电点。应在起火点附近仔细检查电气配线和电气设备，查看金属部件或接地体的位置，判断是否为漏电点。

（2）用测定电阻的方法。起火点就在漏电点时，就不存在另找漏电点的问题，并且认为电阻为零。当火场破坏不十分严重时，可用测量电源侧电阻方法确认，测量电源侧电阻应小于规定的漏电回路电阻上限值。用测定电阻查漏电点的具体方法如下：

1）查清电气系统，绘出电气系统图。

2）使所有开关处于接通状态，测量起火点处电气系统与各金属结构间的绝缘电阻，如果该电阻值不为零，则该范围内无漏电点。

3）如果绝缘电阻值为零，该范围内有漏电点。然后用同样的方法测量各个支路电阻，最后找到具体漏电点。

（3）查变压器接地线确认漏电点。电气线路发生漏电，变压器接地线中就有大电流通过。没有发生漏电事故的接地线中有很小的电流，如果接地线中有大电流通过，则说明该变压器回路中发生了漏电事故。究竟线路中哪一支路发生漏电，可分别断开各个支路，观察变压器接地线电流变化，如果某一支路断开后接地线电流显著减小，就说明该支路发生了漏电。

3. 寻找接地点的根据

真正的接地点是在大地之中，工作中将接地良好的金属体视为大地，和这个接地体接触或者相连的地方称为漏电电路的接地点。接地或接零的有关知识本节前面已介绍过。

电气线路中接地装置由埋没的铁件组成，不易受到火灾的破坏，在起火点处找到与漏电有关的金属物件，然后以这个物件为一测点，分别以可能接地体的另几个金属物件为另一测点，测量它们之间的绝缘电阻，绝缘电阻最低者可能是漏电电路的接地体。

当火灾现场上难以找到漏电点时，仅凭“接地侧电阻很小”判断漏电火灾是不可靠的，它只能作为辅助依据。然而，“接地侧电阻很大”却通常可作为否定漏电火灾原因的充分依据。

4. 检查漏电保护器

检查漏电保护器，根据断路器的动作状态，可查找该支路是否发生漏电。

六、接地与接零火灾原因认定

接地与接零是电气防火和安全技术的重要内容，是保障人身安全、保证设备正常工作和防止火灾事故发生的一种简单有效的方法。

（一）接地与接零的概念

接地就是把电气设备的某一部分通过接地装置和大地相连接；接零就是将电气设备正常不带电的金属部分通过保护线与电源中性点相连接。接地是通过接地装置来实现的，接地装置是由埋在地下的接地体和连接接地体与电气设备的接地线组成。接地装置的接地电阻由接地体的对地电阻和接地线的电阻组成。接地体分为人工接地体和自然接地体。接地线电阻较小，可忽略不计。

接地按作用可分为工作接地、保护接地、重复接地、防雷接地、防静电接地等。

接零是对电气设备正常不带电的金属部分进行保护接零。

（二）接地与接零引起火灾的原因

由于电气故障或电气线路本身需要，对电气线路和电气设备必须进行接地和接零。有以下几种情况会发生火灾：

1. 零线断线引起火灾

在380/220 V三相四线制、变压器中性点直接接地的系统中，由于某种原因零线断线而引起系统一些部分和设备起火。根据零线断线后状态，起火原因可分为以下两种。

（1）零线断开三相电压不对称引起火灾。相线未发生对地短路时，在系统中出现电压不平衡，零线上出现危险的对地电压。特别是用电负荷分配不平衡时，零线断线加剧了三相电压不对称程度，造成过负荷相电压下降，而其他相的相电压突然升高，超过其额定电压，烧毁电气设备、设施引起火灾。

（2）零线与相线直接发生对地短路引起火灾。造成断线时，零线与相线直接发生对地短路，在短路点处直接引起火灾。

2. 接地装置发生故障引起火灾

接地装置的作用是给接地故障电流提供一条经过大地通向变压器中性接地点的回路。如果接地装置发生故障会引起火灾。有下列几种情况：

（1）接地装置绝缘损坏。当绝缘损坏时，相线与接地线或接地金属物之间漏电，会形成火花放电。

（2）接触电阻过大引起火灾。在接地回路中，因接地线头太松或腐蚀等，使接触电阻过大形成局部过热起火。

（3）接触电阻截面过小引起火灾。在低阻值回路中，如果接地线截面过小，会影响热稳定性，使接地线产生过热现象。

（4）接地网各处电阻不同引起火灾。在高阻值回路流通的故障电流，会沿邻近阻抗小的接地金属结构流散。如果向煤气管道弧光放电，则会击穿煤气管使煤气泄漏起火。

（5）接地型式选择有误引起火灾。应根据实际情况选择TT系统、IT系统或TN系统，否则会出现故障。在同一供电网路中，同时采用了部分保护接地和部分保护接零而造成火灾，在380/220 V三相四线制、变压器中性点直接接地系统中，个别设备未接零而做接地保护，发生短路时引起火灾。由同一台变压器供电的采用保护接零的系统中，所有电气设备都必须同零线连接起来，构成一个零线网。如果有个别电气设备离开零线网，而且采取保护接地措施，则情况是相当严重的。

如图2–15所示，D设备采取了接地措施，而未接零。当D设备发生碰壳时，电流通过R_d和R_0成回路，电流I不会太大，线路可能不能断开，故障长时间存在，这时不仅该设备处产生对地电压，而且所有接零设备的对地电压都升高，造成部分短路电流经过设备点及其他设备接零点时，如接点接触松动，就能产生火花、过热而引燃附近可燃物起火，甚至造成一处短路，多处起火的严重后果。

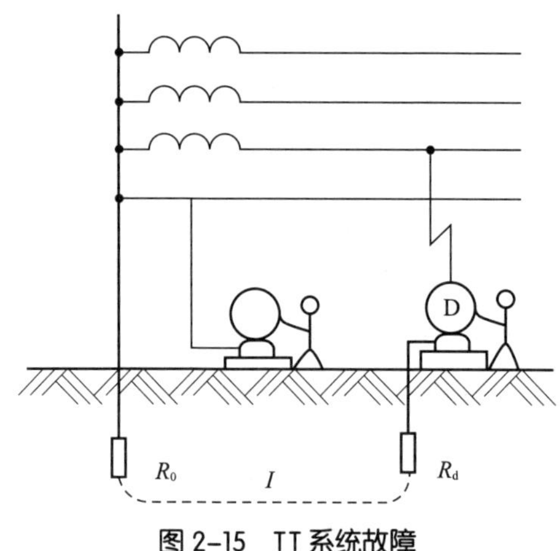

图2–15　TT系统故障

（三）接地与接零火灾原因认定根据

准确认定起火点。有时起火点就在接地点处，有时在线路故障点处。漏电火花能否引燃周围的可燃物，要看二者相互作用情况。漏电引起的火灾主要是接地装置的故障和零线断线引起的火灾。勘验时主要是对接地装置包括接地线及接地电阻进行细项勘验，重点勘验是否重复接地。

现场勘验和询问获得如下根据：

1. 查明起火部位供电形式和接地保护形式

确认是 TT 系统、IT 系统，还是 TN 系统。如保护接地适用于不接零电网，而保护接零适用于中性点直接接地的电网。

2. 询问零线断开的原因

在 380/220 V 三相四线制中，零线断线是三相不对称还是直接对地短路引起的火灾，要查找零线的断开部位和断开原因。零线断线原因和特征主要有：

（1）外部因素砸断。如倒杆、掉落的物体等砸断。

（2）零线虚接。如零线紧固螺栓松动过热造成，有时烧断，连接处有麻点痕、过热痕。

（3）相线与零线直接短路击断零线。

（4）外界潮湿或化学物质腐蚀等。是否在钢制接地装置上涂刷沥青油和防腐漆等。

3. 零线断路引起的火灾形成多处起火点

生产使用大量可燃物的工厂，如纺织厂、木材加工厂等往往造成一处短路多处起火的后果。有时某一回路中家用电器同时被烧数台。

4. 询问电压变化的情况

此类事故有明显的电压变化过程，故在线路上连接的负荷处，会发现电灯、电动设备、电风扇等家用电器和电热设备发生异常变化。如电灯亮度变化、转动设备转数变化等，甚至可闻到糊焦味等。

5. 调查三相负荷平衡情况

查清每一相实际负荷总量，判明三相负荷平衡程度。大型企业在大型活动大负荷供电时，三相负荷不平衡问题更加突出，调查使用前满负荷实验是否有一相过热的现象。如果零线此时发生断线，火灾危险性就增加了。

6. 查明接地线的截面和长度

接地导线要有足够的载流量和热稳定性，因此选择导线截面和长度十分重要，对中性点不接地系统的低压电气设备，接地干线的截面按供电网中容量最大线路的相线允许载流量的1/2确定；单独用电设备接地支线的截面不应低于分支供电相线的1/3。实际上接地线的截面一般不大于下列数值：钢100 mm^2、铝35 mm^2、铜25 mm^2。

7. 查看有无重复接地并测定接地电阻

查看现场有无重复接地情况，有重复接地可以降低中性线的对地电压；当中性线发生断线故障时，可以使危害程度减轻。测定其接地电阻值并与允许电阻值相比较，分析故障原因。

8. 勘验漏电保护器

漏电保护器是将低压电路的接地故障利用对地短路电流或泄漏电流而自动切断电路的一种保护装置。低压电网中正在逐步推行使用漏电保护器，装设漏电保护器，大大提高了TN系统和TT系统单相接地故障保护灵敏度。通过勘验低压断路器的脱扣器是否动作，确定故障状态。

第三节 开关和插座火灾调查

一、开关火灾调查

（一）开关的种类和结构

1. 断路器

断路器是一种电路中电流超过额定电流就会自动断开的开关。断路器是低压配电网络和电力拖动系统中非常重要的一种电器，它集控制和多种保护功能于一身。除能完成接触和分断电路外，还能对电路或电气设备引发生的短路、严重过载及欠电压等进行保护。断路器外观和工作原理如图 2–16 和图 2–17 所示。

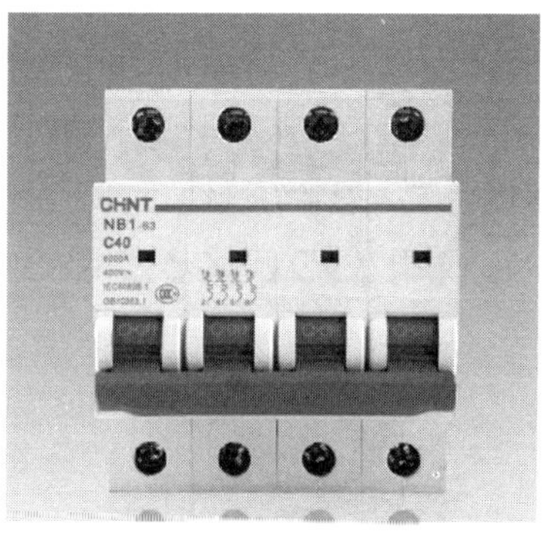

图 2–16　断路器外观

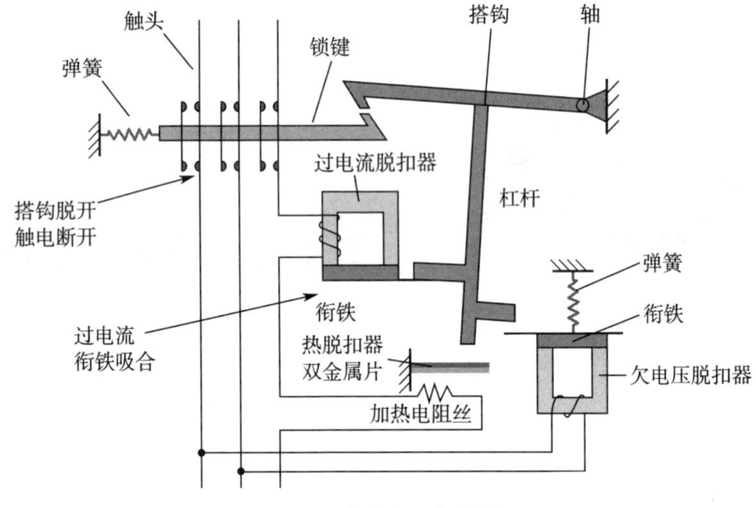

图 2-17　断路器工作原理图

2. 刀开关

刀开关是电力设备手动开关的一种，别名闸刀开关，一般多用于低压电，有单相刀开关和三相刀开关之分。根据应用的不同有各种规格，一般都标注电压和电流，如 220 V、16 A，意思是适用于 220 V 电压，电流不超过 16 A。一般由瓷底座、塑料盖、铜件组成，上部为进线口，下部为出线口，中间设计有安装熔丝部位。刀开关外观和结构如图 2-18 和图 2-19 所示。

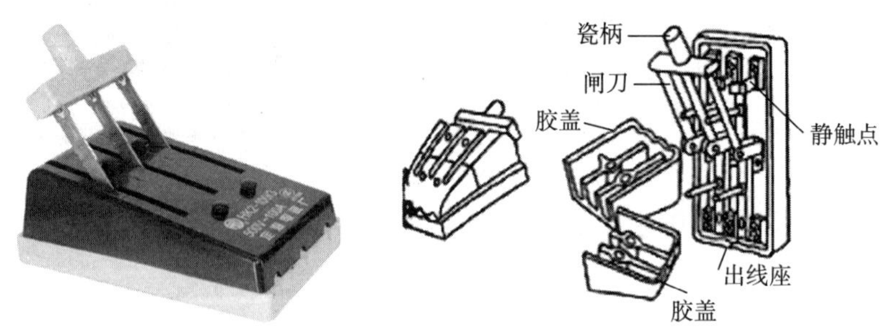

图 2-18　刀开关外观　　图 2-19　刀开关结构

刀开关常见故障如下：

（1）过负荷。Ⅰ类过负荷是熔丝的额定电流与刀开关的额定电流不匹配时的过负荷，即刀开关熔丝的额定电流远远高于刀开关的额定电流。Ⅱ类过负荷是熔丝的熔断电流与刀开关的额定电流匹配，但刀开关通过的电流大于熔丝的额定电流。

（2）接触不良。

（3）开关时火花电弧。

3. 油开关

油开关是指装有变压器油，开关的触头浸在油中以防止氧化，并使触头得到散热，以及保证高压触头间和对地绝缘可靠的开关。当油开关断路时，动触头与固定触头分离，产生电弧，在电弧的高温下使油分解，产生大量氢气，迫使电弧熄灭。油开关如图 2–20 所示。

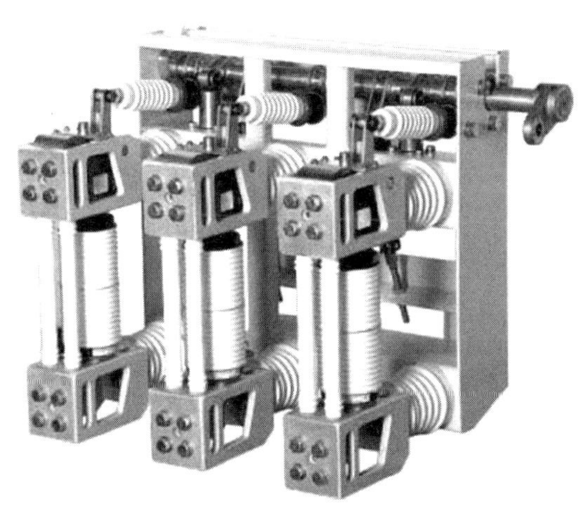

图 2–20　油开关

（二）开关引发火灾的主要原因

1. 断路器

（1）断路器额定动作电流过大，和线路的最大允许通过电流不匹配，线路长期过载，但没有达到空气开关动作电流值，断路器不动作，导致火灾发生。

（2）断路器如选用不当，会造成开关过载，使开关触点迅速损坏，产生电弧，引起短路，引燃附近的可燃物。

2. 刀开关

（1）刀开关没有保护罩时引起火灾。刀开关没有胶盖保护罩，熔体爆断时产生电弧或熔体喷溅物引燃周围可燃物，引起火灾。

（2）刀开关有保护罩时引起火灾。

1）带有保护罩的刀开关，熔体爆断次数频繁时，也有火灾危险性，例如安装在粉尘较大、较潮湿的场所或罩内不洁净时，在瓷底板中部喷溅的金属膜就会造成相间击穿短路。但在较干燥或清洁的场所使用的开关，即使有喷溅现象，一般也不易造成相间击穿短路。

2）熔体喷溅黏附造成相间短路时，在黏附的某个薄弱部位熔断，如果开关附近有可燃物时，就可能发生火灾。

（3）刀开关熔体多次爆断。在瓷底座、瓷底板处，由于熔体多次喷溅形成金属膜短路带，可造成相间短路，或在胶木底板形成石墨化导电起火。

（4）刀开关接触电阻过大发生火灾。刀开关接触电阻过大，导致局部过热，产生电弧或电火花，引燃闸箱和其他可燃物起火。

1）开关静、动触头接触不良或接触面小，导致接触电阻过大而过热。经常频繁用刀开关送电启动和断开，在刀闸、刀闸嘴之间产生轻微的弧光，产生很小的“铜熔珠”，容易造成刀开关接触不良。

2）三相刀开关连接的三相负荷不平衡或某相断相等，导致非故障相过热。

3）电源线、负荷线与刀开关连接处接点松动引起接触不良过热。

（5）刀开关安装在爆炸危险场所。工业企业用电量一般较大，有较多的爆炸和火灾危险场所，刀开关选型不当或使用不当易发生火灾。

3. 油开关

（1）油开关的断路容量不够。油开关的断路容量必须与电力系统的短路容量相适应，如果油开关的断路容量小于电力系统的短路容量，当发生短路故障时，油开关就不能切断很大的短路电流，不能及时熄灭电弧，就会引起燃烧、爆炸。

（2）油开关的油面过低或过高。油面过低：切断电弧所产生的气体来不及冷却就冲出油面，在高温下与上层空气混合，就会造成燃烧和爆炸；有时油量很小，开关触头没有浸在油内，开关断开时，发生电弧，不能熄灭，也会发生燃烧爆炸。油面过高：在发生电弧时，油热分解产生大量气体，但气体冲不出油面，强大的气体压力就会剧烈地向各方向传递，传到油箱会使油箱禁受不住压力而发生爆炸。

（3）油开关的套管有油污或潮湿而导致油开关的各相间空气被击穿，或相与相之间被击穿，发生闪络而引起油开关燃烧、爆炸。

（三）开关火灾现场勘验和调查询问的主要内容

1. 现场勘验的主要内容

（1）准确认定起火点。主要勘验开关的位置及附近可燃物情况，判定起火点是否在开关所在部位。

（2）对开关进行专项勘验。

1）检查动、静接头接触面有无电弧、电火花作用痕迹。

2）检查开关上端电源线接线端子、下端负荷接线端子的固定螺丝是否松动，有无过热痕或放电熔痕。检查端子、螺钉、垫片变色或燃烧黏结情况，垫片有无麻坑、缺口，连接处电线是否被击断，端头有无熔珠。

3）检查开关静触头之间是否形成相间短路痕，上一级保护装置是否动作。

4）检查开关内部有无熔体喷溅坑、变色、烧焦和炭化等痕迹。

5）检查开关是否松动变形，开关接线柱及其他固定点处是否变色或局部炸裂。

2. 调查询问的主要内容

（1）查明开关型号、容量大小。

（2）查明开关控制回路负荷总量。

（3）查明开关保险规格、容量大小和连接方式。

（4）查明开关控制的负荷是否出现故障。

（5）查明开关设置部位的环境条件。

（6）查明起火前开关是否发生异常现象。如听到爆断声和见到弧光的部位和时间。

（7）查明开关附近的可燃物情况。

二、插座火灾调查

（一）插座的组成及分类

插座主要由插头、连线和座体三部分组成，按容量一般分为6 A、10 A和16 A三个级别，按使用方式分为移动式和固定式两种。

（二）插座引起火灾的原因

1. 安装使用不当

（1）插座的导线选择不当。插座的导线应根据负荷量选用，但一些厂家和用户选择的导线截面过小，当连接使用功率大的电器时，使电气线路过负荷引起火灾。

（2）插座过负荷引起。插座容量应与负荷容量相匹配，如在使用过程中将大功率电器直接插在比其负荷容量小的插座上，或在一个插座上插入多个电器，使负荷量超过插座的实际负荷容量，导致插座过负荷引起火灾，如图 2–21 和图 2–22 所示。

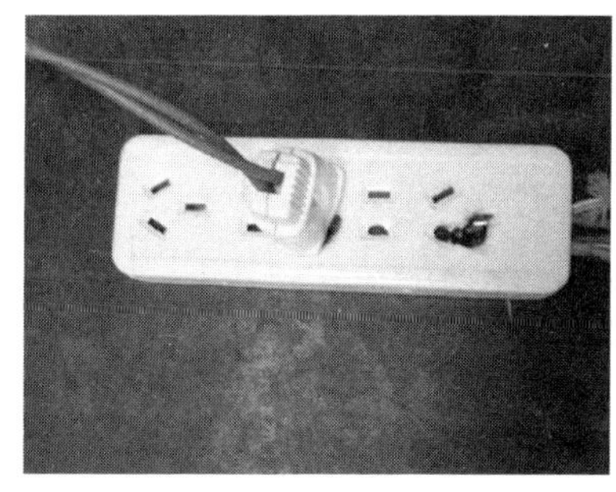

图 2–21　插座过负荷试验后外观

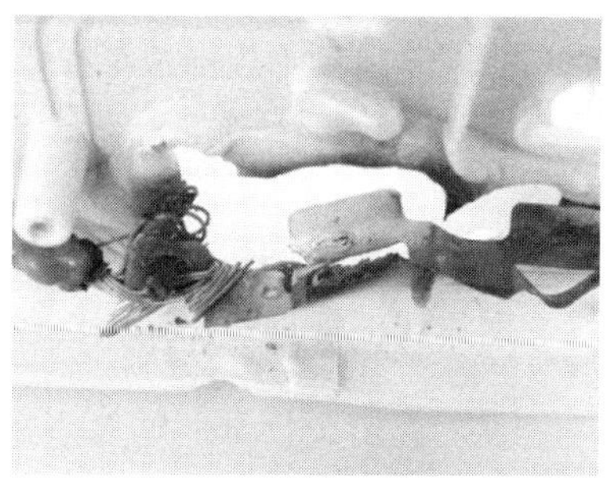

图 2–22　插座过负荷试验后内部破坏情况

（3）插座安装部位不当。对于插座品种的选择、安装和使用环境，国家都有明确的标准。例如固定明装插座距地面应不低于1.8 m；暗装插座距地面不低于0.3 m。为防止儿童触电、用手指触摸或金属物插捅电源孔眼，一定要选用带有保险挡片的安全插座；单相二眼插座的施工接线要求是，当孔眼横排时为“左零右火”；竖排时为“上火下零”；单相三眼插座的最上端的接地孔眼一定要与接地线接牢、接实，余下的两孔眼按“左零右火”的规则接线，零线与保护接地线切不可错接或接为一体。

（4）插座的放置位置不当。有的将电源插座放在床下；有的将电源插座放在水房、浴室里，或在室外使用，致使接触雨、雪，发生漏电、短路起火；有的装修时将电源插座安装在可燃结构内，当接触电阻过大或过负荷时容易引起火灾。

（5）插座使用不当。在使用过程中，有的在插头与插座连接时存在三脚误插，导致短路引起火灾；有的在插入拔出过程中，拉力过大造成连线拉断或拉松，继续使用时易发生短路；有的将不同性能的电器使用同一个插座，致使发生火灾。如电冰箱和彩电使用同一个插座，这两种电器的启动电流都很大，电冰箱启动电流为额定电流的5倍，彩电的启动电流达额定电流的7～10倍。如它们同时启动不仅造成插接点易过热，甚至可以产生电火花。

2. 插座存在质量问题

（1）违规选用劣质材料。有部分工厂为了降低成本，用铁片代替铜片，把铁片镀上一层红色或粉色来冒充铜片。

（2）规格不标准。插座内铜片的厚度、长度都有一定的标准规格，劣质产品铜片厚度较合格产品铜片薄，且其长度比合格产品长度短，容易发生电气故障。

（3）插座的连接导线截面过小。

（4）插座的孔型孔距不合要求。多用孔插座精度不够，会导致错位插入，导致接地或接零不良。

（三）插座起火认定要点

火灾现场寻找插座残体工作十分困难，一般采取逐层勘验法，收集所有残体，尽力恢复原状。认定插座起火的要点如下：

（1）认定的起火点和插座所在的部位相对应，火灾是以插座为中心向周围蔓延的。

（2）插座有电流通过，与用电器具和设备连接。

（3）插头和插座内金属片有变色、烧蚀或熔化痕迹。插座材料有熔融、变色或炭化痕迹。

第三章 变压器火灾调查

第一节 变压器结构与工作原理

变压器作为一种通过电磁感应作用来改变交流电压的装置，被广泛应用于生产生活的各个领域。例如，在电力系统远距离输电过程中发电机输出电压经电力变压器升高，到达目的地后再通过变压器降低电压满足用户需要，这样有利于功率传输，降低线路损耗，使送电更加经济。而在电子设备和仪器中，电源变压器把交流电转换成直流电，再通过整流和滤波，得到电路所需要的直流电压；在耦合电路中用耦合变压器传输信号或改变阻抗达到阻抗匹配的目的等。

变压器种类很多，按照不同的分类标准可以将变压器分成不同种类，见表3-1。本节主要根据冷却方式的不同，系统阐述油浸式和干式两大类变压器的结构和工作原理。

表3-1　变压器的分类

分类方式	类型
按冷却方式分类	油浸式变压器
	干式变压器
按电源相数分类	单相变压器

续表

按电源相数分类	三相变压器
	多相变压器
按用途分类	电力变压器
	仪用变压器
	试验变压器
	特种变压器
按绕组分类	双绕组变压器
	三绕组变压器
	自耦变压器
按铁芯形式分类	芯式变压器
	非晶合金变压器
	壳式变压器

一、油浸式变压器的结构与工作原理

（一）油浸式变压器的组成结构

油浸式变压器是电力变压器中应用最广泛的一种变压器，属于多油电气设备的一种。油浸式变压器内装有可燃液体，闪点在130 ~ 140 ℃，考虑到防火的需要，大多安装在空旷的室外或单独放置于变压器室内。

油浸式变压器主要由铁芯、绕组、油箱、绝缘套管、分接开关、储油柜（油枕）等组成。其特点是体积较大、价格低廉、保养操作简单、检修方便、抗超载能力强、散热效果显著、适应恶劣条件性能好等，结构如图 3–1 所示。

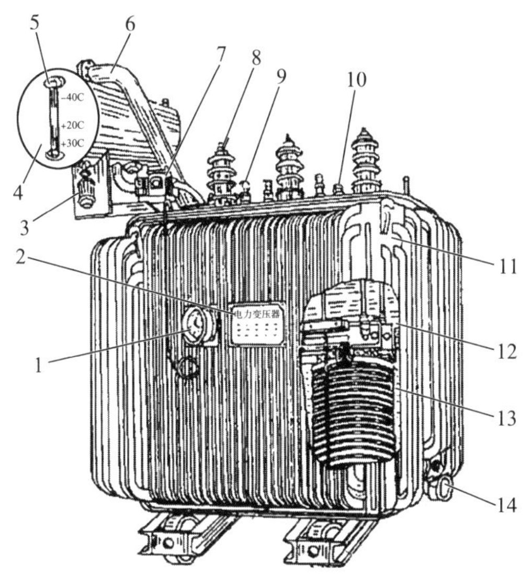

图 3-1　油浸式变压器结构

1—信号式温度计　2—铭牌　3—吸湿器　4—橱油柜
5—油位计　6—安全气道　7—气体继电器　8—高压套管
9—低压套管　10—分接开关　11—油箱
12—铁芯　13—绕组及绝缘　14—放油阀门

1. 铁芯

铁芯既是变压器的磁路部分，又是变压器的机械骨架，几乎变压器的内部所有构件都置于铁芯之上，铁芯由铁芯柱（套有绕组）和铁轭（连接两个铁芯柱）两部分组成，一般采用厚度为 0.35 ~ 0.5 mm 的磁导率高、损耗低的电工钢片（正反两面涂有绝缘漆起到绝缘作用）叠装而成，这样可以提高导磁性能，减少交变磁通在通过铁芯时所产生的损耗。目前变压器的铁芯材料普遍应用冷轧取向性硅钢片叠装，也有一些配电变压器出于节能环保的考虑使用非晶合金材料制作而成。非晶合金的优点是磁导率比较高，铁芯损耗低，其节能降损效果明显，但同时也存在着饱和磁通密度低、厚度薄、加工技术较难、材料价格较高的缺点，所以至今没有被大范围推广使用。

2. 绕组

绕组作为变压器的基本构件，作用是转变电压。变压器的性能受其电气性能和机械性能的直接影响。绕组一般由铜线、铝线或超导材料（表面附有一层绝缘层）绕制而成，呈圆柱形。变压器导线形式的选择由其目的性决定，选用半硬铜导线是出于提高绕组稳定性、抗短路性的角度，而采用自粘换位导线则是为了降低绕组的损耗。不同额定电压的变压器其绕组中通过的电流也随之不同，而变压器的系统容量也与绕组的结构有关。因此，电力变压器根据需求因素、绕组电压、通过绕组电流等条件，选用不同结构。根据缠绕结构和工艺特征，绕组形式可被分为层式绕组和饼式绕组两类。线圈轴向设置称为层式绕组，如圆柱形状和箔式缠绕。在线圈导线的径向方向转动缠绕成饼，接着通过轴向排列多个线饼称为饼式绕组，如连续绕组、缠结绕组和内部屏蔽绕组等。

3. 油箱

油箱作为油浸式变压器外壳，其承装变压器内部构件，使内部构件完全浸入绝缘油中，起到保护作用。为保证变压器始终安全可靠工作，油箱要具有良好密封性，必须隔绝外界空气、水分，不能出现内部漏油的情况。同时要保证变压器器身的绝缘性和使用寿命，在确保不漏油的情况下，油箱还要有一定的机械强度。此外，变压器油箱上还安装着如套管、压力释放装置、气体继电器、储油柜、温度计等各种工作和保护用的附件。

4. 绝缘套管

绝缘套管是使绕组与引线之间、引线与变压器外壳间相互绝缘的组件。安装在油箱盖上，主要是引出高、低压线圈与电源和负载连接。变压器大多数选用电容式套管（长尾油浸纸电容式套管、短尾油浸纸电容式套管、油浸纸电容式穿墙套管），也有少数采用纯瓷式套管或是油气绝缘套管。

5. 分接开关

分接开关是将绕组分接连接挡位进行转换的装置，可改变变压器变压比，提高供电电压的质量。分为有载分接开关和无载分接开关，有载分接开关一般用于对电压有严格要求并且需要经常调节挡位的变压器。

6. 冷却器

冷却器是依靠油做冷却介质将变压器内部热量通过循环方式散发出去的装置，变压器冷却方式有油浸式自冷、油浸式风冷、强迫油循环风冷和强迫导向油循环风冷等。

7. 储油柜

储油柜也称为油枕，是防止油热胀冷缩与空气接触受潮氧化，对铁芯和绕组起到防潮保护的装置。储油柜一般情况下是半空的，储油体积一般占到变压器油总容积的 10% 左右。常见的储油柜有胶囊式、隔膜式和金属波纹式。

（二）油浸式变压器工作原理

变压器是将电能通过磁耦合和电磁感应作用转化为磁能，再将磁能以同样方式转化为电能，来达到交换电压、电流、阻抗的目的。变压器的主要部件是一个铁芯和套在铁芯上的两个绕组，两个绕组只有磁耦合没有电联系，当绕组中通有交流电流时，铁芯中便产生交流磁通，使次级线圈中感应出电压。为了简化讨论，这里以理想化模型来介绍，即变压器在空载条件下的工作状态为例，假定一次绕组和二次绕组的阻抗为零，铁芯在通电情况下没有任何损耗，磁导率接近 100%。

图 3–2 所示为单相变压器工作原理图，在理论条件（没有负载）下，将一次绕组侧输入适当电流，一次绕组侧的 I_{μ}（励磁电流）被 U_1（交流电压）作用而产生，则可用 $I_{\mu}N_1$ 表示为励磁磁动势，B_0（磁通密度）、Φ_0（交变磁通）在铁芯磁动势中得到了建立（$B_0=\Phi_0/S_0$，S_0 表示铁芯的有效截面积）。依据电磁感应定律，铁芯中的交变磁通 Φ_0 在一次绕组两端产生自感电动势 E_1，在二次绕组两端产生互感电动势 E_2。

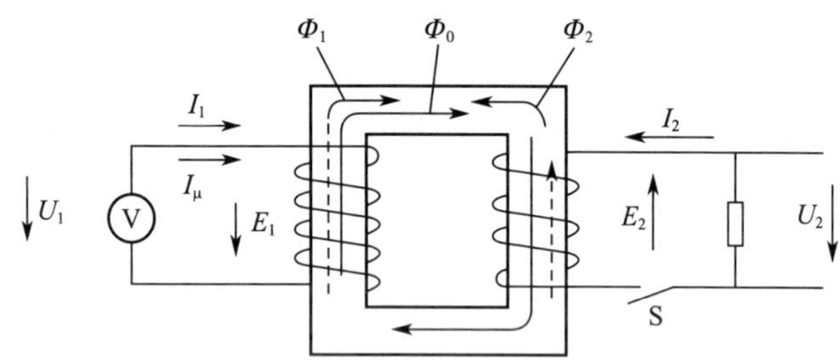

图 3–2　单相变压器工作原理图

$$E_1=4.44fN_1B_0S_0\times10^{-4}$$

$$E_2=4.44fN_2B_0S_0\times10^{-4}$$

变压器在理想条件下，一次绕组的阻抗和二次绕组的阻抗均为零，就有：

$$U_1=E_1=4.44fN_1B_0S_0\times10^{-4}$$

$$U_2=E_2=4.44fN_2B_0S_0\times10^{-4}$$

从而得到：

$$U_1/U_2=N_1/N_2$$

公式符号见表 3–2。

表 3-2　公式符号释义

符号	释义	单位
f	频率	Hz
N_1	变压器一次绕组的匝数	—
N_2	变压器二次绕组的匝数	
B_0	铁芯的磁通密度	T
S_0	铁芯的有效截面积	cm^2

从上式可见，改变一次绕组与二次绕组的匝数比，可以改变一次绕组与二次绕组的电压比，这就是变压器的工作原理。

油浸式变压器的工作原理与一般的变压器相同，特殊的是将绕组和铁芯等装置共同放置在变压器的油箱中，利用变压器油的良好绝缘性质，通过油循环不断接触变压器器身及散热片，将热量充分导出，起到散热效果。

二、干式变压器的结构与工作原理

干式变压器拥有很多优点，因其占地面积小、维修保养方便、防火阻燃、适应能力强，而受到众多生产厂家的青睐，近年来开始大批量的生产，它被广泛用于局部照明、高层建筑、机场、码头等场所。干式变压器种类很多，主要有浸渍绝缘干式变压器和环氧树脂绝缘干式变压器两类，如图 3-3 和图 3-4 所示。

（一）干式变压器的结构

干式变压器主体结构除不含绝缘油外，其他形式基本与油浸式变压器相同，即可分为铁芯、绕组、绝缘、外壳和相应附件。但是，由于容量和电压不同，对应的上述基本构件的结构形式也不尽相同。干式变压器的散热情况如图 3-5 所示，具体结构形式如图 3-6 所示。

图 3-3　浸渍绝缘干式变压器

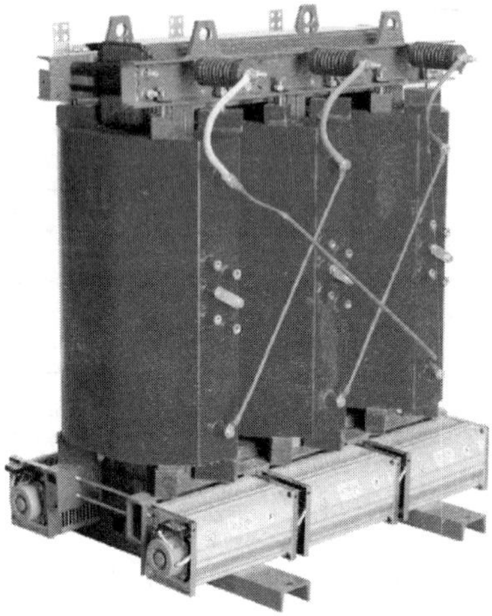

图 3-4　环氧树脂绝缘干式变压器

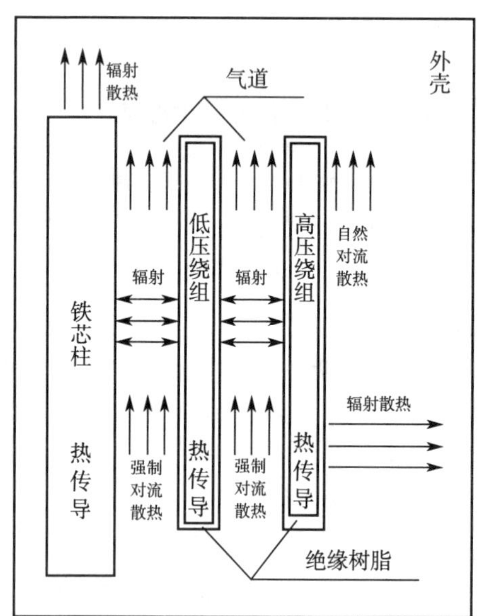

图 3-5　干式变压器散热示意图

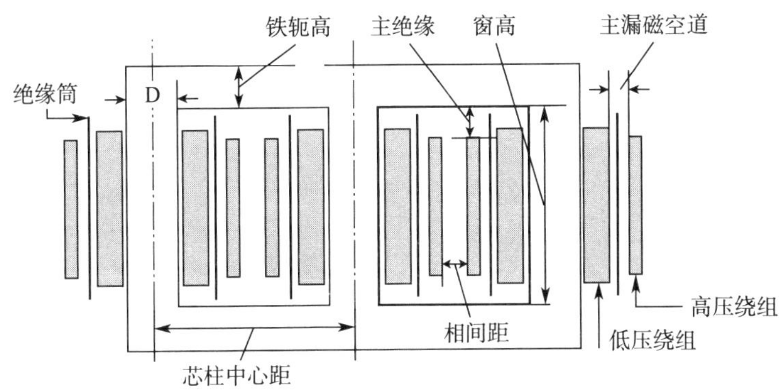

图 3-6　干式变压器结构图

1. 铁芯

现今普遍采用三相三柱式芯型结构，使用硅钢片叠压而成，利用聚酯带严密捆扎，上下两端均加设拉板，从而加固整体结构。

2. 高压绕组结构和低压绕组结构

高压绕组处于低压绕组外侧，低压绕组处于铁芯与高压绕组中间，三者之间均留有空隙作通风散热用。绕组线圈均使用铜质材料制成，但产品不同，绕组结构不同，特点性能也不同。

3. 风冷系统

风冷系统是干式变压器的重要组成之一。一般冷却系统为自然空气冷却，还可以一并设有噪声较低的轴流风机强制空气循环加强散热。设置风机系统的同时配有温度控制器，既可以用温度控制风机的运转和停止，还可以实现高温自动断开、事故时发出警报。

4. 保护外壳

干式变压器的外壳较为重要，由于它的高压绕组位于最外侧，危险性极大，必须加设外壳以保证人员生命安全。按照防护级别的不同，可分为 IP20 和 IP30，IP30 外壳气密性及防护等级标准都相对较高。

干式变压器的结构特点见表 3–3。

表 3–3 干式变压器的结构特点

技术参数	特点优点情况
安全性方面	安全可靠、防火防爆，可安装在负荷中心区
应用技术方面	应用国内领先技术，具有机械强度高、抗冲击性能好、抗短路性能好、可靠性高、使用寿命长的特点
环保方面	损耗低，噪声大，环保节能效果明显，免去日常维护烦恼
散热、稳定方面	散热性能好、热稳定性好、局部放电小、过负载能力强，强迫风冷时可提高容量运行
防潮性能方面	防潮性能好，适应在高湿度和其他恶劣环境中运行
温感方面	可配备完善的温度检测和保护系统
体积、重量方面	体积小、重量轻，占地空间少，安装费用低

（二）干式变压器的工作原理

干式变压器是依靠空气对流来达到散热冷却目的的变压器，和油浸式变压器不同，干式变压器的铁芯和绕组都不浸渍在绝缘油中。散热方式可以根据工作情况的不同，采用自然空冷与强迫空冷相互转换的方式：在额定容量下持续使用时采用自然空冷方式；在间歇、过载情况下，或者是在事故应急超载情况下，要保持运行，则采用强迫风冷方式，而且强迫风冷可以使变压器输出容量提高 50%。

三、油浸式变压器和干式变压器的区别

油浸式变压器是以油做冷却剂，即绝缘介质通过油的流动起到散热的目的。一般升压站的主变都是油浸式的，变比为 20 kV/500 kV。干式变压器依靠空气或其他气体做冷却介质通过对流循环达到散热冷却的目的。干式与油浸式变压器不仅是内部储油的区别，也存在其他不同。

（1）外部形态不同。封装形式上有区别。油浸式变压器只能看到外壳，不能看见内部构件；而干式变压器一般能直接看到铁芯和绕组线圈。

（2）内部结构不同。油浸式变压器将铁芯及绕组组成的器身置于一个盛满变压器油的油箱中；而干式变压器常把铁芯和绕组用环氧树脂浇注包裹起来。

（3）引线形式不同。油浸式变压器的引线多采用瓷套管；而干式变压器大部分则采用硅橡胶套管。

（4）容量及电压不同。油浸式变压器容量范围广，可以涉及全部容量和任何电压等级，例如，2014 年山东济南的特高压 1 000 kV 工程，就是使用油浸式变压器进行配送的；而干式变压器一般用于配电装置，有一定的容量范围和电压等级，最大容量不能高于 1 600 kV · A，电压等级一般不能高于 10 kV，只有少数可以达到 35 kV。

（5）绝缘方式和散热形式不同。油浸式变压器的绝缘方式主要是通过绝缘油，变压器线圈所产生的热量通过绝缘油内部循环而传导到变压器的散热器（片）上以达到降温散热的目的；而干式变压器的绝缘方式通常是用树脂绝缘，散热形式主要是靠风冷，小容量采用自然风冷，大容量则依赖风机冷却。

（6）应用场所不同。油浸式变压器发生故障极易油体喷溅甚至泄漏，从而形成火灾甚至爆炸，所以大多置于室外空旷场所，且这类场所需要有足够场地挖设一个“事故油池”以备不时之需；而干式变压器因其内部没有油，火灾风险低，所以被大多数有防火防爆需要的场所采用，例如机场、电影院、体育场、商业综合体等大型场所。

（7）承受负载能力不同。油浸式变压器承受负载能力比较好，而干式变压器通常要求在额定容量下使用。

（8）造价成本不同。一般来说，相对于干式变压器，采购同等容量的油浸式变压器价格要低很多。

另外，干式变压器的温度计算测量方式不同于油浸式变压器，这是因为干式变压器的空气冷却方式既要依靠热对流，又要依靠热辐射。依照干式变压器的实际结构特点，铁芯与绕组、绝缘之间，铁芯与周围的各夹件之间要利用热传导方式散发热量；铁芯、高低压绕组、保护外壳的空隙又要依靠热辐射进行散热；而干式变压器内部一般为固体材料，固体与空气进行热量传递又是依靠热对流进行的。

第二节 变压器起火原因分析

一、油浸式变压器起火原因分析

油浸式变压器本体内部充有大量变压器绝缘油，并含有大量可燃物，如纸板、棉纱、木材等有机可燃材料。如果变压器在工作状态下发生短路故障或承受过电压的作用，将会导致油温升高，当温度超过绝缘油沸点时，绝缘油挥发出气体，气体受热迅速膨胀爆炸，引发油箱爆裂，导致油液外泄起火，甚至造成油液大量喷溅，外壳起火爆炸受燃油流动影响，波及周围电力设备，继而令变电站陷入一片火海，形成重大安全事故，造成巨大的经济损失。油浸式变压器起火原因可分为以下几个方面：

（一）绝缘损坏

变压器长期过载，过载电流会使绕组温度升高，当温度超过最高承受值后，变压器绝缘材料将损坏失效。绕组发热可能引起线圈的绝缘短时间内即被烧毁。而在运行中经常受到电场、磁场、高温和过负荷作用，绝缘材料会不断劣化、变形甚至损毁，极易造成匝间、层间短路等情况，引起内部可燃物燃烧甚至爆炸。

（二）变压器的油质劣化，或油箱油量不足

油浸式变压器的一项重要绝缘指标是绝缘油，油质良好是变压器稳定运行的先决条件。油质差将会影响油的热循环，使油的散热能力下降，导致过热起火。在储存、运输或运行维护过程中如果掺入水、杂质或其他油污，降低了变压器油的绝缘强度，器件很容易发生短路起火。另外，油量不足将使绝缘油暴露在空气中的面积增大，增加绝缘油受潮程度，降低电气强度，而变压器的原材料中含有许多粗纤维孔洞型材料，如绝缘纸板、棉纱布等，这些孔洞型的绝缘材料加强了对水的吸附作用。水量的增加，增大了绝缘油的导电率，降低了绝缘性。绝缘油在空气中被氧化发生化学反应，生成有机酸、醇、醛以及油泥等，这些有机酸使油的酸价逐渐升高，还会进一步腐蚀绝缘材料，促使绝缘劣化。而这些聚合物附着在绕组和铁芯里会阻塞油道，影响热量散发，使变压器运行温度逐渐升高，进一步加剧氧化反应的速度，破坏其绝缘性能。当其绝缘性能逐渐降低甚至失效就会发生短路，导致火灾发生。

（三）铁芯未接地及多点接地故障

变压器运行当中，铁芯及固定铁芯的金属部件均处在交变的磁场中，若不进行铁芯接地，铁芯与绕组之间、高低压绕组之间以及铁芯与夹件之间，均会存在电位差。当电位差足够大时会击穿其间的绝缘，产生断续的火花放电，所以要求铁芯及其金属部件与外壳连接并接地。而且要求只能一点接地，因为铁芯中有磁通，当发生两点或多点接地时，接地点会短接铁芯片，形成闭合回路，产生感应环流，引起局部过热，导致绝缘性能下降使绝缘材料损坏并起火。更为严重的后果是铁芯硅钢片间出现绝缘损伤，使涡流增大，导致绕组过热、铁芯短路，出现闪络，即内部固体绝缘子周围的气体或液体电介质被击穿，沿固体绝缘子表面放电

的现象，从而导致火灾发生。

（四）变压器接地不当

变压器接地不当就会导致大地电位高出正常值，跨步电压也相应变大。当三相负载失衡时，会有电流流入零线，假若零线接地点的阻值较大且零线电流过高，该接地部位温度会迅速升高，致使周围可燃物起火燃烧。

例如，在某变电站火灾中，施工过程中挖掘机碰线，1# 变压器底部堆放的施工所用可燃堆垛高温起火，烧毁 1# 变压器。两个多小时后，受 1# 主变压器着火影响，2# 变压器 220 kV 引线架构绝缘子闪络。经现场勘验，1# 主变压器整体灼烧变黑，与之相连的母排、避雷器等设备也受到不同程度的损坏。变压器套管均炸裂，散布在变压器箱顶及周边，顶层输油管也受到冲击而变形。110 kV 侧箱体上部鼓出开裂，散热片扭曲变形。经调查，起火原因是：由于挖掘机碰线，1# 主变压器负载不平衡，零线产生大电流，接地点处接地电阻过大，高温引燃可燃堆垛烘烤 1# 变压器，由于油箱强度不足，造成油箱破裂着火。

（五）检修操作不当

检修工人对变压器进行检修操作时，易忽略对油箱顶部的套管和密封构件的检查，而这些部件出现裂缝等故障又不易被人发现，如果绝缘严重损坏就会导致故障甚至发生火灾；再者，检修工人对变压器进行吊芯作业时，经常会划伤绕组线圈或磕碰绝缘套管，造成这些部位的绝缘损毁，发生线路短路等故障，引发火灾；或其不按照操作规程施工，导致接线错误，裸线漏电等事故发生；检修中，使绝缘油受到污染，降低绝缘性能和冷却能力，致使箱内温度升高破坏绝缘，导致火灾发生。

例如，某 500 kV 变电站 1# 变压器 C 相运行中突发内部放电故障，1# 变压器 C 相顶部 220 kV 套管与 35 kV 套管附近着火，C 相变压器本体油箱及散热器变形比较严重，变压器绝缘油自压力释放阀崩裂处喷溅而出燃烧起火。三相瓷套管均碎裂脱落，引线不同程度烧损。分析原因得出：检修工人未按要求安装 1# 变压器 C 相 220 kV 套管尾部均压球的防松锁紧结构，专用垫圈底板的等电位连接结构安装不牢，导致变压器内部多处放电、闪络引发火灾。

（六）变压器内部导线连接处接触不良

因绕组内部导线焊接点脱焊虚焊、绕组间连接不牢、引线连接处螺栓松动或老化、分接开关接点松动等，导致连接部位接触电阻过大，局部过热或放电，引起燃烧或爆炸。

例如，某服装商店门前变压器突然起火，火势迅速蔓延，致使变压器附近 4 家门店全部过火，火灾造成 1 人死亡、8 人受伤，直接经济损失 20 万余元。经调查，火势自服装商店门前变压器处发出，从服装店门面处进入室内，并向两侧的商户蔓延。起火原因为：服装商店门前油浸式变压器内部线圈接头处接触不良，高温电弧引燃绝缘油，致使油箱炸裂，绝缘油喷出，形成流淌火引发火灾。

（七）各绕组间电阻失衡

绕组间的电阻稳定性受到影响或破坏，也会导致发热引起局部绝缘熔毁，使绕组间绝缘受损失效，导致绕组短路或开路，释放的高温电弧使变压器油劣化产生可燃气体，气体受热膨胀，引起变压器着火甚至爆炸。

（八）过电压

变压器运行过程中，可能会受到来自变压器外部或内部的瞬时过电压或过电流的作用。当变压器受到过电压的冲击时，即发生闪络后，会使系统内部磁场能量发生剧烈振荡，闪络产生的火花或电弧会使绝缘表面局部过热炭化，从而损坏变压器的绝缘，引起变压器的燃烧。

二、干式变压器起火原因分析

虽然干式变压器具有安全性高、散热性能好、防潮性能好、机械强度高、抗短路能力强、局部放电小、热稳定性好等诸多优点，但是干式变压器在运行过程中由于某些产品质量不过关、使用操作不当、维护保养不及时等因素，也会造成变压器内部故障引发火灾。主要起火原因如下：

（一）绕组绝缘层失效或损坏引发短路

绕组绝缘层劣化、变质，有毛刺、金属丝等异物进入绕组，或者负荷过载等造成绝缘损坏，导致绕组匝间、层间发生短路，局部过热燃烧引起火灾。

例如，2009 年某变电站两台主变压器并列运行，发生故障起火。经现场勘验，主变压器外观均无明显异常，吊芯后，发现 2# 主变压器绕组上部层压木板贯穿性裂纹、三相中压侧绕组首端变形、B 相高压侧绕组下部留有匝间短路熔痕、B 相中压侧绕组外凸变形，如图 3-7 至图 3-9 所示。

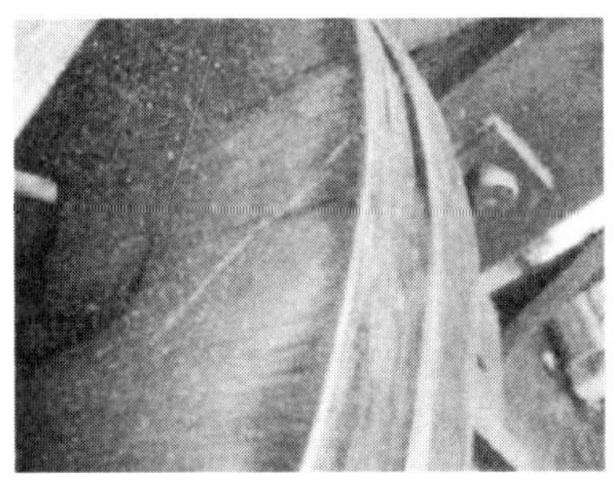

图 3-7　木板贯穿性裂纹

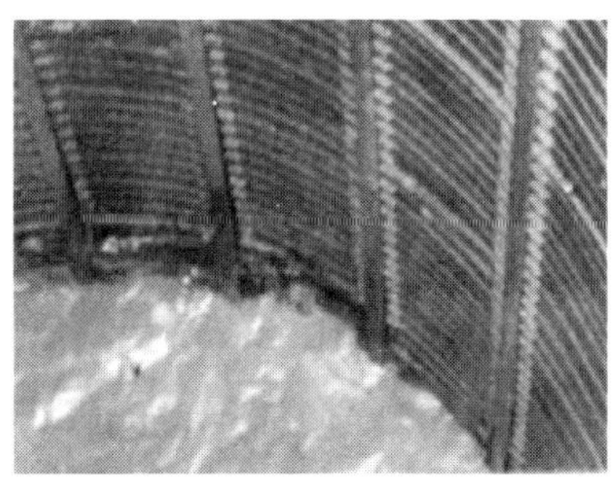

图 3-8　B 相高压绕组下部匝间短路

图 3-9 B 相中压绕组外凸变形

查找到的短路故障点有两处，分别是 A、B 相高压侧绕组底部的匝间短路，A 相绕组短路后断线，B 相未断。两处故障点均位于绕组底部，处于同一水平面，且距离较近，情况如图 3-10 所示。原因分析，变压器遭受外部短路冲击后，绕组发生变形，同时主变压器绕组轴向压紧结构受到破坏，导致主变压器线圈的轴向压紧力不足，变压器抗短路冲击的能力下降，在遭受较大的外部短路冲击时，绕组轴向失衡，引起高压侧端部绕组变形导致匝间绝缘破坏，从而造成匝间短路。

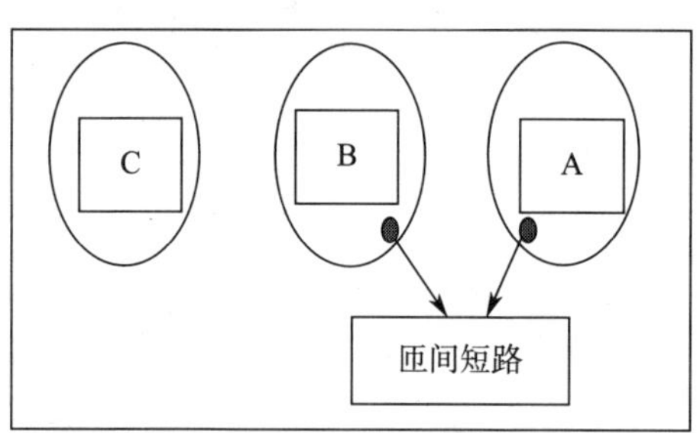

图 3-10 A、B、C 三相位置图

（二）线路接触不良

变压器原、副边接线连接处，电源引线焊接点松动导致连接部位接触电阻过大，局部受热高温产生火灾。

例如，某机电总厂铸造分厂炼钢车间处的配电室内，一具额定容量为30 kV·A的干式变压器发生火灾。火灾造成变压器A相绕组外部的环氧树脂材料被烧严重炭化开裂，与A相低压绕组相连接的电源引出线路烧损严重，因电力设施损坏，炼钢车间长期停产，经济损失惨重。经勘验，该变压器的A相引出线路为多股铜芯线，火灾后部分绝缘燃烧缺失，导线一侧熔化凹陷；绕组与导线连接部位的螺母表面留有电弧作用形成的熔化凸起痕迹，变压器与螺母对应部位附着烟熏痕迹，变压器B相、C相部位未过火。经调查分析，A相低压绕组与引出线路连接部位的螺母松动，变压器运行过程中风机振动，导致连接部位接触不良，产生放电电弧引燃周围绝缘，从而引发火灾。

（三）过电压

包括内过电压（暂态过电压、操作过电压）和外过电压（雷击过电压也称大气过电压），造成变压器电压异常升高、载荷过大，内部热量骤然升高不易散发引起火灾，或者造成绕组电流增加，绕组和铁芯温度上升过热导致绝缘失效引发火灾。

（四）空载损耗过大

铁芯磁阻过大、硅钢片绝缘能力较差、未保证铁芯单点接地、叠片与叠片贴压不牢或不对应等问题的发生，均可造成叠片间的短路，产生涡流，涡流损耗过大致使铁芯发热和绕组过载，炽热的铁芯引燃绝缘油，从而引发火灾。

（五）输出侧设备或线路故障

基于某种特殊原因而使变压器的输出侧引线或者变配电设备发生对地短路，大电流通过变压器的副边绕组线圈，产生的高温烧损线路绝缘导致火灾发生。

例如，某风电场的36# 风机突发火灾，致使机舱、一具风叶片完全被火烧毁，另外两具风叶片轻微火烧，留有破损痕迹，直接财产损失达1 000余万元。经现场勘验，36# 风机机舱处干式变压器被烧程度最重，火烧烟熏痕迹自该处向四周蔓延明显。其中，变压器低压侧C相电缆被烧熔断，电缆多处留有熔痕、熔珠，其他部位无故障点，火灾发生前无外来人员及其他用火用电设备，故排除外来火源致灾原因。经分析，该起火灾起于机舱尾部变压器C相低压侧电缆发生接地故障，短路点过热引燃绝缘部件致使周围可燃物燃烧引发火灾，最终烧毁风机设备。

第三节 变压器火灾调查方法

变压器火灾调查工作的核心就是准确找出变压器起火原因。变压器的起火原因较为复杂，而火灾调查工作有其时效性的要求，如何及时开展有针对性的询问和勘验工作，提高火调办事效率，并准确作出火灾事故认定是变压器火灾事故处理的关键。调查人员应熟知变压器常见的起火原因，同时结合变压器的结构特点及火灾发生发展规律，联系工作实际，运用科学的方法进行火灾调查。变压器火灾调查过程中应注意以下几个问题。

一、火灾现场保护

保护好火灾现场是确保火灾调查工作顺利进行的重要前提。变电设备多独立设置且裸露于室外放置，外来无关人员容易进入，火灾现场容易受到外界雨雪天气影响，而且电气类火灾波及面较广，若保护不利，轻则影响现场勘验的连续，重则将导致调查人员对火灾事实的错误认定。为使物证痕迹的完好保存，必须加大变压器火灾现场的保护力度。

（一）灭火过程中的保护

扑救变压器火灾时尽量不要破拆变压器设备，采用泡沫、细水雾、开花水流等扑救设备的重点部位，尽量减小损失、保护痕迹物证。调查人员可以利用照相、摄像设备对扑救过程及灭火剂使用情况进行记录，以备后期火灾调查分析。

（二）现场勘验中的保护

调查人员到场后，应结合火势蔓延的特点、起火物的性质，将火灾烧损的全部场所和与起火原因有关的一切地点确定为现场保护范围。当怀疑是因变压器设备故障导致火灾发生时，凡是与变压器有关的电缆、设备，如高低压进出电缆引线、设置分接开关装置的调压设备室、变电所的监控中心及相关负载用户等都应当划定在现场保护范围内。

（1）当变压器暴露于室外时，应利用警戒带、醒目标识、绳索等进行圈定。保护范围较小时可以设固定看护哨，进行现场看护；保护范围较大时要设流动看护哨，对火灾现场进行巡逻监护。火灾现场处于交通道路附近，可以使用隔离墩进行隔离，若正处于交通要道，则要尽量缩小保护范围，同时协调派出所、交警等部门帮助疏导交通。若勘验时间较长，可能遇到雨雪天气时，勘验人员要提前准备好塑料布、苫布等物品，及时对现场的变压器设备和不易及时转移的痕迹物证进行遮盖，避免痕迹物证受损。对于方便转移的物证，要按照调查程序及时提取。

（2）当变电设备位于室内时，要把紧房间的门窗洞口，严禁无关人员进入。调查人员、派出所公安民警等要对群众特别是受损住户进行思想疏导，劝说其不要急于进入现场进行清理，也要防止围观群众靠近现场。

（三）封闭现场的解除

勘验结束后，若认定证据材料收集充分，可及时对现场解除封闭，并拆除封闭警戒标志及障碍物，通知电力部门维护、更新电力设备，尽早恢复供电，同时告知受灾户清理现场。若发现勘验所得证据不够充分，需要进一步进行勘验的，则要继续做好现场保护工作。

二、调查询问

调查询问是火灾调查工作的重要组成部分，其获取的直接证据既能为现场勘验指明方向，也能验证勘验工作的正确性。针对变压器火灾，询问调查工作也是尤为重要的。最先发现火灾的目击者，最先发现变电设备异常的工作人员，起火前维护安装变压器的工作人员以及变压器负载的用户等都可能是最了解火灾情况的重点人，如果能够在重点人身上寻找突破口，及时、细致地开展调查走访工作，必将为确定起火部位、起火点和认定起火原因提供有力证据。

（一）询问火灾最先发现人及报警人

首先要具体对发现火灾的时间、地点及最先起火的部位进行询问，要求被询问人提供发现起火时间、报警时间的有效证明，例如提供监控录像，可以记录其发现火灾时出现在某个监控画面中，提供手机通话记录，证明报警时间等。尽量让被询问人说清变压器、周围建筑和可燃物发生火灾的先后关系，并要求被询问人叙述火灾发生发展过程，包括起火前是否有异常响动、异常人员出入、自然环境情况（包括雨、雪、雷、大风等）等。其次要重点询问变压器的起火特征，是爆炸起火，还是起火爆炸，是阴燃起火还是明火燃烧，以及要询问油箱绝缘油的喷溅情况，变压器的烟熏浓密程度、颜色等。最后要询问获知其他发现火灾和扑救火灾人员的具体情况，以便扩大询问。

（二）询问值班人员

大型电力变电设备一般都设在公司、厂区、配电所内，变电设施配有控制室或值班室，这些场所都有专业工作人员进行值班。中小型的民用变压器如果设在办公、住宅区和人员密集的场所时，也会把变压器列入值班人员的监护范围内，所以对值班人员的询问特别重要。

首先要询问值班交接班情况，发生火灾前变压器控制设备的调压分接开关是否进行过改动，有无违规的操作，同时要询问变压场所内是否有异常人员出入，最后离开起火现场人的具体情况，最后巡逻检查时的行走路径、时间记录等。其次要询问变压器的控制设备电流、电压波形记录情况，发生异常变化的时间和信号特征，并询问变化指明的故障方向、部位。同时也要询问变压器保护装置动作情况，有无异常声响等。最后要让值班人员叙述火灾发生发展的详细过程、初期火灾扑救过程，并要求其提供监控录像等。

（三）询问安装、维护、使用人员

首先要询问变压器是什么型号的，额定电压、容量、额定频率规格及出厂日期等。其次要询问安装的时间，曾经维护保养的具体情况，运行方面的记录，发生过什么故障，怎样进行改造等。接下来还要询问变压器周围的运行环境、温度、绝缘油的油位和油质化验情况，变压器火灾危险高的部位、同种型号变压器易发生起火的故障类型。最后要询问有关消防安全制度，操作规程，出现问题的实际处理程序和方法等。

（四）询问用户和受灾户

要重点对变压器负载的各用户和受灾户进行询问。电力变压器一般的接线方式均为三相四线制，线路发生故障后个别回路电流增强，或者个别回路电流减弱，导致负载端各用户的用电设施普遍出现过电流或欠电流现象同时发生。所以，要扩大询问范围，对变压器负载的各用户开展普遍询问、详细询问，查找故障共性。主要询问火灾发生前，负载线路照明灯具有无忽明忽暗的异常现象，家用电器有无低压运行不畅或高电压运行剧烈甚至烧毁情况，电气线路有无过热过载情况等，是否闻到烧焦等异常气味和听见异常声响；要掌握负载大功率用电设备的使用数量、运行时出现的异常情况等；要对发生火灾的变压器故障史进行询问，是否出现过漏油、过热、停运等故障，电业部门何时进行过维修等。同时，还要询问最近附近治安的状况，是否有盗窃、放火、泄愤等行为导致火灾发生的可能；附近是否还有其他变电设备，它们的运转情况，及火灾发生当天的降雨情况，有无雷击等；也要对受灾建筑与变电设备的关系，火灾蔓延扩大的具体过程等进行询问。

（五）询问灭火扑救人员

要询问消防扑救人员到达现场时变压器的燃烧特征，火势蔓延方向，烟气颜色和流动情况，灭火剂使用情况，喷射范围等，门窗室内有无非灭火破拆强行进入等异常痕迹，到达现场后变压器及室内线路是否带电，采取断电的措施等。

调查询问还要涉及场所负责人、围观群众、派出所民警，不仅要让他们说明所知火灾现场的情况，进一步描述火灾燃烧过程、扑救过程，还要询问他们对起火原因的看法，以便扩展办案思路、帮助开展调查。总之，要尽量对涉及案件的人全面排查，重点人细致询问，与现场勘验相结合，反复印证，不遗漏任何找到事实

真相的线索，才能达到调查询问的目的。调查询问要分析被询问人的心理状态，选择采用恰当的策略方法，如自由陈述法、广泛提问法、联想刺激法、检查提问法、质证提问法等。

三、变压器火灾现场勘验

变压器火灾调查最重要的工作就是现场勘验，证明起火原因的痕迹物证大多通过细致勘验、挖掘找到的。变压器火灾的现场的勘验程序与一般火灾的勘验程序基本一致：首先划定现场保护范围并开展环境勘验，然后初步勘验确定起火部位，在此基础上细项勘验确定起火点，最后专项勘验查明起火原因。

（一）起火部位的确定

起火部位主要是根据变压器箱体结构火烧破坏程度、周围起火物的燃烧特征和火势烟熏蔓延方向来判断的。物质的种类不同，被烧毁的形状特征也有所区别，所以可以根据变压器器身金属受热变色变形痕迹、高低压引线短路故障熔痕和悬挂变压器的木质线杆或混凝土线杆及其周围材料燃烧痕迹来进行分析，从而判定起火部位。

1. 根据金属受热变色变形痕迹确定起火部位

箱式变压器的外壳一般由较薄的铁皮、铝合金或钢板等材质制成，而油浸式变压器的器身一般采用较厚的铸铁建造，这样既有利于抵御自然侵害又能防止小动物闯入变压器结构，同时又可以借助金属良导体的属性，帮助内部散热。火灾过程中，剧烈的高温会使金属表面发生氧化，不同的部位在不同温度和受热时间条件下所呈现出的变色、变形痕迹差别也很大，所以根据金属随温度变化变色的规律，仔细检查便可以尽早确定哪个部位受热温度最高、受热时间最长，往往这些部位最接近起火部位。

需要注意的是，铁皮箱体在正常状态下可能腐蚀生锈，颜色呈红褐色，一般均匀附着在箱体表面，与金属结合不紧密，容易剥落。而铁皮箱体在火烧后会产生变色，这些变色的金属材质中含有盐碱成分，表面粗糙不易剥落。另外，变压器过火后会附着浓密的烟熏痕迹，需要将痕迹擦拭干净后观察金属的变色情况，以确定火势蔓延方向。油浸式变压器起火后多数情况下绝缘油都会泄漏起火，继而引发箱体内其他可燃物燃烧，这些燃烧产物将会与金属燃烧产物相互掺杂甚至发生化学反应，这将严重影响金属变色痕迹的鉴别。

火灾过程中，变压器的金属外壳、底座等承重构件在高温作用和外力作用下，机械强度会发生变化，导致金属构件不同程度变形、扭曲甚至断裂。铝合金结构的箱体热稳定性在 100 ~ 250 ℃就要受到影响，钢质材料受热达 300 ℃时强度就开始降低，当温度升高至 500 ℃，强度降为原来的 1/2，温度达到 600 ℃时强度仅为原来的 1/6 或更低。这就很好地解释了为什么变压器箱体的底座即使是厚的角钢，也会在火灾发生后产生严重的变形；而变压器油箱为厚重的铸铁，在高温作用下依然会被烧鼓肚、断裂。所以在火灾现场的勘验中，可以通过宏观查看金属被烧变形、损坏程度来确定起火部位。

2. 根据烟熏痕迹确定起火部位

变压器内部的绝缘材料在火灾的作用下会发生燃烧起火，变压器周围的木质线杆、进出引线绝缘及其他可燃物受高温烘烤也会发生燃烧。燃烧产生的黑烟中含有大量的炭微粒，随着烟气的流动附着在箱体表面、周围线杆、变压器内部或是附着在存放变压器的室内墙面上，形成烟熏痕迹。烟熏痕迹的形成除与风力等自然因素有关，还与可燃物的燃烧温度有关，利用这些内在的联系和特点，判断起火部位，从而确定起火原因。例如，烟气运动与火势走向是相同的，烟气受对流、高温压力的影响自下而上蔓延，其垂直方向流速大于水平方向流速。根据这一流动的特点，观察变压器外壳各立面、线杆两侧、周围物体及建筑内各厅室的烟熏痕迹，从而判定迎火面。迎火一侧，会尽早形成均匀的烟熏痕迹；背火一侧，烟熏痕迹形成较晚，烟熏程度较轻微。若是变压器或变压器周围最先发生火灾，变压器的所在部位可能形成V字形痕迹（起火部位位于V字形底部）或斜形烟熏痕迹（起火部位位于斜面一端），值得注意的是，烟熏痕迹往往会由于起火部位的温度过高，二次燃烧后消失，这时就要同时结合其他痕迹物证综合判定起火部位。

3. 根据电气线路的故障短路痕迹确定起火部位

变压器上的线路较复杂，有高低压电缆、保护装置线路、箱内绕组引线，以及外侧配电箱上的电源导线，有些民用变压器周围还会铺设其他用电线路。变压器一旦起火，高温作用会使原本完好的电缆线路绝缘受损，甚至导致绝缘材料的燃烧，留下不同性质的熔痕。那么该怎样结合规律分析这些熔痕，最终找到起火部位呢？首先要对火灾现场残留的电气线路熔痕认真地检查对比，再进行分析，通过不同的电气线路熔痕判定火灾具体起火部位。熔痕的性质证明电缆线路起火时是否带电；带电线路燃烧起火所产生的熔痕为短路等熔痕，不带电的形成火烧熔痕。

若勘验过程中发现短路熔痕，不要急于认定。首先要查看留有短路熔痕的线路与变压器线路是不是处于同一回路：若处于同一回路，则要结合其他痕迹物证，考虑是否存在其他部位先起火引燃变压器引线的可能，分析火源的作用位置，在充分排除其他部位为起火部位后，可以确定该部位极有可能是起火部位。由于变压器的功能就是输配电力，变压器故障起火，电流中断，短路熔痕又是电线电缆带电过程中形成的，所以短路部位一定为发生故障的起火部位；若未处于同一回路，确定起火部位仍然存在两种可能。一种可能是短路部位为起火部位，需要结合现场勘验情况确定，要对短路痕迹提取送检；另一种可能就是回路电缆导线绝缘材料受火灾高温作用失效受损，引起短路后留下熔痕。

电力变压器的引入引出线一般为多股铝质裸线，铝的熔点为660 ℃，在火灾现场，因受高温作用铝线熔化，其短路痕迹一般不容易保存下来，所以勘验的过程中要极其细心，一旦发现短路、凹坑、结疤等痕迹，就要引起高度重视。至于现场短路熔痕是一次短路还是二次短路，就需要进一步对熔痕进行提取、送检，利用金相分析加以确定。

4. 根据木材燃烧痕迹特征确定起火部位

郊区、农村等经济欠发达地区悬挂变压器的多为木质线杆，变压器周围经常建有木质建筑、堆放可燃堆垛，有些存放变压器的建筑结构也部分使用木质材料进行建造，加之室内的木质结构陈设物品等。所以结合木材燃烧炭化特点，认真细致地对起火现场中各类木质材料进行勘验，可以快速地判断火势蔓延途径，准确地抓住起火部位的认定证据。

首先，根据木材炭化程度、残留斜茬等痕迹，很容易区别出木材的迎火面和背火面，判定火灾蔓延方向。其次，要对木材受热的炭化痕迹进行检查。变压器火灾一般为明火燃烧，火势较急，木材表面会形成带有光泽鱼鳞状的炭化痕迹，炭化较疏松，容易剥落，炭化痕迹会随受热时间的变长而加厚，炭化裂纹也会随之加宽加深。可以通过观察炭化裂纹对受热方向进行分析，同时借助炭化深度测定仪对木材的炭化深度进行测量，确定火灾蔓延方向。另外，受电弧灼烧的木材表面会出现炭化坑，炭化坑内的炭化层浅且具有导电能力，温度越高、受热时间越长，导电能力越好，可以利用这一痕迹来寻找产生电弧的故障点。

5. 根据混凝土受热变化痕迹确定起火部位

变压器火灾现场中的混凝土构件，如悬挂变压器的混凝土线杆，工业、民用建筑存放变压器室内的墙壁，以及变压器周围建筑等，都会因火灾的持续作用导致颜色和强度的变化。例如，当混凝土受热温度达到 300～600 ℃时，变色呈淡红色或红色；当受热温度达到 600～800 ℃时，会继续变色呈灰色；当温度高达 800～1 000 ℃时，混凝土会呈草黄色。同样，混凝土的强度也会因受热温度的升高而降低：当温度超过 450 ℃时，混凝土构件会开始出现裂痕；温度升高至 600 ℃以上，强度下降会更加明显，当温度到达 800～900 ℃时，混凝土强度降至最低，甚至被烧破碎。勘验过程中，可以利用回弹仪对混凝土强度进行测量，通过对比找到受热最高点，同时结合混凝土颜色变化找到起火部位。

（二）起火部位变压器同火灾的关系

勘验火灾现场，首要任务就是确定起火部位，打牢调查工作的基础，再通过全面走访排查，彻底的现场挖掘，认真地同以往变压器火灾案例对比，最终才会找到导致变压器火灾发生的原因。本书所研究的都是变压器与起火部位相关联的情况，即火灾的发生是由于变压器某个元部件发生故障，或是由于自然、人为因素作用于变压器所导致的。如果变压器和起火部位不相干，则不在本书的研究范围以内。

起火部位存在变压器并不能确定是变压器故障引起的火灾。变压器火灾，必然是变压器故障造成的。这些故障由自然原因或人为原因引起。如果变压器在起火前或在发生火灾时，根本就没有投运，当然谈不上变压器火灾。只有在起火部位发现存在某一变压器，并且有证据表明该变压器在火灾发生前或发生时正在运行，才有必要集中力量对变压器进行专项勘查和调查。获取变压器是否处于运行状态的方法很简单，只要询问变电所工作人员及变压器低压侧用电户，便可得知。也可以通过对被烧毁的变压器低、高压接线和内部线路的熔痕的技术鉴定结果来判断变压器是否投运使用等。通过宏观鉴别法，确定发现的熔痕不是火烧熔痕而是短路熔痕，就可以判定变压器在起火前或起火时已通电使用。当然，发现有短路熔痕的部位并不能确定此处就是起火部位。短路熔痕有一次和二次之分，需要利用金相分析法作进一步的物证鉴定。如果是二次短路熔痕，只能说明变压器是在带电情况下火烧短路形成，而不能说明该短路部位为起火点。如果是一次短路痕迹，那么短路点就很可能是起火点，因为短路产生电火花或电弧引燃周围的可燃物。但不管哪一种情形，有短路熔痕的存在，就是变压器通电运行的有力证据。

（三）起火点的认定

在收集了充分的证据证明起火部位就是变压器所在部位，并且初步确定变压器故障引发火灾后，下一步就要对变压器进行拆解勘验，找到导致火灾发生的火源。

1. 勘验准备工作

首先，要克服心理障碍。一般条件下，变压器的体积普遍较庞大，器身又采用金属材质，移动拆解都非常困难，加之火灾后变压器烧损严重，元部件难以区分，而火灾调查人员因专业技术受限，致使调查无从着手。这就要求调查人员要冷静思考，在掌握了变压器基本原理、组成构造等理论知识后，针对容易引发变压器火灾的故障原因，按照由外向内的顺序，配合采取吊芯作业等专业技术手段，逐层逐个部件进行分析勘验。

其次，要注重团队合作。对变压器进行专项勘验是一项工作量较大、技术要求较高的一项工作，单靠一两个火灾调查人员很难完成，需要组织充足的调查力量形成团队，相互配合。不仅要有负责照相、摄像、书写勘验笔录的工作助手，更要尽量邀请相关专业专家配合指导；不仅需要专业工人帮助拆解变压器箱体、截取电线电缆熔痕，同时需要利用大型的起吊设备转移变压器并进行吊芯作业。

最后，还要准备同类型的变压器进行对比勘验，以及备齐备全相应的勘验器材。要尽量找到发生火灾相同相似型号且结构功能完好的变压器，边对比边勘验，做好记录。同时，要按照电气火灾勘验要求，备齐相应的勘验器材。例如，用于检测剩磁量的特斯拉计，用于检测接地电阻的接地电阻测试仪，用于查找熔融物内电气线路的寻线器，以及测距仪、米尺和物证提取工具等。

2. 变压器火灾的勘验要点

（1）勘验变压器的箱体或保护外壳。首先是检查外壳内外附着的烟熏痕迹，外壳漆表起鼓、炸裂、脱落等痕迹，金属表面受热变色变形痕迹，以及箱体外表是否存在电弧灼烧、金属喷溅熔化痕迹。金属外壳表面普遍受到烟熏影响，则烟熏较重处为长期受热部位，对照薄金属随温度升高表面氧化变色规律，勘验金属外壳被烧变色痕迹，查找故障所在部位进行深入勘验。外壳漆表燃烧受热，会起鼓炸裂，受热温度越高、时间越长，则漆面炸裂越细碎；反之，漆面残片较大、裂纹长而清晰。金属构件变形痕迹则比较容易发现，受同等外力作用下，金属扭曲变形越严重，则表明该部位受热时间越长温度越高，更接近起火点；观察外壳表面留有的电弧击穿、熔化缺失孔洞，或者附着非外壳本体的其他金属熔痕，若存在则应为电缆导线短路电弧喷溅、或雷击过电压等情况所致，需要对熔痕进行提取鉴定，帮助证明起火原因。另外，变压器火灾燃烧剧烈，铝导线熔痕在现场中不易被保存下来，若怀疑是铝质导线短路引起火灾却没有熔痕等直接证据时，可以考虑采用剩磁法，根据测量磁量剩余的多少寻找剩磁的渐变规律，结合火场实际，综合判定起火点。

使用特斯拉计对配电箱铁板、变压器金属外壳、油箱、金属底座等进行检测，操作时注意要将探头尽量平行接触被测表面，不要将测量端部探头垂直碰触被测表面或用力按压。测量时，要尽可能大范围多数据测量，对剩磁变化数据进行比较，不能因一两处剩磁数值高而确定短路，测定雷击部位更要注意变压器外壳不同距离处的剩磁值的变化，并作图记录。同时，还要考虑变压器曾因故障短路、雷击而导致剩磁残留，排除干扰。针对变压器外壳的薄金属材质特征，测得的剩磁量若大于 1.5 mT，可将测量结果直接作为判定证据，1 ~ 1.5 mT 时可作为参考，1 mT 以下不做考虑。

（2）勘验变压器的套管、接线端子、电源引线。首先要查看高、低压侧绝缘套管部位是否发生破损、短路，其次顺着引线勘验焊接部位或机械连接部位是否留有故障破损、电弧灼烧等故障熔痕，还要注意对分接开关部位的勘验，主要查看螺栓是否松动，焊接处是否接触不良、分接开关烧损等情况，从而判断是否因这些部件接触不良、脱焊虚焊等故障，导致局部过热引发火灾。

（3）勘验油浸式变压器的储油部位。主要是勘验油箱和油枕。油箱的勘验除了对油箱外部烟熏变色痕迹、起鼓变形痕迹进行检查记录，还要重点检查瓷套管、器身焊缝、防爆口等薄弱部位是否留有裂痕，油箱、油枕金属外壳受热变形变色痕迹，以及表面电弧灼烧、熔化痕迹等。同时，对与油箱、油枕连接的进油管完好情况也要进行勘验。使用接地电阻测定仪测量变压器油箱、外壳接地电阻，判定火灾是否因变压器接地故障导致。

（4）勘验变压器箱体内部的原副线圈、铁芯等元部件。使用大型起吊设备将变压器移动到地面位置，尽量在电业工人的配合下逐层拆解变压器外壳，同时将变压器铁芯、绕组吊出进行勘验。先查看箱体内部的烟熏痕迹、漆表脱落及金属变色痕迹，再检查各相绕组线圈是否存在烟熏、漆包线受热破损、层间短路、匝间短路、相间短路等短路故障点。若绕组部位完好，则要深入勘验铁芯部位，铁芯硅钢片的漆表绝缘会因电弧、涡流等热作用，留下裂解、炭化或者电熔痕。要试着全面收集这些痕迹物证，边勘验边对比分析，并结合痕迹产生的主要机理、熔痕鉴定结果，确定起火点和起火原因。

（5）勘验变压器的绝缘油。主要是对箱内绝缘油的油位及油质进行测量和检验。油箱的外部起火引燃变压器，会造成绝缘油的部分泄漏，而油箱内部发生故障引起火灾，则会导致绝缘油膨胀喷溅，严重时发生爆炸。所以查看油位，既有利于检查变压器火灾前漏油故障，又可以检验变压器上的痕迹特征。检修维护不当、密封不严，或者负载设备、电缆线路及变压器内部元部件故障，都会造成绝缘油质劣化，挥发出低分子烃类等易燃气体。这些气体溶解在变压器油中，就会降低油的燃点和闪电。提取部分绝缘油，对其混入的气体成分、水分杂质、运动黏度、击穿电压以及介质损耗因数等进行检验，有利于找到变压器的故障原因。

（6）勘验变压器保护装置。要对变压器内部的气体继电器、跌落式熔断器等保护装置进行勘验，查看装置的内部状态、动作情况，从而判定变压器的故障回路。若保护装置火灾后没有动作，就要结合勘验的实际情况，同时考虑是否由于保护装置发生故障拒绝动作而导致火灾发生。

除此以外，在拆解查看变压器零部件的过程中，要认真听取专家意见，也要对照安装、维护的操作规程，对变压器安装施工、维护保养等行为进行检查，分析研究是否存在电业部门工作人员违规操作而导致变压器故障发生。

3. 变压器火灾物证的提取与送检

痕迹物证的提取和送检是变压器火灾专项勘验的一项重要工作，一般由经历较丰富的火灾调查人员进行操作。在提取的过程中，要选取参照物，配有比例尺，从不同角度、不同距离对物证拍照或录像进行固定，在勘验笔录、火灾现场图和物证提取清单中要记录物证的具体名称、编号、提取部位、规格和数量等特征，提取过程应有见证人证明并签字。

（1）常见的变压器电气线路熔痕有以下几种：因较强火势作用下使不带电导线形成的火烧熔痕，通电的变压器电缆或内部引线的绝缘受热破损产生的二次短路熔痕，通电的变压器电缆或内部导线因自身故障或自然、人为作用造成线路短路所产生的一次短路熔痕，以及电缆、绕组等电弧热作用、过负荷、接触电阻过大、漏电等形成的电热熔痕。提取电气熔痕时，必须要保证物证位于起火点或者起火部位周围一定的空间范围内，要反复推敲提取该电气线路熔痕与火灾发生的必然联系，以确保物证提取的意义。其他部位，即使存在短路熔痕，也是由于火灾蔓延后烧损导线绝缘而发生的短路，没有鉴定价值。要保证熔痕的完整提取，尤其是要注意短路点的双向对应关系，将留有短路痕迹的两根或多根线路剪切下来，按照原来的位置固定在纸板上，并将短路处包扎好；要尽可能地寻找起火点处附近的喷溅熔珠，用镊子夹取放入玻璃器皿或物证袋中封装好；若怀疑变压器线路过负荷引发火灾，要提取同一回路的未过火线路，对其送检分析金相组织。另外，拟提取的线路熔痕可能附着其他金属或焊锡物质，可使用清水或者酒精对熔痕进行清洗，排除干扰。

因形成机理不同，所以熔痕内部微观结构也不同。物证鉴定过程中，首先利用宏观鉴别法排除火烧熔痕，再通过金相分析法对熔痕性质做出确定。若鉴定结果为一次短路，则可作为直接认定为电气线路短路引发火灾的证据，若鉴定结果为二次短路，则要综合现场调查情况，分析鉴定结果的证明作用。

（2）提取变压器油箱内的绝缘油，可以对油的组分和气体含量进行气相色谱分析，既要考虑到绝缘油易流动、渗透的特点，又要避免提取油品时油中气体的散失。一般使用容积 250 mL 的 O 形纹塑料盖棕色小口玻璃瓶，采用溢流法进行提取：使用引流管连接变压器的放油阀，打开阀门开关排出少量油品，除杂并冲洗引流管，然后将引流管插至试剂瓶底部，使绝缘油缓缓充满试剂瓶直至油品溢出，再抽出引流管，盖紧盖子，取样结束。要将油品尽快送检，途中要注意避免剧烈摇晃及强光照射。

不同类型的绝缘油，氢气和烃类的正常含量值是固定的。若检测后，油品中 H_2 和烃类含量较高，C_2H_2 含量甚微，且混有少量的 CO、CO_2，则可推断变压器发生了过热性故障，例如，分接开关、引线等连接部位接触不良或者铁芯多点接地等；若油中 CO 和 CO_2 占多数，则变压器发生过负荷故障；若检测结果显示，H_2、CH_4、CO 占主要含量，而几乎没有 C_2H_2，则变压器发生了局部放电故障；若绝缘油中检测出大量的 H_2、C_2H_2、CH_4、C_2H_4、C_2H_6，则可判定变压器油箱内发生了电弧性放电，电弧高温分解了绝缘油；若油中 CO、CO_2 的含量较正常值偏高，则为绝缘老化的特征；若 H_2 含量较高，而其他可燃气体含量甚微，则证明是变压器油中混入了一定量的水分导致。根据绝缘油的检测结果找到对应的故障，将分析结论反馈至火灾现场调查的综合情况中，有利于进一步确定起火原因。

（3）若怀疑使用助燃剂放火，则需要对变压器起火点处的烟熏痕迹进行全方位提取，或者利用溶剂冲洗提取附着于器身的可疑液体残留物。另外，提取时还要留出绝缘油、烟熏痕迹等样品的备份，作复查使用。最后，要再次确认提取的物证封装完好，按程序粘贴标签：编注序号、名称、提取人等信息，加盖单位公章，填写委托文书并送检。

经查阅历年纵火案例，犯罪分子多使用汽油、柴油等矿物油作为助燃剂实施纵火，利用汽油纵火的案件占纵火案总数的90%以上。而由于变压器是高压危险设备，设置场所特殊，器身一般采用不燃的金属材质，不法分子进行纵火所采用的助燃剂也只能选取汽油和柴油。现今，鉴定机构最广泛使用的鉴定手段为气相色谱/质谱联用法，气－质联用仪可以对各个化合物成分产生响应，扫描确定同分异构体及不同型号油品等。若物证特征组分的鉴定结果显示含有汽油等助燃剂，则认定为纵火；若没有助燃剂成分，则有利于排除纵火的可能，最后还要根据现场其他调查情况综合进行判定。

四、起火原因的认定

变压器火灾起火原因的认定，是经过充分的调查询问、细致的现场勘验以及物证检验鉴定等大量工作后，综合分析认定的。如果调查过程中邀请专家，认定前需要结合出具的专家意见；如果案件复杂，影响较大，需要进行集体讨论。若证据充分，可以直接作出原因认定；若穷尽一切手段后，变压器的起火原因仍然无法查清，就要利用现有证据排除其他原因，并认定不能排除的起火原因。

第四章 电动机火灾调查

第一节 电动机结构及工作原理

一、电动机分类

电动机是一种旋转式电动设备，它将电能转变为机械能。了解电动机的分类、结构及工作原理有助于火灾调查人员分析电动机起火原因。

电动机的分类方式主要有以下几种。

（一）按工作电源的种类分类

电动机按工作电源种类不同可分为直流电动机和交流电动机，如图 4-1 所示。

直流电动机是将直流电能转换为机械能的电动机。直流电动机具有调速性能好、启动力矩大等特点。直流电动机还可以进一步分为无刷和有刷两种类型，其中有刷直流电动机还可以细分为永磁直流电动机和电磁直流电动机。这两种电动机还可以进一步细分成不同种类的直流电动机。

交流电动机是将交流电的电能转变为机械能的一种机器。交流电动机在工农业生产、交通运输、国防、商业及家用电器、医疗电气设备等各方面广泛应用。根据交流电动机工作时供电相数的不同进一步分为单相电动机和三相电动机。

（二）按电动机的结构和工作原理分类

按这种分类方式可将电动机分为直流电动机和交流同步电动机、交流异步电动机，如图 4–2 所示。

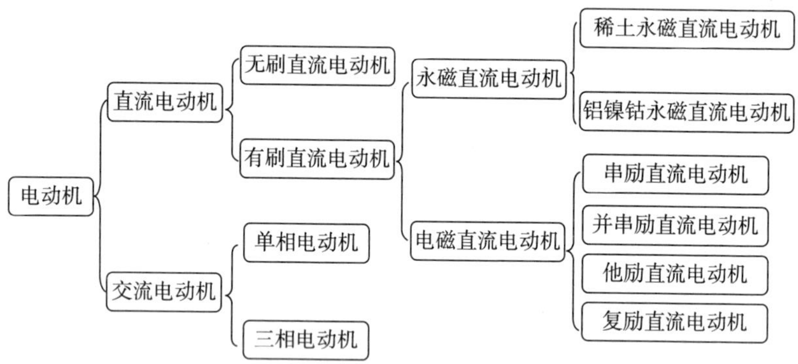

图 4–1　电动机按工作电源分类

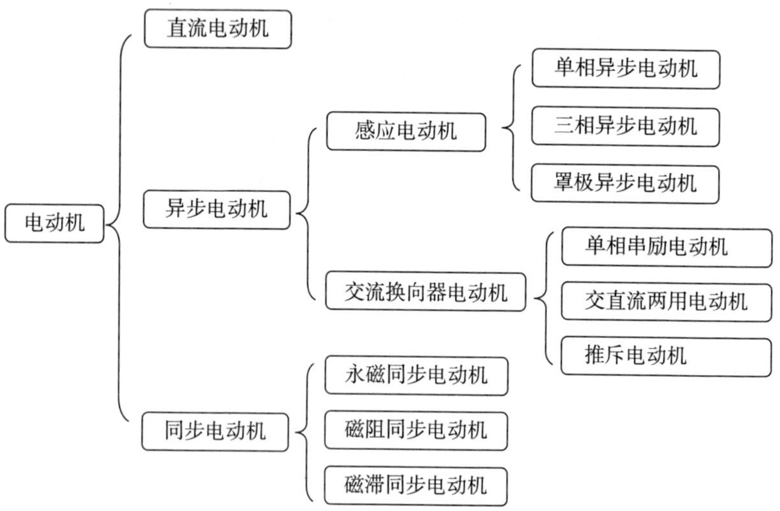

图 4–2　按结构和工作原理分类

交流同步电动机是一种恒速驱动电动机，其转子转速与电源频率保持恒定的比例关系，被广泛应用于电子仪器仪表、现代办公设备、纺织机械等。同步电动机属于交流电动机，定子绕组与异步电动机相同。它的转子旋转速度与定子绕组所产生的旋转磁场的速度是一样的，所以称为同步电动机。正由于这样，同步电动机的电流在相位上是超前于电压的，即同步电动机是一个容性负载。因此，在很多时候，同步电动机是用以改进供电系统的功率因数的。

交流异步电动机转子的转速低于旋转磁场的转速，转子绕组因与磁场间存在着相对运动而产生电动势和电流，并与磁场相互作用产生电磁转矩，实现能量变换。

（三）按转子的结构分类

按转子结构，电动机可分为笼型异步电动机和绕线型异步电动机，如图 4-3 所示。

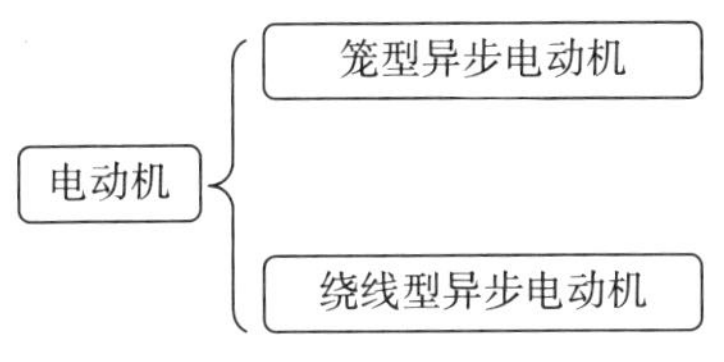

图 4-3　按转子的结构分类

笼型异步电动机的转子绕组不是由绝缘导线绕制而成，而是铝条或铜条与短路环焊接而成或铸造而成。绕线型异步电动机的转子是铜线绕制的线圈，线圈末端是通过滑环引到启动控制设备上。

笼型异步电动机具有结构简单，启动方便，运行可靠，体积小，坚固耐用，便于维护、检修和安装，成本低等优点；同时也具有启动转矩较小，功率因数较低，转速不易调节，直接启动时启动电流大等缺点。

绕线型异步电动机的优点是通过在转子回路中串入外加电阻可以改善电动机的启动和调速性能；同时具有结构复杂，维护较麻烦，运行可靠性较差，价格较贵等缺点。

（四）按电动机的用途分类

电动机按用途可分为驱动用电动机和控制用电动机，如图 4–4 所示。

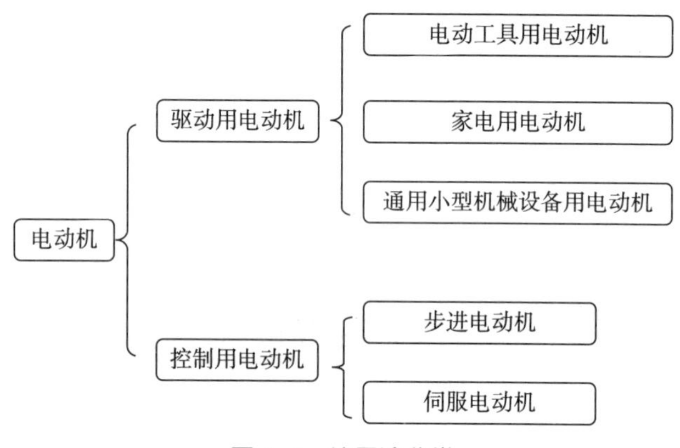

图 4–4　按用途分类

虽然电动机的分类方式多种，电动机的种类多样，但各种电动机都有相似的结构和故障，因此，本章选取了在工农业生产中用途最多、最常见的三相异步电动机，从基本结构和工作原理加以论述。

二、电动机基本结构

电动机的主要结构是一个用以产生磁场的电磁铁绕组或分布的定子绕组和一个旋转电枢或转子。在定子绕组旋转磁场的作用下，其在电枢笼式铝框中有电流通过并受磁场的作用而使其转动。三相异步电动机的结构，由定子、转子和其他附件组成，笼型异步电动机和绕线转子异步电动机的结构如图 4-5 所示。

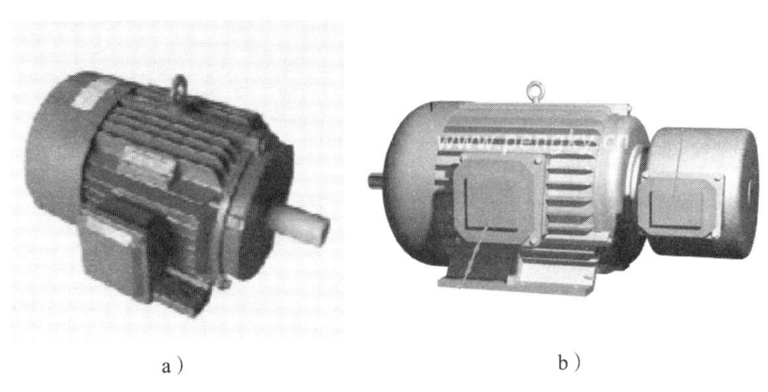

a）　　　　　　　　　　b）

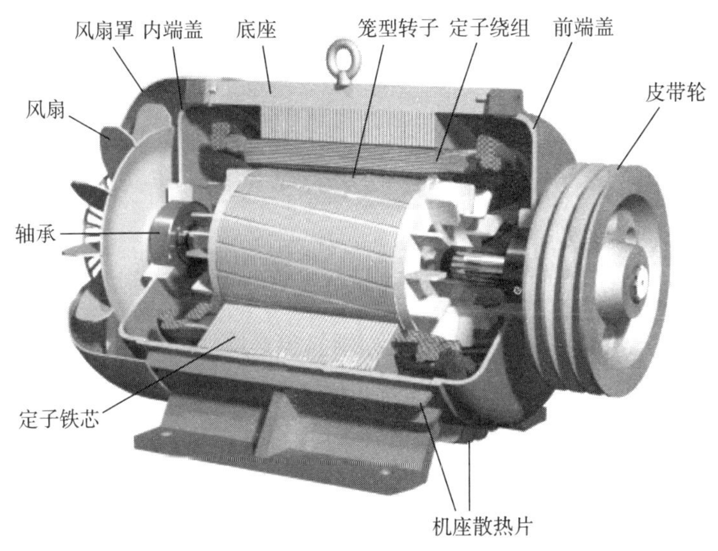

c）

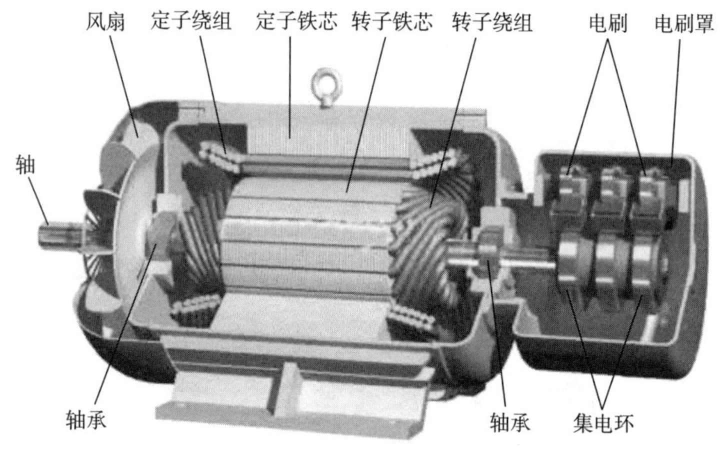

d）

图 4–5　三相异步电动机基本结构

a）笼型异步电动机外形　b）绕线转子异步电动机外形

c）笼型异步电动机剖视图　d）绕线转子异步电动机剖视图

（一）定子

定子又称静止部分，主要由定子铁芯、定子绕组和机座等组成。

1. 定子铁芯

定子铁芯是由 0.35 ~ 0.5 mm 厚的相互绝缘的硅钢片冲制、叠压而成。未装绕组的三相异步电动机定子形状如图 4–6 所示，它是电动机磁路的一部分。由于异步电动机的磁场是交变的。所以铁芯中要产生涡流损耗和磁滞损耗，为了减少铁芯的损耗，铁芯是用相互绝缘的硅钢片叠压而成。一般小容量的电动机主要利用硅钢片的表面氧化层来实现片间的绝缘，而容量较大的电动机所用的硅钢片必须涂绝缘漆。

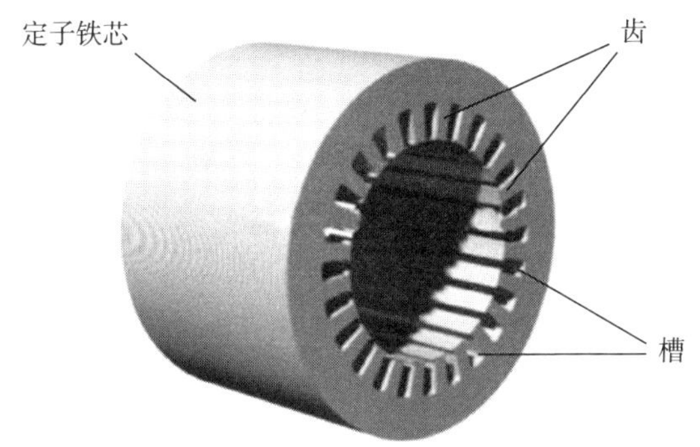

图 4-6 未装绕组的定子形状

定子铁芯的内圆上均匀分布着一定形状的槽，槽内安放线圈，称为定子线圈（绕组），线圈与槽之间用绝缘物隔开。常用的定子槽有三种形状，定子槽形状如图 4-7 所示。其中开口槽的槽口宽度与横宽相等，开口槽适用于大、中容量的高压异步电动机，便于高压成形线圈的嵌线。半开口槽的槽口宽度等于或大于槽宽的一半，半开口槽适用于 500 V 以下的中型电动机，便于嵌入扁线绕成的分为双排的成形线圈。半闭口槽的槽口宽度小于槽宽的一半，半闭口槽适用于低压圆铜线绕成的散嵌线圈，其优点是槽口较小，齿部对主磁通磁阻小，可以减小励磁电流。槽形的选择与线圈的形式应相适应。

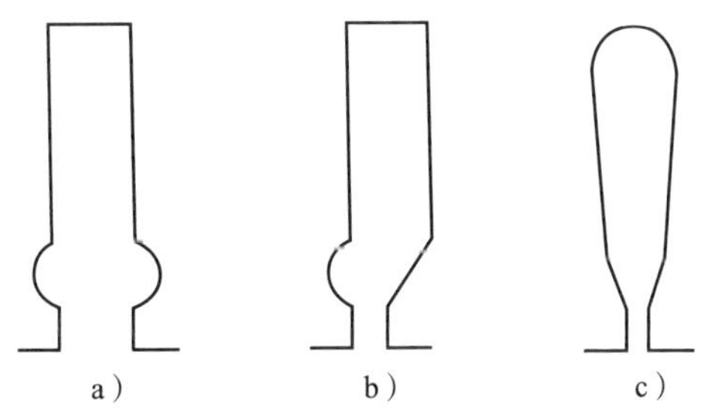

图 4-7 定子槽形状

a）开口槽 b）半开口槽 c）半闭口槽

定子铁芯的外径小于1 m时，叠片冲成整圆。当外径大于1 m时，由于受到整张硅钢片标准尺寸的限制而冲成扇形片，叠装时，每层接缝应相互错开拼成整圆，构成定子铁芯整体。

大中型异步电动机定子铁芯沿轴线长度上每隔一定距离有一条通风沟，以利于散热。

2. 定子绕组

定子绕组是电动机的电路部分，通入三相交流电，产生旋转磁场。定子绕组有成形硬绕组和散嵌软绕组两类。散嵌软绕组多用于小容量电动机，它是由高强度漆包线绕制成的线圈按一定规律依次嵌入槽中，形成的三相定子绕组。大、中容量电动机由于电流大、电压高、导线截面积大，绝缘强度要求高，故采用扁线绕制的成形线圈比较合适。散嵌绕组可分为单层、双层及单双层混合绕组三种，而成形硬绕组只采用双层一种形式，先绕成单个线圈，包扎对地绝缘后，热压或冷压成形，然后嵌入定子槽中。所有的定子线圈按一定的方式连接起来组成定子绕组。一般三相绕组的6个端线都引到机座侧面的接线板上，在与电源连接时，可根据情况将6个端线接成三角形或接成星形。安装绕组的定子形状如图4–8所示。

图4–8　安装绕组的定子形状

定子绕组的绝缘主要是指保证绕组的各导电部分与铁芯之间的可靠绝缘以及绕组本身之间的可靠绝缘，绝缘一旦被破坏很容易导致电动机故障甚至引起火灾的发生，通常有以下三种。

（1）对地绝缘：定子绕组整体与定子铁芯之间的绝缘。

（2）相间绝缘：各相定子绕组之间的绝缘。

（3）匝间绝缘：每相定子绕组各线匝之间的绝缘。

3. 机座

定子铁芯固定在机座内，机座起着固定定子铁芯、前后端盖以及支撑转子的作用，机座还应有足够的强度和刚度，以承受加工、运输及运行中的各种作用力，起到防护作用，同时还要满足通风散热的需要。异步电动机的机座还是主磁路的组成部分。当安装的保护方式和冷却方式不同时，机座结构也不同。小型电动机一般都采用铸铁机座；中型电动机除采用铸铁机座外，也有采用钢板焊接的机座；大型电动机的机座都是用钢板焊接成的。例如，封闭式异步电动机的机座外壳上铸有散热筋以增加散热面积，使得定子铁芯与机座紧密接触使内部热量易于传出。防护式电动机的机座与定子铁芯之间留有一定的通风道，使空气疏通，带走机内热量，通风道不畅会使散热缓慢，导致电动机长时间高温，易引发电机故障或引燃周边可燃物，也是火灾调查人员勘验时应注意的。

（二）转子

转子又称旋转部分，主要由转子铁芯、转子绕组、转轴和轴承组成。

1. 转子铁芯

转子铁芯是主磁路的一部分。在正常运行时，转子转速接近同步转速。旋转磁场相对于转子的转速很低，转子中的铁损很小，所以原则上转子铁芯所用材料与定子一样，由 0.5 mm 厚的硅钢片叠压而成，硅钢片外圆上冲有均匀分布的孔，用来安装转子绕组。通常用从定子冲片的内圆冲下来的原料做转子叠片。一般小功率电动机的转子铁芯直接套压在转轴上；功率较大时（转子直径在 300 mm 以上），铁芯压在转子支架上，然后安装在转轴上。

2. 转子绕组

在转子铁芯外圆上的槽中放置线圈或导条，各槽中的线圈连接起来成为转子绕组。转子绕组切割定子旋转磁场产生感应电动势及电流，形成电磁转矩使转子旋转。转子绕组的形式有笼型和绕线两种，虽然它们的结构不同，但工作原理基本相同。

（1）笼型转子。在转子铁芯的槽中，穿一根根部未包绝缘的铜条，在铁芯两端槽的出口处用短路铜环把它们连接起来，这个铜环称为端环。绕组形状像一个笼子，故称笼型绕组，如图 4–9 所示。中小型电动机一般采用铸铝来一次性成形笼型绕组，笼型转子的几种槽形通常采用半闭口槽，槽形的选择主要决定于启动性能和运行性能的要求。采用槽形时转子齿壁基本上是平行的。相对而言，在齿的最狭处宽度相同时前者齿的截面积较大。如需进一步提高转矩，改善启动性能，则需要采用双笼型或深槽形，闭口槽可以减少一些损耗，但漏磁较大，运行时功率因数较低。

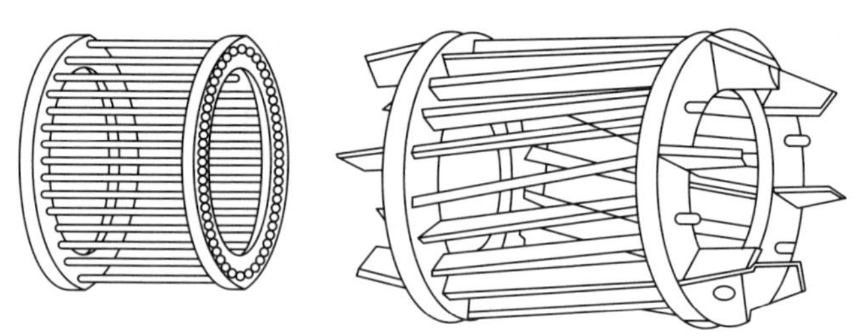

图 4–9　笼型转子形状

在大功率电动机中通常采用圆形槽，一般用圆铜条做导体。

有时为了改善电动机的性能，有意使转子槽与转轴扭斜一定角度，这种槽称为斜槽。

（2）绕线转子。绕线转子是用绝缘导线做成线圈，嵌入转子槽中，再连接成三相绕组，一般都接成星形（Y）。如图 4–10 所示为绕线转子和电刷装置。转子的一端装有 3 个滑环，称为集电环。三相绕组的首端引出线分别与 3 个滑环连接。每个滑环上各有一个电刷，通过电刷将转子绕组与外部电路相连接，以改善启动性能或调节电动机的转速。

在大中型绕线转子电动机中还装有提刷短路装置，以使电动机在启动时将转子绕组接通外部电阻（或频敏变阻器），而在启动完毕，又不需要调速的情况下，将外部电阻等全部切除。为了消除电刷和滑环之间的机械摩擦损耗及接触电阻损耗以提高运行的可靠性，通常利用一套机构将转子三相出线短接后再由凸轮将电刷提起来。

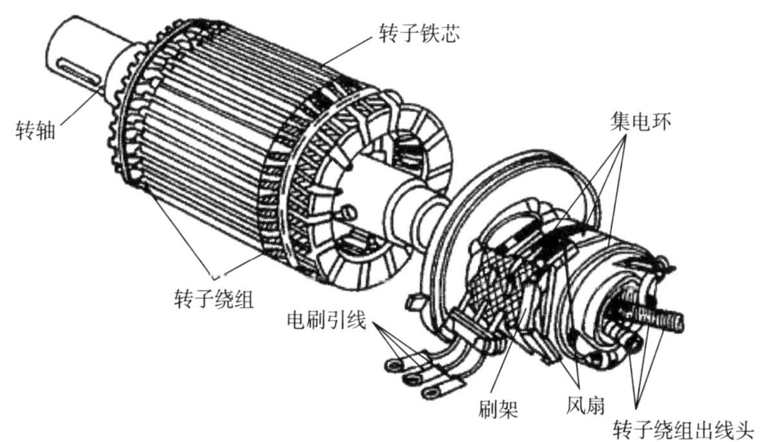

图 4–10　绕线转子形状

相比之下，绕线转子比笼型转子结构复杂，所以绕线式电动机不如笼型电动机应用广泛。

（三）气隙

定子、转子之间的间隙称为异步电动机的气隙，气隙大小对于异步电动机的性能影响很大。气隙大则磁阻大，励磁电流就大，由于异步电动机的励磁电流是取自电网的，增大气隙将使气隙中消耗的磁动势增大，导致电动机的功率因数降低，从这一角度来考虑，气隙应制造得小一些。但另一角度，电动机负载运行时，转轴有一定的挠度，气隙太小，就可能发生定子、转子铁芯相擦的现象；另外，从减少谐波磁动势产生的磁通，减少附加损耗及改善启动性能来考虑，则气隙应大一些为好。因此气隙的大小除了考虑电动机的性能，还要考虑便于安装，在运行中不发生转子与定子相擦的现象。异步电动机的气隙具有很小的数值，中小型异步电动机气隙一般在 0.2 ~ 2.0 mm。

（四）其他附件

（1）端盖：装在机座两端，在中小型电动机中它还与轴承一起支撑转子，还起着保护电动机铁芯和绕组端部的作用，防止液体、灰尘等进入电动机内。

（2）轴承：连接转动部分与不动部分，主要是支撑转子转动，降低其运动过程中的摩擦因数，并保证其回转精度。

（3）轴承端盖：保护轴承，防止轴承润滑油溢出，同时也对轴承有固定的作用。

（4）风扇：冷却电动机，主要起散热作用。

三、三相异步电动机工作原理

（一）旋转磁场产生原理

三相异步电动机的定子铁芯中放置三相结构完全相同的绕组U、V、W，各相绕组在空间上互差120°电角度，如图4–11所示，向这三相绕组通入对称的三相交流电，如图4–11b、c所示。下面以两极电动机为例说明电流在不同时刻时，磁场在空间的位置。如图4–11b所示，假设电流的瞬时值为正时是从各绕组的首端流入（用⊗表示），末端流出（用⊙表示），当电流为负值时，与此相反。

在ω_t=0的瞬间，i_U=0，i_V为负值，i_W为正值，如图4–11c所示，则V相电流从V_2流进，V_1流出，而W相电流从W_1流进，W_2流出。利用安培右手定则可以确定ω_t=0瞬间由三相电流所产生的合成磁场方向，如图4–11d①所示。可见这时的合成磁场是一对磁极，磁场方向与纵轴线方向为一致，上方是北极，下方是南极。

在ω_t=π/2时，经过了1/4周期，i_U由零变为最大值，电流由首端U_1流入，末端U_2流出；i_V仍为负值，U相电流方向与（1）时一样；i_W也变为负值，W相电流由W_1流出，W_2流入，其合成磁场方向如图4–11d②所示，可见磁场方向已经较ω_t=0时按顺时针方向转过90°。

应用同样的分析方法，ω_t=π，ω_t=2/3π，ω_t=2π时的合成磁场，分别如图4–11d③④⑤所示，由图中可明显地看出磁场的方向逐步按顺时针方向旋转，共计转过360°，即旋转了一周。

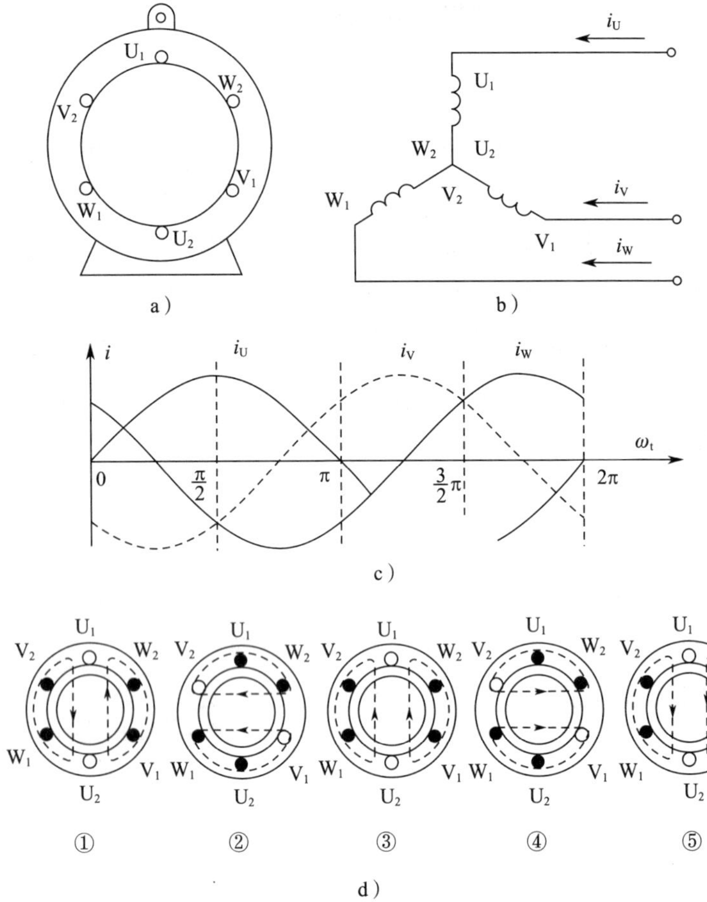

图 4–11　旋转磁场产生原理图

a）简化的三相绕组分布图　b）按星形连接的三相绕组接通三相电源

c）三相对称电流波形图　d）两极绕组的旋转磁场

由此可以得出如下结论：在三相交流电动机定子上布置有结构完全相在空间位置各相差 120° 电角度的三相绕组，分别接入三相对称交流电，则在定子与转子间所产生的合成磁场是沿定子内圆旋转的，称此为旋转磁场。

（二）旋转磁场的方向

由图 4-11 可以看出，三相交流电按 U—V—W 相序变化，则产生的旋转磁场在空间上以顺时针方向旋转。任意对调电动机两相绕组的电流相许，如 U—W—V 相序，则由理论分析和实践证明，产生的旋转磁场以逆时针方向旋转。由此可知，旋转磁场的旋转方向取决于通入绕组中的三相交流电源的相序，只要任意对调电动机的相序，则可改变旋转磁场的方向。

（三）旋转磁场的速度

以上是以两极为例，如果想要获得四极旋转磁场，则应把线圈的数量增加一倍，其布置如图 4-12a、b 所示。并按上述方法分析得出，合成磁场在空间的示意图如图 4-12c 所示。

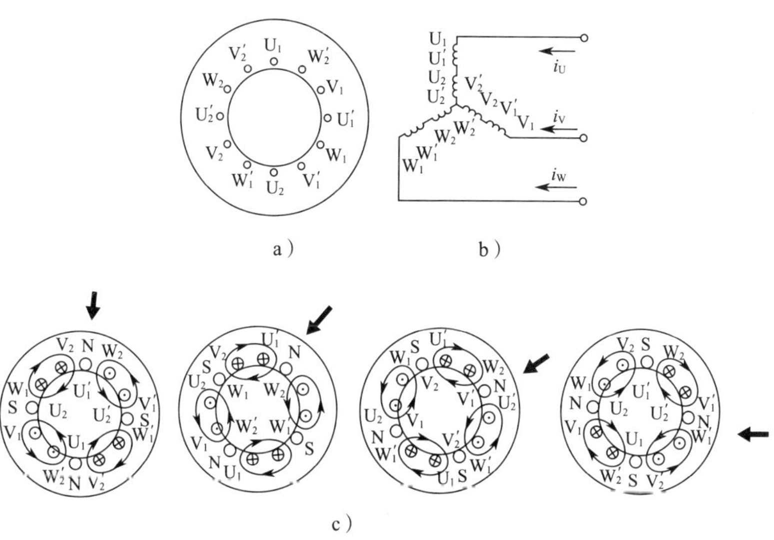

图 4-12　旋转磁场示意图

a）三相绕组分布图　b）按星形连接的三相绕组接通三相电源　c）四极旋转磁场

由此可知，旋转磁场的速度不仅与电流的频率有关，还与磁极对数有关。当三相交流电变化一周后（即每相经过 360° 电角度），其所产生的旋转磁场也正好旋转一周。故在两极电动机中旋转磁场的转速等于三相交流电的变化速度。即：

$$n_1=60f_1=3\ 000\ \text{r/min}$$

旋转磁场的速度等于三相交流电变化速度的一半，即 $n_1=(60/2)f_1=1\ 500\ \text{r/min}$。故当磁极对数增加一倍，则旋转磁场的速度减少一半。

同理，通过理论分析可得出旋转磁场的转速为：

$$n_1=60f_1/P$$

式中 n_1——旋转磁场的转速，r/min；

f_1——三相交流电源的频率，Hz；

P——磁极对数。

旋转磁场的转速 n_1 又称为同步转速。我国三相交流频率规定 50 Hz，因此，两极旋转速度为 3 000 r/min，四极的为 1 500 r/min，六极的为 1 000 r/min 等。

第二节 电动机起火原因分析

电动机引起火灾的原因是多方面的，原因也比较复杂。虽然电动机是一种将电能转变为机械能的电气设备，但它在使用中还会产生大量的热量，如果散热不好，这些热量积累到一定程度，就会引燃电动机周边的可燃物造成火灾，然而大多数电动机的主要起火部位是绕组、引线、铁芯、电刷和轴承，电动机的附属设备如开关、熔断器及配电装置也存在火灾危险。引起火灾的原因都是由于电动机及其附件异常故障引起的。

一、电动机起火人为原因

（一）选型不当

由于电动机型号选择不当引起的火灾在农村以及一些小工业作坊较为常见。不同场所要选用不同防护形式的电动机，以适应生产和安全的需要，但在农村和小作坊由于技术水平有限，在选用电动机时往往没有考虑到电动机的使用环境（如高温、潮湿、腐蚀、爆炸等）要求，电动机在运行中就会很容易发生故障。主要情况有：

（1）在火灾爆炸危险性场所选用了普通型电动机或没有选用相应的防爆型电动机保护器。运行过程中产生的高温、电火花或者电弧，会引燃附近的可燃物或者爆炸性混合物。2010 年 2 月 21 日，上海市青浦区华新镇嘉松中路某废品收购公司在处置废弃物过程中，发生爆炸和燃烧事故，造成 6 人死亡、8 人受伤，过火面积约 1 000 m^2，直接经济损失约 608.13 万元。经调查，起火原因是现场使用的非防爆式电动机运转过程中产生电火花，所处理的废弃物“爽身喷雾”类金属罐破碎后泄漏出的丁烷与空气形成混合气体达到爆炸极限，混合气体遇引火源引发爆炸。

（2）在潮湿场地、海边空气盐分含量高、风沙大等恶劣环境，没有选择防护型电动机，往往会因为绕组受潮破坏绝缘、轴承损坏，烧毁电动机而引起火灾。2009 年 2 月 20 日，福建省某海边风力发电有限公司 36 号风电机烧毁，经事故调查，起火原因系变压器低压侧三相绝缘块污闪，造成 35 kV 绕组接地，而后发展为相间、三相短路，电弧引燃机舱内可燃物造成火灾，造成污闪与海边空气盐度大对发电机组腐蚀有直接关系。还有在内蒙古等地安装的风力发电机，经常造成轴承漏油与风沙大是分不开的。

（3）在高温高压环境，电动机和电源线没有相应的防护，造成电动机、附属设备及线路故障造成火灾。2005 年 2 月 6 日，广东省茂名市某化工公司中间罐发生爆炸引起火灾，造成 1 人死亡，炸毁 1 个 1 000 m^3 油罐，烧毁值班室、中控室等厂房四间，损失 180 万元。经查，火灾原因是移动抽油泵电源线（电动机的电源线）在灌内高温环境下绝缘失效短路起火，引燃罐内可燃蒸气所致。

（二）过载

电动机的最大输出功率是有限度的，如果电动机的负载功率大于电动机的额定功率时，电动机长期处于过载运行的状态下（即小马拉大车），会导致电动机绕组过热，甚至烧毁电动机，或引燃周围的可燃物，发生火灾。过载过热的原理是电动机负载超过了它的额定值，输出的功率比额定值大，$P=UI$，电动机的电压不变，所以电流就增大了。通电导体发热 $Q=IR^2$，发热是以电流的二次方增加，所以过载电动机发热相当快。由于绝缘技术的不断发展，在电动机的设计上既要求增加出力，又要求减小体积，过负荷能力越来越弱，过载造成火灾的情况越来越多。造成电动机过载的几种情况如下：

（1）负载不匹配。正确配备电动机容量，一般电动机容量（额定功率）要大于所带机械的功率（负载）10% 左右。在广大地区特别是农村的农用电动机由于经济条件及科学技术的制约，在使用电动机时往往不能正确地搭配好机械负载，选用的电动机容量更倾向于考虑经济效益的要求，往往造成电动机容量达不到配备要求（即电动机不配套），导致使用过载。

（2）有的是电动机容量虽然配套，但所拖动的机械工作有故障转动不灵活，导致运行时负载时大时小，这也会导致电动机过载而发热。

（3）机械设备与电动机之间安装位置不正（如螺钉松动），传动带过紧摩擦增大，也是造成负载增大的原因。

（4）所拖动的负载直接被卡住使电动机过载，这种情况是电动机发热最严重的，会导致直接烧坏电动机，引发火灾。

2008 年 11 月 21 日，江苏省昆山市陆家友谊路某饭店发生火灾，造成 2 人死亡、3 人受伤，过火面积 20 ㎡，直接经济损失 30 余万元。经查，火灾原因是排油烟电动机的叶轮被自行改造，严重影响风机运行时的动平衡状况，致使电动机长期过载运行产生高温，引燃电动机引出线、电容器及电源接线，导致引发火灾。

（三）维修不当

电动机在修理时拆装不规范或错误，使用时会导致电动机转子或定子发热量增加或绕组烧毁。常见的维修造成故障的情况有以下四个方面。

1. 绕组匝数变化

维修电动机经常会重绕绕组，如果维修时绕组变少，绕组的电阻也随之变小，那么重新运行时就会增大运行电流增大发热量。

2. 拆卸绕组方式不当

如果拆卸绕组时将定子放在火上烤、乱敲乱放都会使绕组线和定子铁芯硅钢片间绝缘损坏，再安装使用时，绕组线绝缘损坏会造成线圈匝间短路总电阻变小或相间短路引起发热量增加；硅钢片间绝缘强度变低会使涡流损耗过大造成铁芯发热量增加。

3. 安装绕组不当

（1）在安装绕组时嵌线不整齐，导线交叉重叠，方法不当很可能碰坏导线绝缘，还有由于嵌线困难，安装线圈在槽内松动，端部绑扎不牢，使电动机在运行中线圈发生振动、摩擦及局部位移而损坏主绝缘。这些都会导致线圈电阻变小或相间短路。

（2）绕组链接错误，如多路并联接成少路并联，常见的有两路接成一路，结果是每相绕组匝数增加 1 倍，使用时转子电流大大增加，铜耗增加，从而导致电动机过热；在定子绕组接线时，把△形错接成 Y 形也是导致电动机绕组过热；把部分绕组的线圈接反，或将三相中一相绕组的始末端接反；采用 Y- △启动的电动机，在连接引线时，把 6 根引出线的编号接错；每组线圈分配不均，均会导致三相空载电流不平衡且电流过大，使用时，导致三相电流不平衡，并且有很大的噪声和振动产生。

4. 对定子、转子切削

维修时如对转子或定子铁芯进行过切削处理，会使定子与转子间气隙增大或不均。气隙增大使气隙磁阻增大，励磁电流相应增大，会增大定子和转子发热量。这种情况也是造成电动机过载，因为气隙大则磁阻大，相应励磁电流增大，由于异步电动机的励磁电流是取自电网的，增大气隙将使气隙中消耗的磁动势增大，电动机的功率因数降低导致过载。

（四）操作使用不当

操作使用不当或维修保养不良导致电动机故障引起火灾是很常见的，主要表现在以下几个方面：

（1）安装不规范。根据电动机的型号和用途正确地安装，使电动机及启动装置与可燃物质保持 1 m 以上的距离，并且要安装在非燃烧的基座上；电动机所配用的电源线靠近电动机的一段，必须用金属软管或塑料套管保护。另一端与电动机进线盒连接处，应作良好固定。电动机及电源线管均应接地，接地线应牢固地固定在电动机螺栓上。但在实际中电动机操作人员往往缺乏安全常识，忽略电动机使用的恶劣环境，在高温、潮湿或酸碱腐蚀性等恶劣环境中，电线明敷，电动机安装未作保护，或者在使用过程中为了方便将保护装置拿掉；线路安装或改装时，缺乏电工知识，造成绝缘皮损伤漏电，或者导线接头连接质量和绝缘包扎质量不符合要求等不规范现象。

（2）不按规定操作电动机，如电动机频繁启动，周围堆放可燃或易燃物，没有严格控制电动机运行温度（运行时温升一般不得超过 55 ℃），电动机使用完毕未及时切断电源等。

（3）管理不完善，缺乏对电动机正常的检查和维护保养，不及时清扫电动机，不及时加注润滑油。电动机在运行中，吸入尘土、水渍和其他杂物，形成短路介质，或损坏导线绝缘层，造成闸间短路，电流增大，温度升高。

（4）监护不到位，在电动机发生故障时没有及时发现和处理，导致火灾发生。操作人员技能水平较差，在电动机出现事故先兆时，由于操作人员技术水平差，不能及时判断故障并及时处理事故隐患，导致火灾的发生。

（5）电动机运行过程中出现振动是经常的事情，根据实际情况分析主要原因有两个方面：

1）电磁方面

①电动机绕组重绕后，由于操作失误出现接线错误，线圈匝间出现裂缝，转子鼠笼有松动，接地故障引起电压、电流不平衡、电阻阻抗出现不平衡现象，电动机运行时发生偏移。

②气隙出现了不对称现象，基波及谐波磁通出现不平衡现象。

2）机械方面

①安装时地脚没有紧固好，松动，基础台面出现倾斜；电动机轴线中心与其所拖动机械轴线中心不对称，不在一条线上。

②电动机自身的轴承出现了磨损、弯曲和变形老化；定子、转子铁芯的磁中心不在一条线上，转子转动时不平衡。

2004 年 5 月 31 日，浙江省温州市瓯海区某皮鞋厂发生火灾，烧损砖混结构五层楼房两间，造成直接财产损失 6 万余元，死亡 3 人，轻伤 2 人。经现场勘查和技术鉴定，认为该火灾是由于皮鞋生产车间内皮鞋喷光气泵长时间处于重复启动状态，导致电动机线圈过热短路而引起火灾。

（五）保护接地装置损坏

由于电动机线圈与机壳之间有一个等效电容存在，电动机在使用过程中外壳上感应出一定的电压，这个电压称为感应电压，感应电压可能比较高，有的可达到 100 V 以上。虽然感应电压的电流通常比较小，但瞬间的放电产生的电弧能量足以点燃易燃易爆气体。根据国家的电气安装安全规程，电动机必须安全可靠接地，在三相四线制供电系统中，零线（N）必须重复接地，接地电阻要小于 4 Ω，同样，在使用变频器的调速系统中，电动机的接地也是必要的。电动机保护接地是一个重要措施，可是有的用户往往忽视了这点，以为即使电动机没有很好接地仍然可以正常运行，没有接地装置或者接地装置损坏，这样造成电动机运行时，机壳就会产生很危险的电压，特别是如果电动机绕组对机壳发生短路时，机壳直接连电，这样不仅直接威胁到操作者的人身安全，如果机壳周围堆有其他杂乱的易燃物质，电流就会由机壳通过这些物质流入大地，时间一长也会逐渐发热，有引起火灾的可能。还有机壳带电电弧放电产生的火花，在易燃易爆场所直接点燃易燃易爆混合物。

（六）通风不良

电动机因通风不良造成火灾在电动机火灾占比中是较大的。电动机将电能转变为机械能的同时还会产生大量的热量，风扇要将这部分热量通过空气流通散发出去，如果通风散热不好，热量积累到一定程度，高温直接引燃电动机周边的可燃物造成火灾。由于新型电动机的热容量越来越小，电动机散热不良比过去更容易烧毁。另外，电动机绝缘材料是最为薄弱的环节，尤其容易受到高温的影响而加速老化并损坏，长期通风不良、高温造成绕组等短路极易引起火灾，不同电动机绝缘等级对应的绝缘耐热温度见表 4–1。

表 4-1　电动机绝缘耐热温度

电动机绝缘等级	A	E	B	F	H
绝缘耐热温度（℃）	105	120	130	155	180

通风不良造成电动机起火的原因有：

（1）环境温度过高。周围环境温度过高，进风温度就高，热气流流入电动机内部，使电动机达到绝缘耐热温度。电动机环境温度规定为 35 ℃或 40 ℃以下，如果铭牌上未标出具体数值，则为 40 ℃。而在我国夏季，气温达到 35 ℃以上，厂房内如果没有降温措施，电动机周围温度高达 60 ℃以上。

（2）进风口有杂物挡住，影响进风，造成进风量小。

（3）通风道堵塞，影响散热。电动机在粉尘多的恶劣环境中运行时间长了，其内部就会积满粉尘，使电动机过热。

（4）风扇丢失或损坏，造成无风或风量小。由于检修保管不当，风扇的零部件经常会丢失，如检修后没有装外风扇，且不经检查就将电动机投入运行，造成电动机温度升高。另外，在检修当中，由于使用工具不当或操作不良，也会使风扇叶变形或产生缺陷，从而造成电动机在运行时通风不良。这种情况通常以外风扇居多。

（5）绕组表面积垢严重，影响电动机散热。环境中的灰尘能通过电动机外风扇进入电动机内部，并积落在风扇吹拂不到的绝缘表面和缝隙内，从而影响电动机热量的散发。尤其是带有油雾的粉尘在潮湿的环境下，会坚固地黏结在绝缘表面上，天长日久便会形成硬壳，不但严重影响了电动机散热，而且由于硬壳与绝缘材料热膨胀系数不同，当温度改变时，硬壳会给绝缘材料带来一定的应力（扭力或压缩力），从而使绝缘材料在各种复杂应力下被撕成裂纹。同时，带油粉尘具有一定酸性，能侵蚀绝缘材料，产生化学性的破坏作用。这种硬壳用压缩空气已无法吹动，采用一般工具也难去除（即采用毛刷、白布带拉拽方法），只有用绝缘清洗剂彻底冲洗，并用竹板刀刮削，才能彻底将看不到、摸不着的绝缘缝隙中的油垢以及表面清除干净。

（6）未装风罩或电动机端盖内未装挡风板，造成电动机无一定的风路。

2003 年 7 月，某石化总厂空压冷冻站新安装的 2 台螺杆压缩机在一个月内 2 个电动机相继起火。经调查，原因是电动机与压缩机组为成套设备，被封闭在一个箱体内，电动机在正常运行过程中产生的巨大热量，只能靠机组箱体上所装的 2 台风机散热，但机组出现连续多次启动时，机组产生的热量不能迅速排出，引起电动机起火。针对起火原因，单位要求机组运行时，将电动机所在位置机箱的隔声门打开，增加通风散热性能，类似故障就没有再发生。

二、电动机起火的外部电路原因

（一）电源电压不平衡

1. 电源缺相

电动机缺相是常见故障之一。缺相可能由于线路上熔断器熔体熔断，开关触点或导线接头接触不良等原因造成三相电源中有一相断路，导致电动机缺一相电源。缺相运行是一种非正常运行方式。电动机缺相如发生在停止状态，由于合成转矩为零因而堵转（无法启动），电动机的堵转电流比正常工作的电流大得多，在此情况下接通电源时间过长或多次频繁接通电源启动将导致电动机烧毁。电动机缺相运行如发生在电动机运行过程中，虽尚能继续运转，但电动机转速下降、其他两相中电流将比正常工作时的电流增加 1.7 ~ 1.8 倍，如不及时发现采取相应措施，运行时间过长，必然要烧毁电动机绕组，甚至起火。

2. 电源电压过高

三相电压过高会引起电动机过热。当电源电压过高时，电动机反电动势，磁通以及磁通密度也随之增大。而磁通增加，又致使励磁电流分量急剧增加，造成定子绕组铜损增大，使绕组过热。因此，电源电压超过电动机的额定电压时，会使电动机过热，使绕组温升超过容许值而绝缘损坏后就起火。电压过高引起火灾的另一个原因是，电动机绝缘材料在过高电压作用下发生了热击穿，特别是偏远的农村，输电线路没有防雷设施，经常发生因雷电电压过高，绝缘材料失去绝缘性引起火灾。

3. 电源电压过低

当电源电压过低时，若电动机的电磁转矩保持不变，磁通将降低，转子电流相应增大，定子电流中负载电流也随之增加，造成绕线的铜损耗增大，致使定子、转子绕组过热。因此，电源电压低于电动机的额定电压时，也会使电动机过热。电源电压过低，其实也是电动机过载的一种情况。电压偏低主要发生在偏远农村，离变压器远，线损电压多，电压基本偏低，随用电负荷变化导致电压不稳定的现象很普遍。

4. 三相电压不平衡

电压不平衡一般是电网原因引起。若加在电动机上的三相电压不对称，则运行中的电动机各种损耗就增大，会引起电动机振动、声音异常，额外发热，一般要求三相电压之间的差不超过 5%，在这样的条件下，电动机才能在额定功率下维持长期运行。三相绕组首尾错接时，接通电源后会出现三相电流严重的不平衡，转速下降，温升剧增，振动加剧，声音急变等现象。

（二）电源线截面积较小

如果已知三相异步电动机的额定功率，很容易查得其额定线电流，根据额定线电流即可选择电动机的电源进线截面积。工程中，这一数据往往通过查设计手册而得。当电动机采用 Y- △启动时，其电源进线可按电动机的额定线电流选择，从启动器至电动机的电源线共有 6 根线，在运行时，电动机绕组接为△形，这六根线流过的是相电流，而并非电动机的额定线电流。根据电动机原理，相电流为电动机额定线电流的 58%。比如：75 kW 电动机，额定线电流 138 A，从启动器至电动机的电源线不能根据 138 A 选用 BV–70 型，而应根据（138 × 0.58）A 选用 BV–35 型，且数量是 6 根。电动机电源线如果选取不当，截面积过小易发生过负荷使绝缘老化发生火灾，特别是电动机保护装置发生故障不能及时切断电源，就会导致电源线起火蔓延至电动机。

（三）电源线连接接触不良

电动机的电源线一头外接市网电源，一头接电动机接线盒。如果电路连接不良，会引起火灾。在火灾统计中，电气火灾由于接触不良引发火灾的占比最高。

1. 接触不良引起火灾的原理

（1）如果电路连接接触不良，局部就会产生较高的电阻，此时的接头就会积聚热量，若接头处散热条件不好，发热量超过散热量，就会使接头处热量不断增加，温度不断升高，甚至出现火花，引燃附近可燃物或绝缘层，严重时还可使接触处的金属（线芯）熔化，直接引起线路起火。

（2）在各种接头处如果有松动，或导线上有断线的地方，当受到振动时接头处就会瞬间接触、瞬间断开，这时在接头处将出现连续打火现象，而且温度会快速升高，有时甚至在几分钟内就会导致接头部分金属熔化或产生火花，引燃周围可燃物。

（3）由单纯的接触不良、过热发展到短路起火。电路因接触不良过热，造成局部绝缘失效，在导线绞接或并行在一起的情况下，将发生高阻抗性短路，即电流经过电路上的炭化物而形成的短路现象。短路电弧要比低阻抗短路大得多，因此温度更高，危险性更大。原本属于有机绝缘材料的塑料导线，在高温作用下，处于炭化或熔融状态时，就会变成有机导体具有导电性，使导线之间发生短路。发生短路时它既可以将导线绝缘层点燃，也可能点燃附近的可燃物从而引起火灾。

2. 电动机电路连接产生接触不良产生的原因

（1）接点松动。接点松动主要是在线路连接中，其连接点在长期振动以及冷热温度变化等条件的影响下引起的导线与导线以及导线与电气设备等的连接出现了松动或不结实现象。导致接点松动的原因主要有三个：一是接点在安装时就很松，没有连接牢固；二是金属都具有一定的蠕变性，导致金属蠕变的原因如一年四季气温变化、金属受热膨胀、遇冷收缩等；三是接点长期在机械振动的环境中很容易造成金属疲劳，使机械强度降低，也会出现连接松动的现象。

（2）接点处有杂质。电气线路连接处有杂质，如泥土、油污等。这些杂质并非电的良好导体，甚至有些具有良好的绝缘性能，但却阻碍了导体的良好接触，形成所谓的接触电阻。

（3）接点处理不恰当。例如，常用的铜、铝导线，在二者进行连接时，会形成原电池发生反应的情况。主要是因为有了铜、铝导线作为正负两极，再遇上潮湿的环境，就形成了电解液，这一现象刚好构成原电池反应、铝因为比铜活泼，而被铜腐蚀，从而对物体的导电性能造成了很大影响，使对接头的电阻增大，从而引发火灾。

（4）接触点过小。接触处金属导体经常有弯曲异常以及凹凸不平等不良变形的情况，导致物体的接点处相互接触面积减小，接触电阻就会变得比原来的值大很多，导致工作电流异常，以至于引起火灾。

（5）工作环境的异常影响。由于工作环境潮湿或者被污染，如果接点长时间暴露在此环境下，接触面会被氧化或受到污染，从而形成各种导电性差的隔离层或隔离膜，造成接触电阻增大。

3. 电动机接触不良的种类

（1）导线与导线连接处接触不良。

（2）导线与电动机接线盒的连接处接触不良。

（3）导线与开关接线端连接处接触不良。

（4）插头与插座的接插部位接触不良。

2014年，山东省寿光市某食品有限公司发生火灾，造成18人死亡、13人受伤。事故的直接原因是该公司保鲜恒温库内沿墙敷设的制冷风机供电线路接头接触不良，导致过热短路，引燃墙面聚氨酯泡沫保温材料，而引发的火灾。

在电动机内部，连接线圈的各个接点或引出线接点如连接不牢、松动，造成接触电阻过大而发热，造成局部升温损坏绝缘，烧毁接点，产生火花、电弧，严重时可引燃电动机内可燃物进而引发火灾。直流电动机转子绕组与换向器连接处脱焊，或更换新电刷后研磨不良，与滑环接触不好，电刷碎裂等，都将形成大的接触电阻，而发出火花或电弧，或损坏接点周围导线的绝缘，或使电动机发生单相运行烧毁电动机等，这都是导致发生火灾的因素。

（四）附属设备故障

电动机开关、保护装置等附属设备故障起火引燃周边可燃物造成火灾非常常见。由于附属设备是电动机的一个部分，附属设备故障也可认为电动机故障。2008 年 2 月 22 日，江苏省常州市某小区一单元房发生火灾，烧毁卫生间一间，火灾导致房内大厅、卧室、厨房、家具等烟熏非常严重，直接经济损失较大。经查，火灾系浴缸电动机上部开关故障引起。

三、电动机起火的内部故障原因

（一）定子故障

定子绕组在实际运转过程中，会出现各种故障，日常工作中出现频率较高的故障有定子绕组匝间或相间短路、绕组与机壳间绝缘损坏造成对地短路、绕组断路、接线错误等。定子绕组相间短路是一种常见故障，故障发生时，主要表现是烧坏绕组及短路点附近绕组绝缘失效，电动机伴随有温度偏高或冒烟，电源的整个熔体都会被烧断。

1. 定子绕组发生短路或断路

当电动机绕组中有一相绕组断路，或并联支路中有一条支路断路时，都将导致三相电流不平衡，使电动机过热。当电动机绕组出现短路故障时，短路电流比正常工作电流大得多，使绕组铜损耗增加，导致绕组过热，甚至烧毁。其中短路又分为以下几种情况：

（1）绕组匝间或端部相间的绝缘部分没有垫好，绕组引出线的套管或绕组之间的接线套管出现裸露，绕组线圈由于外力冲击，电压过高等因素也可引起绕组相间短路。

（2）由于电动机本身密封性不良，使电动机受潮、内部进水、进入其他带有腐蚀性的液体或者气体，电动机绕组绝缘受到侵蚀，侵蚀最严重部位或者绝缘最薄弱点发生一点对地、相间短路或者匝间短路现象，从而导致电动机局部绕组因为短路而局部烧坏。

（3）电动机使用日久、经常过负荷或者过热运行，或者电动机短时间内重复启动，加之散热不良，绕组绝缘老化加速，绝缘最薄弱点发生炭化引起对地、相间短路或者匝间短路现象，从而导致电动机局部绕组因为短路而局部烧坏。

2. 绕组接线错误

当三角形接法电动机错接成星形时，电动机仍满负载运行，定子绕组流过的电流要超过额定电流，导致电动机自行停车，若停转时间稍长又未切断电源，绕组不仅严重过热，还将烧毁。当星形连接的电动机错接成三角形，或若干个线圈组串成一条支路的电动机错接成两支路并联，都将使绕组与铁芯过热，严重时将烧毁绕组。此外，当一个线圈、线圈组或一相绕组接反时，都会导致三相电流严重不平衡，而使绕组过热。

（二）转子故障

转子发生短路或者断路引起火灾的原因与定子大同小异，此外转子故障的原因还有：

1. 转子铁芯故障

通常转子铁芯和转轴之间多采用滚花配合、热套配合或键槽配合三种方式。因而在实际工作中，有时会碰到由于转轴压入转子铁芯中配合不紧密，出现配合面和槽键松动等现象，使铁芯与转轴位置之间有相对移动。这样电动机在启动或运行中就会出现不正常的响声和剧烈的振动，并且会从空气间隙中冒出火花和烟雾，电动机的温度也会很快增高，严重时电动机会停止运转。

2. 转子转轴故障

转子转轴常见的故障有：轴弯曲、轴的铁芯档磨损、轴裂纹、轴断裂或轴颈磨损等。轴的这些损坏往往最后导致转子和定子相互摩擦或轴与轴承内径的配合松动而发生摩擦，致使轴承过热。造成这些损坏的原因往往是由于使用不当，如拆装电动机转子或皮带轮的方法不合理（如硬敲硬打，使受力不均）；或者是在电动机安装时，它的轴线和由它所带动的机械设备的轴线不在一条直线上：或者是因为电动机过载以及轴本身的材料及机械加工的缺陷等。

3. 转子绕组断笼故障

笼型转子断笼也会发生短路，轻者尚能运行，如断笼严重可能烧毁电动机。转子绕组断笼的故障是由笼型电动机转子绕组的笼条或端环断裂造成的。造成转子绕组断笼故障的主要原因有两个方面：一是在制造方面，对于铸铝转子，工艺质量所引起的内部缩孔、砂眼、夹层等，都会使电动机在使用中，造成转子导体慢慢开裂，对于铜焊转子，则可能是由于铜条和端环焊接处松脱而引起的；二是在使用方面，若将一般使用的电动机用在特殊要求的场合（经常启动、反转），致使转子导体中的电流过大，导体所受的电磁力也就很大，时间一久，转子导体也会开裂。一般断裂的转子导条占整个转子槽数的 1/7 左右时，电动机就不能正常工作了。即使空载时能启动，但可能会发出时高时低的嗡嗡声，且机身振动，尤其是加上负载之后，电动机转速明显降低，转子发热严重，断裂处可能出现火花。

（三）轴承故障

轴承故障造成火灾的情形有四种。

（1）电动机运转中最突出的摩擦是轴承机械摩擦，它会出现局部过热使润滑脂变稀溢出而使轴承室升温更高，当升到一定值就会轴承烧毁引燃周围可燃物。

（2）对于防爆电动机，由于轴承磨损造成偏心，可能导致防爆间隙处摩擦出现高温，产生爆炸危险。

（3）有时轴承环体被碾碎而使转轴被卡住，烧毁电动机引起火灾。

（4）异步电动机定子、转子之间气隙很小，由于端盖轴室内孔磨损或端盖止口与机座止口磨损变形，使机座、端盖、转子三者不同轴和气隙不均，轴承出现走内圆、走外圆等故障，产生定子、转子铁芯扫膛。扫膛会使转子和定子摩擦部位温度升高可达1 000 ℃以上，严重摩擦时甚至产生火花。

造成电动机运行中轴承过热的原因主要有：

（1）轴承长期缺润滑油运行，摩擦损耗加剧，使轴承过热。另外电动机正常运行时，加油过多或过稠，也会引起轴承过热。

（2）更换润滑油不及时油质变质，或在更换润滑油时，油的种类过多或油中混入杂质，使润滑油效果下降，摩擦加剧而过热，甚至损坏轴承。

（3）固定端盖装配不当，螺栓松紧程度不一，造成两轴承中心不在一条直线上，轴承转动不灵活，带负载后摩擦过剧而过热。

（4）电动机与被带动机械中心不在一条直线上，或者传动带安装太紧，使轴承负载过大而过热。

（5）轴承选用不当或质量低劣，运行中轴承损坏引起轴承过热等。

（四）集电环与电刷故障

对于绕线转子异步电动机，集电环与电刷在运行中最常见的故障为过热、产生火花，不仅缩短了电动机的正常使用寿命，特别是当集电环与电刷故障产生严重的电动机火花会引起火灾事故。

1. 产生过热故障

（1）由于接触电阻过大或分布不均匀而产生的发热。集电环和电刷是通过相互滑动接触导通励磁电流的，根据容量及型号的不同，每个集电环上分布着数十只电刷，由于接触电阻不同，电流分配的差异会导致发热不均匀，有以下几个原因：一是集电环与转子引线接触电阻过大，这种情况应对集电环与转子引线间的紧固螺栓进行加固。二是电刷压力不均匀或不符合要求，可能有电刷过短、弹簧由于过热变软老化失去弹性等原因。三是电刷与滑环表面接触电阻、电刷与刷辫接触电阻、刷辫与刷架引线由于各螺栓没有紧固、电刷接触面存在油污污染接触电阻过大。四是电刷材质不良、导电性能差、使用的型号不符合要求或者使用了不同型号的电刷。

（2）由于通风不良导致的发热：通风不良主要是因为冷却风道堵塞，集电环表面通风沟、通风孔堵塞、循环风扇风量下降等原因，尤其是当运行中集电环表面温度过高时，导致电刷磨损加剧，炭粉积聚增加，有可能会堵塞上述集电环表面的散热通道。

2. 电动机火花过大

（1）电刷不处于中性位而引起的电磁火。

（2）集电环变形、电刷压制弹簧断裂、电刷磨耗到限、油污等引起电刷与集电环接触不良而导致的机械火花（包括环火）。

第三节 电动机火灾认定条件

一、电动机火灾的认定条件

电动机发生的火灾多数情况下都是自身故障引起的。因此，认定电动机火灾原因在确认起火点的前提下，首先重点勘查电动机本身，要解体认真检查容易引起故障起火的部位，定子线圈、接线盒、轴承等部位，直接获取痕迹物证。其次在现场中获取电动机或其控制部分在起火点所在部位的根据。同时调查有关当事人获取安装维修使用过程中出现的有关证明故障的证据。电动机火灾的认定条件包括：

（1）起火时或起火前有效时间内电动机处于通电状态。电动机主要由金属部件组成，只有在通电处于工作状态时，才有可能产生火源。不通电时电动机不会产生火源，不能引起火灾。

（2）电动机型号与环境不匹配或电动机起火前出现异常情况。

不同的环境条件对电动机的选型有一定的要求，如在易燃易爆场所应选用防爆型电动机，非防爆型电动机在启动时产生的电火花有可能引起易燃易爆场所的可燃气体、蒸气和粉尘发生爆炸。

火灾发生前电动机出现的一些异常情况也预示着火灾的发生，如异常的声响、异常的气味等。

（3）起火部位与电动机所处位置相符合。电动机引起的火灾起火点多数情况下均在其所在部位（因电源线、控制装置引起除外）。判定依据除一般根据外，重点获取证明火势以电动机为中心向四周蔓延的痕迹物证以及阴燃起火根据。在紧靠电动机的可燃物局部形成有炭化区。特别是木材加工、纺织行业，电动机往往被锯末等物质覆盖。电动机发热引燃过程属阴燃起火特征，故形成显明的炭化区和烟迹，要注意发现获取。

（4）电动机周边有可燃物。

（5）起火部位具有火势向四周蔓延的条件。

二、调查询问要点

电动机火灾的调查询问一般要重点围绕以下几个方面进行：

（1）查明电动机通电状态。

（2）查明电动机的工作环境，是否具有高温、潮湿、腐蚀、爆炸等特点。确定电动机的型号，判断是否与工作环境相匹配。

（3）查明起火前电动机是否出现异常情况，如突然减速、特殊响声、机壳温度升高、异味等。

（4）查明负载大小是否与电动机铭牌匹配。

（5）查明电动机是否曾经短时间内重复启动。

（6）查明电动机是否出现过故障及修理部位，以及排除故障的措施。

（7）查明电动机附近存放的可燃物数量、种类及位置。

（8）查明电动机的安装情况。

三、现场勘验要点

通过对电动机起火原因分析，结合电动机火灾特点，着重从以下六个方面进行现场勘验。

（一）查明电动机通电状态

若无法通过询问当事人就获取了电动机的通电状态或即使通过询问获得了电动机的通电状态，还需要通过对现场痕迹进行分析判断或进一步确定时。可通过以下几种方法判断：

1. 勘验控制电闸

若控制电闸处于合闸状态，熔断器中三相熔丝熔断。

2. 勘验现场痕迹物证

例如，电动机的电源线是否还插在插座上，如果在，是否火灾后人为插上；如果不在，是否火灾后人为拔掉的。这些都可以根据插头上的烟熏痕迹来进行判断，如果是整个插头都有烟熏痕迹，金属触片处却没有烟熏痕迹，则不管火灾后插头插上与否，都应该是火灾时插上的状态，如果火灾后插头插在插线板上，然而金属触片却又与整个插头的烟熏痕迹一致，则说明可能是后来有人故意将插头插上的。此外，还可以通过电源线的破坏痕迹来判断，如果是只有火烧痕迹，则说明火灾时并未通电，如果是有短路痕迹，则说明火灾时电动机处于通电状态。当然，发现有短路熔珠或熔痕后，还不能得出有短路熔珠或熔痕之处就是起火部位的结论。因为短路熔珠或熔痕有一次和二次之分，要确定短路熔珠或熔痕的性质，对短路熔珠或熔痕还要做进一步的技术鉴定。如果是二次短路痕迹，则只能说明电动机是在带电情况下被火烧，而不能说明电动机是起火部位。如果是一次短路痕迹，那么短路点就很可能是起火部位，短路产生电火花或电弧引燃周围的可燃物。但不管哪一种情形，有短路熔珠或熔痕的存在，就是电动机通电的有力证据。

3. 勘验定子线圈处是否有短路痕迹

若定子线圈上有短路痕迹，可以判定电动机处于通电状态。

（二）查明电源线和插头情况

电动机电气线路和电气元件的勘查，首先是检查电源线及插头上是否有短路熔珠或熔痕。在电源线上发现一次短路熔珠，还要结合周围可燃物的燃烧特征，确定短路点就是起火点后，才能认定电动机电源线短路这一起火原因。在破坏严重的火灾现场，在电源线上能发现一次短路痕迹是比较困难的，有时候由于火灾本身的破坏作用和扑救造成的破坏，以及调查人员的经验缺乏和勘查不细致，往往无法找到一次短路痕迹这一最直接最重要的物证。

（三）查明电动机负载情况

首先查看电动机的铭牌，查看功率、额定电流、额定电压、接线方法等，检查电动机功率与负载匹配情况，负载增大或者负载出现机械故障等情况下，电动机易引发火灾，这时由于电流均匀增大，电动机的每一相线圈内外呈均匀变色痕迹，勘察时要加以注意。

（四）查明电动机是否存在接线错误

三相异步电动机的接法主要有两种，一种是星形接法，另一种是三角形接法。拆开接线盒盖，接线盒内有六个接线柱，两排排列，上下分别有三个端子，当上下三个端子分别连接起来时是三角形接法，当上下三个端子的独立连接时属于星形接法。如果星形接法误接成三角形接法，电动机很快就会发热，如果把三角形误接成星形，电动机轻载时还不至于过热，满载就会过热。若是某一相绕组反接，也会出现过热现象，同时还会产生噪声。

（五）查明电动机是否单相运行

当电动机单相运行时主要有以下几种现象：

（1）熔断器熔丝一相熔断。

（2）熔断器中一相熔丝与连接点松动，螺母、垫片变色，烧熔，有麻坑。

（3）电源线一相断开或接线松动。

（4）启动设备有一相触头间隙大，有陈旧性麻坑呈未接触状态。

（5）有一相定子线圈断线。

（6）电源线某一相控制电阀上部断开，该相熔丝完好。

（六）勘验电动机内部

在对电动机内部进行勘验前，一般先对可疑的电动机进行下列内容测量：

1. 绕组对地（机壳）绝缘

测得绕组对地电阻在 500 kΩ 以上，说明对地绝缘没问题，若测得电阻很低或为零，说明对地绝缘不好或已经接地。这时是测量三相绕组连在一起的情况，若测得绕组对地绝缘为零，三相绕组不一定都接地，这时应拆下接线柱上的连片，分别测量各相绕组对地绝缘，找出哪一相接地。

2. 各相绕组间绝缘

若测得绕组间电阻在 500 kΩ 以上，说明相间绝缘没问题；低于 500 kΩ，说明绝缘不好；若测值为零，说明两相间短路或同时接地。

3. 测量各相绕组通断

若各相绕组电阻无穷大，说明该相绕组断路。

电动机的测量可以大致判断绕组的故障情况，然后才可拆开电动机进行内部勘验。

拆开电动机的外壳，检查其轴承是否有严重的磨损痕迹和匝间短路痕迹，如若存在，可能由于异物进入电动机内引起电动机的电流变大，导致电动机线圈过热引起匝间短路。另外，电动机停转除了可能导致线圈过热引起火灾之外，还可能导致热空气不能及时排出出风口，导致其聚集在外壳里面，在一些梳棉类的加工厂车间，热量很难散发出来，足以烤燃周围棉花引起火灾。需要注意的是：内部过热存在过负荷和短路的现象，必然在线圈里层有严重炭化的痕迹；而外烧仅在线圈表层有炭化痕迹。因为有钢制机体的保护作用，线圈外烧的炭化痕迹也不严重，用脱脂棉可将炭化痕迹拭去露出铿亮的金属光泽。可以根据这个来判断火灾是由电动机内部引起的还是外部烧到电动机的。最后，还要查找定子线圈是否有短路点，一般有相间短路、对地短路和匝间短路。相间短路发生在定子两端不同绕组的交叠处，不同相绕组间接线盒引线在穿过机壳处也会发生短路；对地短路和匝间短路常发生在定子槽口底沿处。绕组线圈发生短路，电动机壳内会发现铜线短路痕迹，如果发生对地短路，则在定子铁芯上会发现电弧烧痕。

四、不同原因电动机火灾的认定依据

（一）电动机单相运行引起火灾的根据

电动机单相运行引起超负荷定子线圈过热引起的火灾，因电动机的接线方式不同，在定子线圈上形成的痕迹有不同特征。故认定原因时一般先查明电动机接线方式，然后检查控制装置熔丝、定子线圈、电源线等部位，获取证据。

1. 根据缺相痕迹判定

确认缺相的根据有：

（1）熔断器熔丝有一相熔断。

（2）熔断器中一相熔丝熔体与连接点松动，时断、时通状态，其螺帽、垫片变色，烧熔、表面氧化，有麻点坑，甚至被电火花作用形成缺口。

（3）电源有一相与控制开关、电动机接线柱连接处断开或松动接触不良，其接线柱、固定螺帽变色，形成有麻点坑，甚至局部被电火花击出锯齿状熔痕。

（4）启动设备有一相触头间隙大，表面有烟痕，并有陈旧性麻坑呈未接触状态。

（5）有一组定子线圈断线。一是用兆欧表测量制定。测量时轻轻摇动手柄，见表针回零后，迅速使测笔脱离电动机接线端子，或停止摇动手柄，兆欧表指针不回零。说明该相绕组断路。二是拆卸检查直接查找确认。有时断头处及靠近层间有短路熔痕。

（6）电源线某一相在控制电闸上部断开。此时该相熔丝完好。

2. 根据定子线圈被烧特征和状态确定

当电动机缺相运行时，通过定子线圈的电流大大超过其额定电流（一般为额定电流的 1.5 ~ 2 倍），使线圈和接头处过热而燃烧甚至短路。基本特征是被烧绕组内外全部烧黑、烧焦，有时形成有短路熔珠。根据缺相具体原因和电动机接线方式的不同，线圈烧毁特征不同。

（1）星形接线的电动机缺相运行被烧特征。这种接法无论何种原因缺相，其绕组烧毁特征都是未断的两相线圈被烧，断相绕组未烧，形成两相绕组烧毁一相完好，区别明显。这是由于在一相缺相的情况下，造成两相运行。未断路的两相定子绕组串联，在大电流较长时间在定子绕组通过的结果，使定子绕组过热被烧毁，断相绕组，由于没有电流通过故未被烧。

（2）三角形接线的电动机被烧特征。三角形接法绕组被烧特征与断相形式有关。一般有两种情况。一是一组绕组断线时，由于未断路的两相电流增大，使两相绕组被烧（此时和星接断相时被烧情况相同）。二是如果 B 相熔丝烧断造成缺相，由于阻抗不平衡（一路是单个定子绕组，一路是两个定子绕组串联），一相电流增大，造成一相绕组被烧。

（二）接触电阻过大引起火灾根据

电动机接触电阻过大部位，主要有接线盒处电源与电动机电源接线柱处，电源线与控制电闸连接处和熔断器连接处。主要根据有：

（1）接线盒内、电源线与电动机电源接线柱，固定螺帽、垫片、变色、烧烛，有电火花作用痕。如麻点坑、垫片成锯齿形。严重时电源线击断、断头处形成熔痕、熔珠。

（2）接线盒盖局部变色、内有烟迹，并黏有喷溅小熔珠。变色、烟迹形成部位与接触电阻过大部位相对应。

（3）电源线在接线盒进孔处绝缘层被烧炭化，有时形成有短路熔痕，熔珠黏附于进孔处。

（4）电源线与电动机电源线直接用夹子连接时，金属板严重变色，固定螺栓松动，有烧烛“粘死”，形成有电火花痕，若电源线为铝线，形成铜铝接头。

（三）接线错接引起火灾的根据

接线指的是电动机绕组接成的是星形还是三角形。如果把 Y/△ 接法的电动机，错接到 3×380 V 的电源上，电压升高，电动机线圈内通过电流将是额定电流的 1.73 倍，若接成星形，接入 3×380 V 电源，带额定负荷运行，因每相电压不足，电流增大，两种情况都使电动机定子绕组线圈烧毁。

（1）查看电动机铭牌上的接线图和型号，再与实际接线情况相比是否一致后确认。

（2）三相定子线圈变色程度、被烧程度基本一致，严重时形成短路熔痕。

（四）电动机本身机械故障或拖动的负荷机械故障引起火灾的根据

1. 电动机本身机械故障的根据

（1）轴承内、外轴套变色呈蓝色。

（2）轴承表面有麻坑，呈椭圆形，严重时碾碎。

（3）轴瓦内表面有划痕。

（4）定子和转子表面形成划痕，划痕浓密、深，有时相对应，严重时硅钢片被磨卷边，严重变色。转子明显扫膛。

（5）电动机风扇罩变形，内有撞击痕，扇叶片击断或有摩擦痕。

2. 负荷机械故障的根据

（1）轴承故障。根据与电动机轴承故障痕相同。

（2）出现堵料故障，如铡草机塞满草、粉碎机堵满料等。

（3）传送带内侧炭化或转动齿轮错位、有严重摩擦痕或断齿掉牙。

（五）导线过负荷、保护装置故障引起火灾的根据

（1）导线截面与电动机动率不匹配，导线上形成过负荷痕迹。

（2）控制装置严重被烧，金属外壳变色，胶木炭化脱落，接点变色烧蚀，控制装置所在部位或底部是起火点。

（3）判明控制装置型号、容量，导线型号、截面大小，并判明与实际负荷是否相匹配。

（六）接地故障引起火灾的根据

（1）接地体与电动机外壳、底座连接处脱焊、松动，局部变色有时有火花痕。

（2）靠接地体可燃物严重炭化。

（3）测定接地电阻是否大于规定值（一般不应大于 4 Ω）。

第五章 空调器火灾调查

第一节 空调器结构与工作原理

一、空调器的分类

按结构形式可将空调器分为窗式空调器、挂式空调器和柜式空调器，如图 5-1 所示。按室内机与室外机组合形式可将空调器分为：整体式空调器和分体式空调器。早期生产的窗式空调器是典型的整体式空调器，虽然其安装方便，但噪声大，在空调器发展初期得到较多使用，目前使用量较小。挂式、柜式空调器，又称分体式空调器，由于其压缩机与送风、控制部分分离，所以噪声小，使用效果也较好，最近几年销量逐年上升。

a）

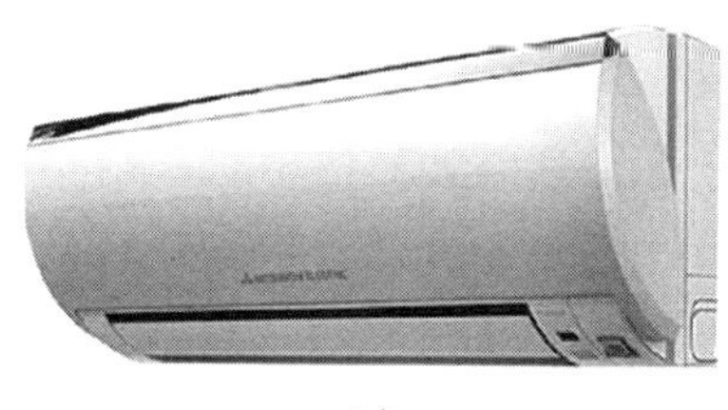

b）

c）

图 5-1　三种典型的空调器

a）窗式空调器　b）挂式空调器　c）柜式空调器

按制冷和制热的调节方式可将空调器分为定频式空调器和变频式空调器。定频式空调器是靠空调器压缩机的开、关来控制室内温度。其原理是改变定频式空调器室内机风扇的转速而不是改变压缩机的转速和输出，想要调节室温就需要人为地对压缩机频繁“开、停”，这就造成室内温度忽高忽低，且消耗更多电能；变频式空调器调节室内温度，不是靠压缩机的“开、停”来控制，而是不停机运转，通过调整压缩机的转速来控制输出温度，因此，房间温度比较平稳，并且启动功耗低、噪声小、节能效果也较好，近些年变频式分体空调器占市场份额越来越高。

二、空调器的结构

（一）空调器的基本结构

一般空调器按功能不同可分为单冷型、电热型、热泵型，其中电热型和热泵型又属于冷暖两用型。空调器主要由三部分组成：一是制冷循环系统（用电动机驱动压缩机），二是通风循环系统（包括轴流风机、离心风机和风扇电动机等），三是电气控制系统

（包括管温探头、环温探头、压力开关等）。空调器结构如图 5–2、图 5–3 所示。

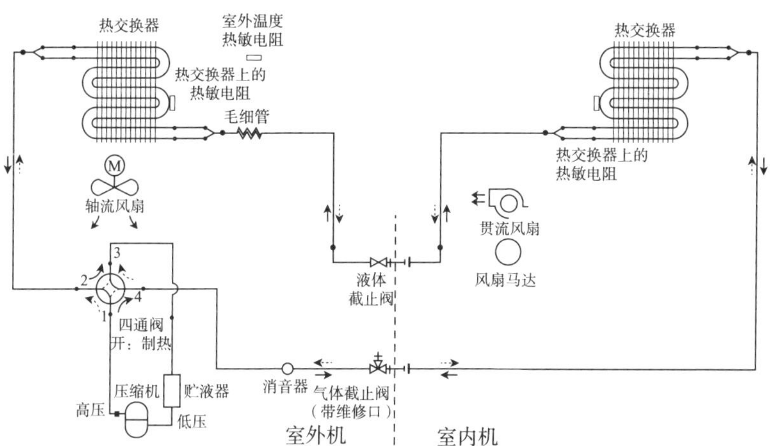

图 5–2　空调器整体结构图

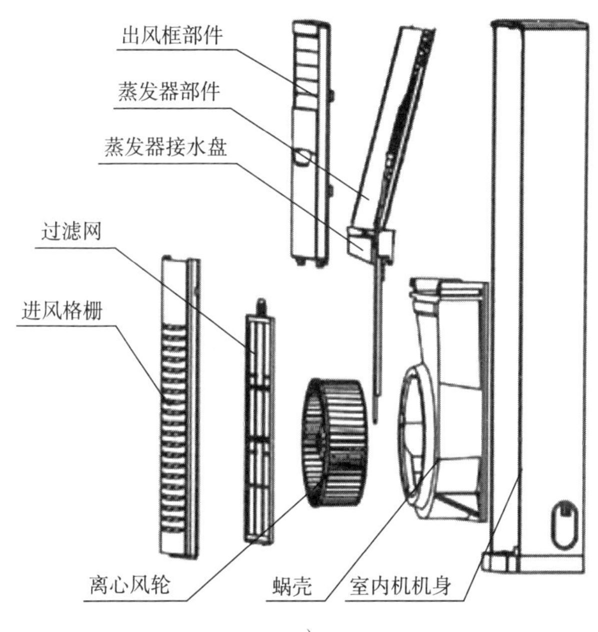

a）

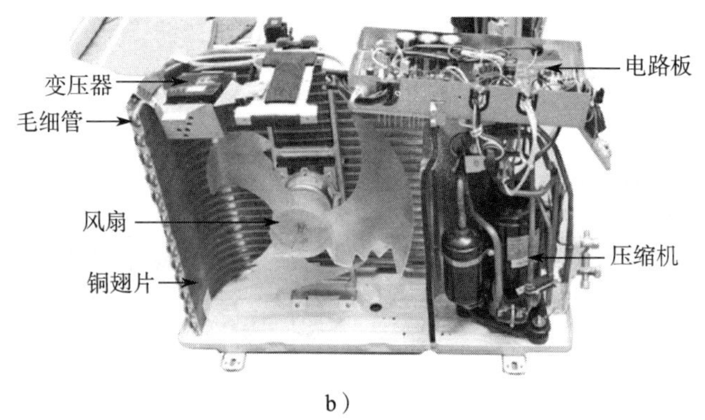

b）

图 5-3　柜式空调器结构图

a）柜式空调器室内机　b）柜式空调器室外机

（二）空调器的主要部件

1. 压缩机

压缩机可以说是空调器的心脏，如图 5-4 所示，根据原理可大致分为容积型和速度型两类。容积型压缩机应用最广，工作过程简单来说就是通过改变气体的容积来完成压缩和输送的过程。如螺杆式压缩机，其阴螺杆、阳螺杆转向互相迎合一侧的气体受压缩，这一侧面称为高压区；相反，螺杆转向彼此背离的一侧，齿间容积在扩大并处在吸气阶段，称为低压区。这两个区域被阴螺杆、阳螺杆齿面间的接触线分隔开。可以近似地认为：两螺杆轴线所在平面是高、低压力区的分界面，压缩制冷剂（如氟利昂）变成液态，然后利用液态在常压下变为气态时的吸热现象制冷。

2. 冷凝器

压缩机吸入从蒸发器出来的较低压力的工质蒸气，使之压力升高后送入冷凝器，在冷凝器中冷凝成压力较高的液体，经节流阀节流后，成为压力较低的液体后，送入蒸发器，在蒸发器中吸热蒸发而成为压力较低的蒸气，从而完成制冷循环。为提高冷凝器的效率经常在管道上附加散热片以加速散热，散热片则是用导热良好的金属制成，如图 5–5 所示。

图 5–4　压缩机外观及内部构造

图 5–5　冷凝器

3. 蒸发器

蒸发器在室内机里面，由蛇形管子组成，套有翅片，如图 5–6 所示，其主要功能是利用加热浓缩溶液或者使晶粒从溶液中析出。它主要由加热室和蒸发室两部分组成，加热室的功能是向液体提供蒸发所需要的能量，促使液体沸腾汽化，而蒸发室的作用是使气液两相完全分离。从加热室中产生的蒸气伴有大量液沫，扩散到较大空间的蒸发室后，这些液体借自身凝聚或在除沫器的作用下得以与蒸气分离。蒸发器在制冷时通过同空气进行换热，再通过鼓风将冷气吹向空气中。

图 5–6 蒸发器

4. 四通阀

四通阀是具有四个油口的液压阀，如图 5–7 所示，是制冷设备中的必备部件。其工作原理为：当电磁阀线圈断电后，右侧压缩弹簧驱动先导滑阀左移，此时，高压气体通过毛细管进入右端活塞腔，同时，气体从左端活塞腔排出，活塞两端存在的压力差促使活塞及主滑阀向左移动，连接排气管与室外机接管，另两根接管也同时接通，从而形成制冷循环。

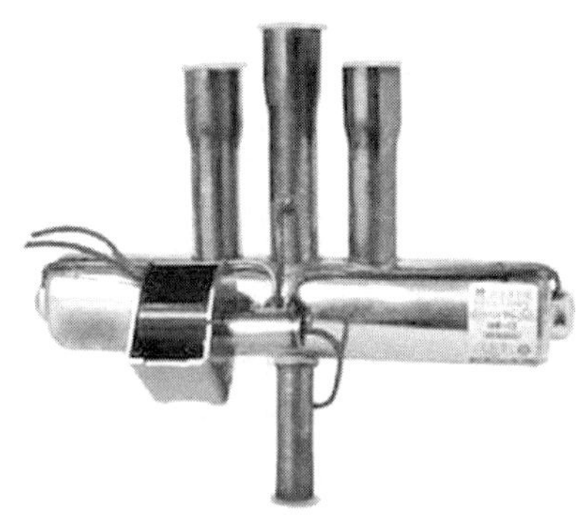

图 5–7 四通阀

5. 毛细管组件

毛细管组件包括毛细管和单向阀。其中单向阀普遍应用于空调器室外机中，它由辅助毛细管及单向阀组成，如图 5-8 所示，不同型号的空调器单向阀组件大同小异。在单向阀上有一个箭头，它表示气流只能按照箭头的方向流动，反向则停止，只能从辅助毛细管通过。单向阀组件安装在室外机的下后方，通常有一块黑色的减震块包着，包沥青是起消音的作用。单向阀组件只用在空调器制热过程中，制冷中不起作用。单向阀组件在制热时的作用是增大制冷剂的流动阻力，减小制冷剂的流动速度，使制冷剂在室外机充分蒸发，使压缩机排出的制冷剂气体变为制冷剂液体，提高空调器制热效果。

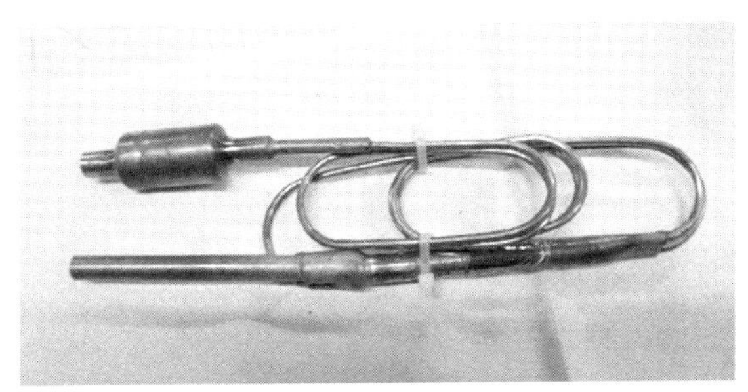

图 5-8　毛细管组件

三、空调器工作原理

（一）空调器制冷运行原理

空调器在制冷时，低温低压的制冷剂气体被压缩机吸入后，通过加压变为高温高压的蒸汽。高压蒸汽在室外机冷凝器的冷凝作用下，与室外空气进行热交换后变为中温高压的液体（室外空气带走制冷剂放出的热量），然后通过膨胀阀和过滤器等节流机构后变成低温低压的液体，这种液体从室内换热器中吸热蒸发后变为低温低压的气体（通过室内机蒸发器蒸发来吸取周围的热量），同时室内机风扇将变冷的空气送向室内，室内空气如此进行循环流动，从而达到降温目的，如图 5–9 所示。

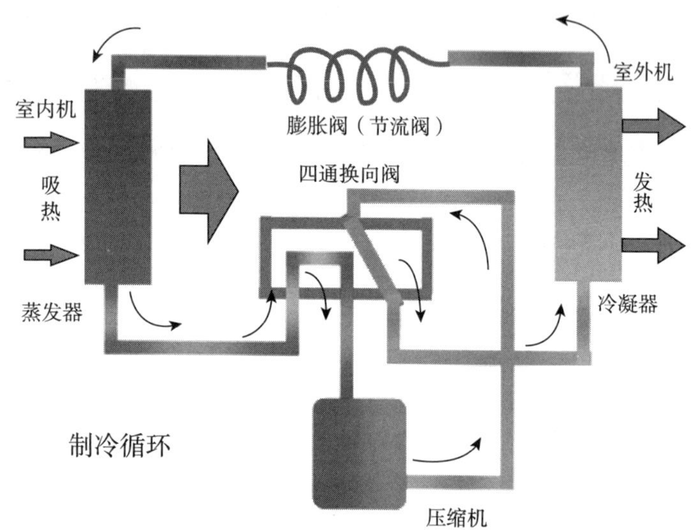

图 5–9　空调器制冷运行原理

（二）空调器制热运行原理

空调器在制热时，低温低压的制冷剂气体被压缩机将吸入后，通过加压变为高温高压的蒸气。高压蒸气在室外机冷凝器的冷凝作用下，与室外空气进行热交换后变为中温高压的液体（冷凝液化放热，同时加热室内空气），然后通过膨胀阀和过滤器等节流机构后变成低温低压的液体，这种液体从室内换热器中吸热蒸发后变为低温低压的气体（室外空气经过换热器表面后被冷却降温，室内空气通过冷凝放热达到升温目的），压缩机再次吸低温低压的气体，室内外空气如此进行循环流动，从而达到升温目的，如图 5–10 所示。

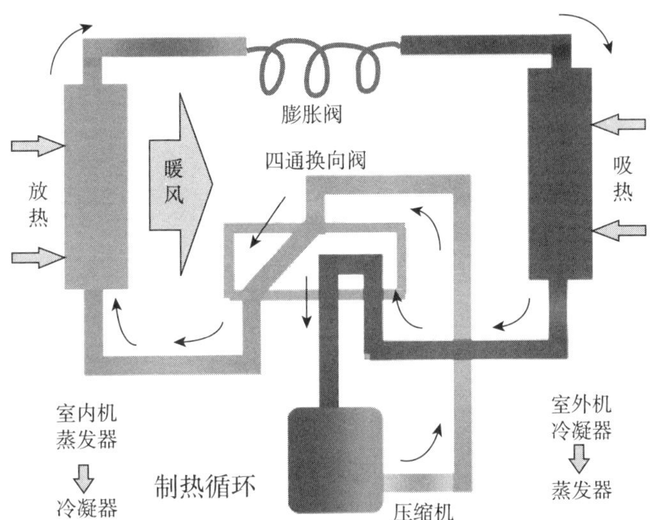

图 5-10　空调器制热运行原理

第二节 空调器起火原因分析

空调器起火的原因可分为外部原因和内部原因。其中，外部原因主要有安装不当、交流供电电压异常、使用环境恶劣、密封接线座击穿、雷电和故障状态下使用等。内部原因主要有辅助电加热散热不利或温控装置失灵、压缩机故障、旋转电动机故障、电容器故障和电源保险装置故障等。

一、空调器起火的外部原因

（一）安装不当

此类原因中最常见的是电源线的安装不合格。电源线与电动机等连接接头接触不良、松动，或自行改装加长电源线等，均易造成连接处接触电阻过大。由于空调器的启动电流和工作电流较大，在接触电阻上产生压降并散发热量，使温度升高，这又加剧了电源线表皮的氧化。而氧化的电源线进一步加大了连接处的接触电阻，如此的恶性循环，使铜线间接触电阻和压降逐日增大，空调器通电瞬间，大电流在接触电阻上产生出的高温，经过积累，就容易将周围的可燃物引燃。

除此之外，空调器安装使用不规范，还包括以下情况：过热打火将空调器塑料外壳等可燃物引燃起火；保险装置与空调器容量不匹配，出现故障时不能迅速熔断导致起火；选用的电源线截面积过小导致过负荷起火；接错电源插口，如窗式空调器一般使用单相 220 V 的电源，电源插头多为单相三线插头，如果错接 380 V 的三相电源就会起火；选用的插头容量过小，易被击穿，从而引起短路起火；空调器安装位置不合理，离木结构、窗帘等物体间距过小导致热量聚集而起火；或者安装在较为潮湿的部位，防潮防雨措施不当，造成短路起火，如图 5-11 所示；空调器室外机安装在阳面，如果被遮挡面积不够，空调器连续长时间运转并经阳光照射，空调器的压缩机就会过热，这时过载保护器就会频繁启动，从而导致烧毁压缩机或者电路起火。

图 5-11　环境湿度大于 90% 时空调器电路板被烧

2009 年 12 月 17 日，江苏省江阴市某小区的倪女士家中突发大火，房间内的空调、热水器、灶具以及部分生活物品被烧毁，财产损失严重。最终，经江阴市消防部门与江阴市消委会调查勘验后，认定起火原因为空调摆放地点与接线口距离较远，空调安装人员在原有电线上另加接了一段电线，由于加接的电线过细，而空调属大功率用电设备，长时间过负荷运转造成电线过热被引燃，导致火灾发生，属于售后安装不到位，应当由商家承担赔偿责任。

（二）交流供电电压异常

我国的供电质量差异很大，城市供电系统调整率较为稳定，但就农村而言，有些地区由于负荷不稳定，电压波动较大，供电系统的调整率大都超过 10%，个别地区甚至高达 20%，夜间电压明显过高，当空调器工作时，会大大增加电气控制系统元件的短路和击穿的风险，若空调器未经保险装置直接接入电路或熔丝未能及时熔断，就容易导致空调器内部故障，从而引发起火。

欠电压故障，即在电源电压过低时发生的故障，这会造成空调器、风扇电动机转速降低、空气循环效率降低，内部热量无法及时排出，导致空调器内部温度过高，容易使电动机过热，线圈短路；内部过热也有引燃隔板、衬垫等材料的可能性，如图 5-12 所示为散热差导致空调器外机起火。

图 5-12　散热差导致空调器起火

（三）使用环境恶劣

在灰尘多、湿度大的环境下使用空调器，电气控制系统的电路板容易积聚灰尘，在电路板的市电接入端，容易产生持续弧光，如果安装电路板的电气盒所使用的是非阻燃材料，很容易被持续作用的电弧引燃起火。此外，灰尘多会使空调器运转起来耗电大，导致电容器负荷过重，达到极限便会膨胀爆炸，造成压缩机的损坏，引发起火。2013 年 3 月 14 日，在福建一小区物业公司外墙上，一个空调器外机突然起火，里面的风扇还在不停旋转，如图 5-13 所示，所幸发现及时，未造成重大损失。经调查，是由于该空调室外机多年未清洗，空调器外机里的电容器发生爆炸，随后引起机内起火。

图 5-13　空调器室外机起火

还有一种情况是人为造成的。在空调器使用过程中，如用空调器烘烤衣物使风路堵塞，或用窗帘遮挡空调器等行为都易引发起火。

（四）密封接线座击穿

单相空调器一般使用全封闭压缩机，这种压缩机在启动时最容易发生密封接线座击穿事故，如制冷量为 5 匹的单相空调器，其工作电流大，此时极易把接线座击穿，击穿后会导致压缩机冷冻油溢出，若不能及时清除，一旦遇到火源就容易起火。

（五）雷电导致

空调器受雷击起火主要考虑两个因素：一是安装在户外的空调器外机未做楼体的引下线或与作引下线用的结构柱钢筋焊接，导致闪电的直击；二是雷电流入侵，闪电将携带高负荷点脉冲、电压及电流，并以电磁波形式释放，产生的电场可以通过磁场传播，遇到金属导线也会产生高压，高压有时可直接击穿空调器的保护电路，使元器件击穿短路，产生的高压能使空调器起火。因此，在打雷的时候建议停止使用空调器，同时切断电源。

2009 年 8 月，浙江杭州城北地区申花路上的方家塘旅馆上空冒出阵阵黑烟，房间里已经起了明火。经过扑救，火势被迅速扑灭。空调内机已经完全报废，电脑的液晶显示器被火烤变形，房间内其余电器也都遭到损伤，旁边的墙壁被整片熏黑。经过勘验，发现整个屋内电器只有空调是通电的，且从现场燃烧程度看，起火点位于空调室内机处，当天该地为雷雨天气，且证人证实发生火灾不久前确实存在雷击现象。在排除了其他可能的起火原因后，认定起火原因为空调器受雷击后引起火灾。

（六）“带病”使用

故障未及时发现排除，或空调已到报废年限仍继续使用，极易致使老化的导线长时间通电发热起火。空调安装过程中，电源线多与高、低压冷媒管包于同一保护套内，在空调器运行时，电源线自发热，同时空调器在制热模式下，冷媒管同时发热，护套内温度长时间处于 100 ℃以上的高温，长时间的工作环境，加速了电源线绝缘层的老化，如不及时更换，一旦受到外力作用，很容易导致绝缘层破损，破损后导致短路，容易引燃外层保护套。

二、空调器起火的内部原因

（一）辅助电加热散热不利或温控装置失灵

在空调器控制系统中，控制某一房间温度是通过温控器来实现的。所谓温控器，是通过程序编辑，用程序来控制并向执行器发出各种信号，能够使室内温度自由调节，并且按照用户的要求设定各种时间段的开关，以及在各种预设好的模式下自动运行调节室温，从而达到舒适温度。

在空调器的运行过程中，一旦温控装置发生故障，就会造成室温在已达到预设温度的情况下空调器仍持续产热或辅助散热系统未进行散热，导致空调器内部温度持续升高。除此之外，在我国北方地区，一般使用电加热型空调器，这种空调器在停止制热后，不得立即关机，必须先使用通风挡位对其电热部分进行冷却降温。若使用者在使用电加热型空调器时没有按照使用说明书要求进行操作，停止制热后，未使用通风挡对空调器电热部分进行冷却，也是引起火灾的原因之一。这时因为热惯性很强的电热丝在断电后，仍会保持着较高的温度，如果长时间对四周的可燃物进行烘烤就会导致可燃物分解、炭化，从而引发起火。早期生产的空调器存在产品质量参差不齐等问题，空调保温垫衬材料和塑料外壳不阻燃。这样，一旦空调器内部某处产生高温，就容易引发火灾，如图 5–14 所示。

（二）压缩机故障

压缩机故障中，绕组烧毁是最易引起空调器火灾的故障。造成此故障的原因，主要有以下几个方面。

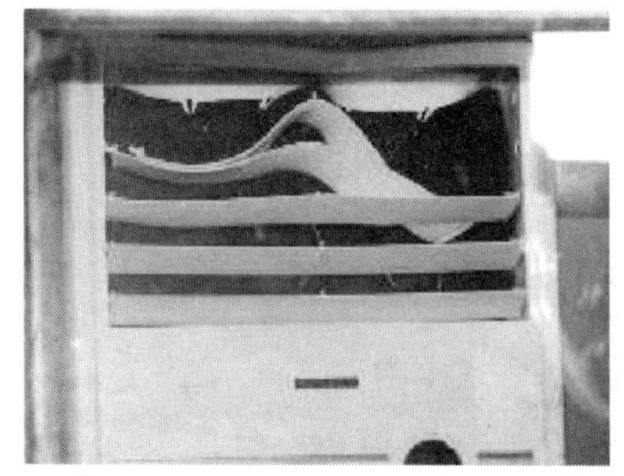

图 5-14　散热不利导致空调器散热窗熔化变形

首先，由于异常负荷和堵转。电动机负荷由两部分组成：一是压缩气体所需负荷，二是克服机械摩擦所需负荷。当电压比或压差过大时，会导致压缩过程困难，若润滑油失效或电动机堵转，都会加重电动机负荷。电动机负荷加重后，使压缩机温度升高，引发润滑油高温变稀甚至焦化，从而对正常油膜的形成造成一定影响，使得情况进一步恶化，润滑的失效最终会导致出现堵转现象，发生堵转时的电流约为电动机正常工作时电流的 4 倍，有时甚至高达 8 倍。在启动和堵转时的高电流会使绕组迅速升温，虽然热保护装置在堵转时能够保护电极，但通常响应不够迅速，不能及时阻止绕组的温度上升。长时间的高温会加速漆包线的老化，使其绝缘性能降低，最终将引燃周围导线及附近可燃物。

其次，绕组中夹杂的金属屑也会引起线圈间短路，从而烧毁绕组。压缩机的内部磨损和施工时残留的铜管屑、焊渣是金属屑的主要来源，部分颗粒会在内部随着气体和润滑油发生流动，磁性作用也会使它们聚集在绕组中，压缩机在运转时会产生振动，会加剧夹杂在绕组间的金属屑和绕组漆包线之间的摩擦进而划破漆包线的绝缘层，从而引发短路。

此外，空调器停止后又立即启动也极易造成压缩机故障，从而引发起火。在空调器停止运行的短时间内，压缩机开始进行排气，两侧的压力差会变得很大，理论上应当让高、低压两侧经过毛细管达到平衡后再启动，如果未达到平衡就再次启动压缩机，就会导致压缩机负荷变大，使电流急剧增加，最终导致电动机损毁，从而引发火灾。

2007 年 10 月 27 日，抚顺市某单位出租库房发生火灾，过火面积 1 600 余平方米，直接财产损失 50 余万元。经调查，原因为某品牌空调器室外机发生故障导致起火，从而将库房内存放物品的纸制包装箱引燃造成的。经现场勘验，库房墙壁另外一侧露出墙体 30 cm 长的配管包带表面没有被烧痕迹，将配管包带剪开后，发现配管包带内侧出现炭化痕迹，贴于高压管上侧的保温护套已经发生炭化烧失，而贴于低压管一侧 3/4 的保温护套没有出现燃烧痕迹，如图 5-15 至图 5-17 所示。随后将靠近室内机部分，未受到火场高温作用的空调器冷媒配管送至中国科学院金属研究所进行鉴定，鉴定结果证明，细管局部瞬间受热温度已达到 500 ℃左右。而通过分别对室内挂机面板及 PE 保温管样品进行技术鉴定，得到自燃点分别是 380 ℃和 370 ℃，氧指数均为 22.0% 的鉴

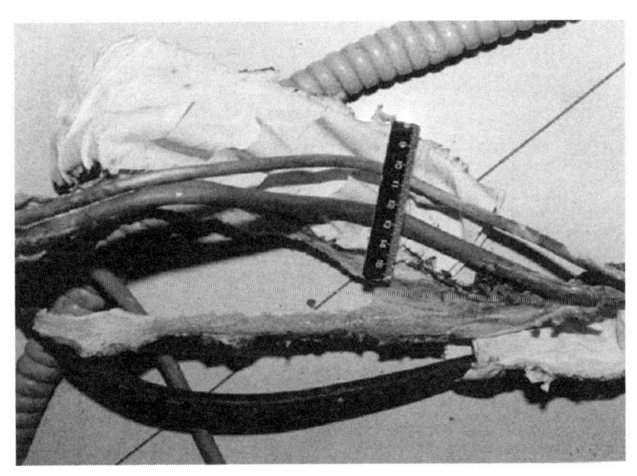

图 5-15　配管包带内侧炭化痕迹

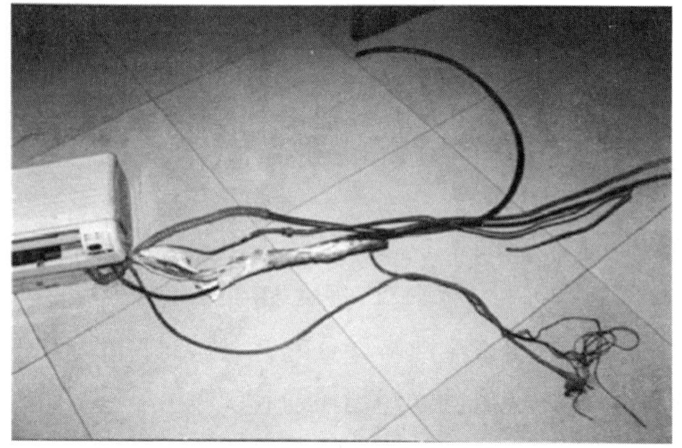

图 5-16　库房墙体内外部配管包带对比

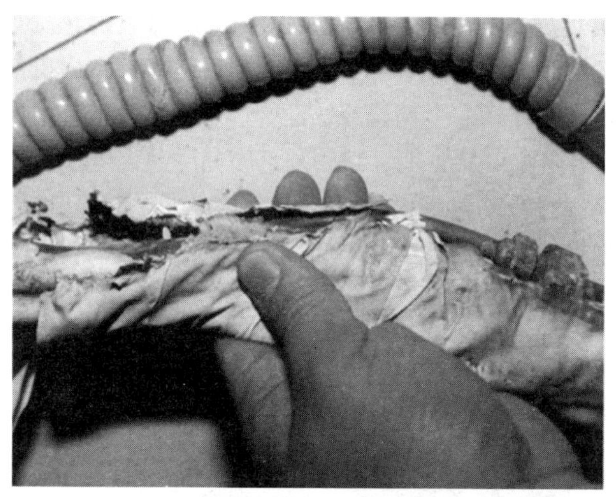

图 5-17　库房外部靠近室内机部分护套破损

定结论。同时对比库房内其他空调器室内机冷媒管进行提取，未发现过热痕迹，排除了送检证据是因为火场内热传导导致的。最终通过使用冷媒管异常发热的主要痕迹，并结合中国科学院沈阳金属研究所得出的鉴定结果，正确地认定了起火原因。

（三）旋转电动机故障

风扇停止运转一般存在两种原因：一是因为其本身出现故障，例如因轴承磨损严重导致风扇叶片偏转卡住外壳，热风未能吹出，从而在风扇内部聚集大量热量，使得风扇电动机温度逐渐升高，最终造成过热短路起火。造成这一故障的主要原因是冷却冷凝器的轴流风扇质量差，在工作过程中，磨损并逐渐产生裂痕，风扇发生破损，从而使电动机卡住不能旋转；或者厂方为提高生产效率，在装配时采用风扇轴孔与电动机轴动配合的方式固定，若固定的螺栓出现松动，风扇就会发生移位，甚至会卡住电动机。风扇电动机因故障被卡住后会导致电动机温度逐渐升高，最终造成过热引发短路起火。二是因为两个开关分别控制着电热管和风扇，空调器关闭时电热部分仍然工作。尤其是电热型空调器的电热丝在加热时，如果风扇停转，循环空气不能及时带出电热丝所产生的热量，就会导致内部温度不断升高，若空调器热保护装置失灵无法及时地切断电路，就可能引发起火。

2007 年 8 月 26 日，江苏省如皋市开发区某灯具经营部发生火灾，经现场勘验和对当事人的调查走访，认定起火部位为经营部二楼阳台北侧，起火原因系该处放置的某品牌空调室外机故障后起火蔓延成灾。该室外机严重烧损，外表面油漆层大部分剥落，风扇烧毁后的残体掉落在箱底，用手转动风扇转子，转子不能转动。通过观察室外机机体内的烟熏痕迹，电容器、交流接触器等部件的烧损痕迹，风扇后侧铝质散热片形成的 V 形豁口以及冷凝器铜管内侧表面留有铝质散热片烧熔后形成的小圆球痕迹均说明空调室外机内烧痕迹明显。随后对轴承进行切割可见 6 个接触点，说明风扇转子轴承被卡死，导致转子不能转动，引起线路过载发热起火，如图 5-18 至图 5-22 所示。

图 5-18　空调南立面

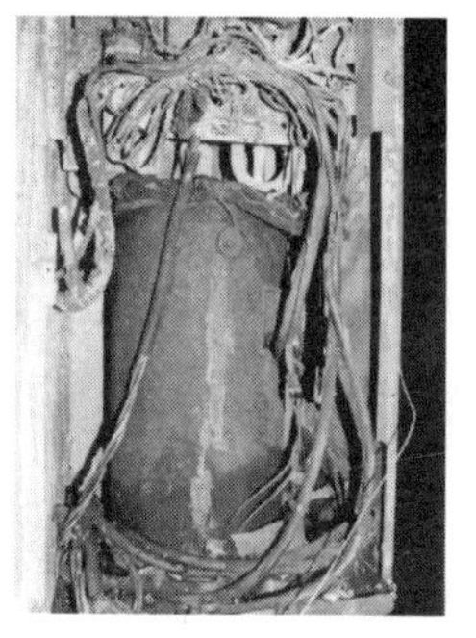

图 5-19　东立面内部观察压缩机

图 5-20　散热片内侧烧熔小球

图 5-21　转子及轴承卡死痕迹

图 5-22　对轴承进行切割可见接触点

（四）电容器故障

电容器为空调器内部必要元件。电容器是由两块互相靠近而中间夹一层绝缘介质的金属极所构成的一种储存能量的元器件。当电容器两个极板间的电压差很大时，极板之间的电场很强，超过填充在极板之间的电解质所能承受的最高场强时电解质会被击穿，绝缘的介质变成类似导体，极板间会有漏电流，电容就失去阻止直流电通过而允许交流电通过的作用了。

电容器被击穿主要有以下两个原因：一是因为电容器的额定电压不够，容易被击穿。目前，空调器生产厂家为了满足消费者对整机外形尺寸的要求和控制生产成本往往采购国产电容器进行装机，但是国产电容器外形尺寸较进口电容器大，有的电容器生产厂家为了迎合空调器厂方，不得不缩小电容器的尺寸，从而降低了电容器的耐电压值，增加了电容器被击穿的概率，容易引发空调器起火。二是由于电容器受潮而被击穿，电容器在受潮后其绝缘性能会大大降低，当泄漏电流增大时容易发生击穿事故。

在空调器室外机中通常有两个电容器，早期生产的空调器的风扇电动机和压缩机电动机的线路中各接有一只油浸电容器。通常情况下，油浸电容器仅微微发热，但如果电容器老化严重，在工作时就容易被击穿，从而导致短路起火，而近几年生产的空调器通常采用的电解电容器，虽然减少了击穿概率，但如果工作电压超过其耐压值，也容易被击穿。

（五）电源保险装置故障

空调器是大功率家用电器，因此空调器的电源线一般不允许直接与室内墙壁上的插座相连，而是要通过一个电源保险装置后才可连接。若空调器内部发生故障产生较大电流，而此时电源保险装置未能及时断开电路，则会造成空调器内部长时间通过大电流而引发起火。再者，如果熔丝熔点过高，在空调器出现故障时不能迅速熔断也可能引发起火。

2011 年 5 月 8 日，北京某商品交易市场发生火灾，起火楼层在第二层的日用品市场和电玩城，共造成二层 2 000 m^2 面积过火。经现场勘验，发现空调电源线有故障痕迹，室外机内部线路板有明显过火痕迹，部分线路有熔珠，室内机风扇完全烧毁，室内机烧损变形严重，机器西侧由楼板穿下若干股线路均断裂，其中一股末端线路上有熔痕，现场取样经某火灾物证鉴定中心鉴定，结论为一次短路熔痕。综合证明是因为空调电源线故障，发生短路起火进而引燃空调室内机底部可燃材料，熔融物向下滴落至地面瓷砖表面，致使瓷砖炸裂，并形成滴落物的堆积、粘连、结块，并继续燃烧，火灾由上而下，不断蔓延扩大致使摊位的金属结构受热变形，并最终蔓延成灾，如图 5-23 至图 5-25 所示。

图 5-23　空调室外机内线路过火痕迹明显

图 5-24　空调室内机附近电线有短路熔珠

图 5-25　同型号、同批次空调器室内机防尘罩引燃现场实验

第三节 空调器火灾调查方法

一、空调器火灾危险性分析

通过查阅资料并对空调器火灾危险性进行分析，可以得到以下结论：

（1）当空调器正常运行且加热系统工作时，若风扇正常工作，则不会出现过热等问题；而当空调器因故障保护装置失效、通风装置不能正常运行的情况下，有过热现象，所以在该故障状态下具有电加热器引起火灾的可能性。

（2）造成线路过载主要原因有：压缩机故障；通风循环系统中的风扇电动机、离心风机故障；电气控制系统的输入电压低。其电流发热的理论计算公式为：

$$Q=I^2Rt$$

式中 Q——发热量，J；

I——流过导体电流的有效值，A；

R——导体电阻，Ω；

t——导体通过电流的时间，s。

在堵转过程中，绕组的电流会迅速上升，根据公式可以看出绕组温度会随着电流的增大按级数倍增，甚至超过允许温升，破坏绕组的绝缘，使绕组匝间、层间发生短路故障，如果空调制造工艺缺少安全设计，故障空调的高温器件很容易引燃周围可燃物引发火灾事故。另外空调器在断电后瞬间再次通电，此时由于制冷系统的“背压”很大，使制冷压缩机启动困难，产生大电流，也极易造成过流引起的线路起火。

（3）电容器击穿一般有两种原因：一是电源电压过高，在我国的一些地区电压负荷不够稳定，而且波动较大，有些不发达地区夜间电压明显过高，当空调器工作时，电容器容易发生击穿事故；二是因为受潮漏电，有些质量差的电容器，在受潮后其绝缘性能会降低，当泄漏电流增大时容易发生击穿事故。

（4）单相空调器所使用的是全封闭压缩机，其内部的密封接线座容易发生击穿事故。尤其是制冷量大的空调器，其工作时电流比较大，如制冷量为 5 匹的空调器，其工作电流可达 17 A，如此大的电流通过密封接线座时极易把接线座击穿。击穿后，压缩机冷冻油就会溢出，若不能及时清除，一旦遇到火源就会起火。

（5）电路板在潮湿环境中工作时，表面水膜的形成使绝缘材料表面绝缘电阻值显著下降，引起强电部位电晕放电，最终导致击穿。如果电路板长期在高湿环境下工作，很容易发生击穿、炭化，如果未得到及时处理，空调器很容易发生起火事故。

二、空调器火灾现场调查的方法

（一）当事人和空调器使用者的调查询问

调查询问是指具有火灾调查权的部门，依据《中华人民共和国消防法》等相关法律法规所从事的一项调查活动，是火灾调查认定工作的重要措施和基本方法，是查明火灾真实情况，掌握火灾发生情节，发现火灾线索，辨别口供真伪，以及认定起火原因的重要手段。向当事人询问可以帮助了解火灾经过，熟悉现场情况，排除人为放火或者遗留火种的可能性，为空调器火灾现场勘验指明方向，从而获取火灾的线索及证据材料。

引起空调器火灾的原因分为外部原因和内部原因，第一时间赶赴现场向当事人和使用人进行正确的询问能够帮助火灾调查人员掌握第一手的资料。最先发现火灾的人员和报警人一般了解起火时间、最先起火的部位及火灾蔓延发展的详细情况等。空调器使用者则对空调器的使用年限、起火前是否出现过异常现象，以及周围是否存在可燃物等情况比较清楚，询问时应查明当天是否有雷雨天气，空调器与周围可燃物的距离及周围可燃物的种类、性质、数量，空调器周围的环境，如空调器是否潮湿、是否有利于散热，有无液体进入空调器内部等。通过对以上询问内容与现场环境的结合可以初步推断空调器着火是否由于外部因素引起。此外还要询问空调器通电时间、使用时间、电源控制方式和连续使用时间等；同时确认空调器是否处于通电状态、空调器起火前是否发生过故障或维修情况以及是否出现其他异常现象。

各个当事人之间的询问结果很有可能是不同的，在询问之前必须明确告知被询问人应负的法律责任，在询问过程中要注意观察其表情变化并详细记录每个细节，便于判断其是否有说谎嫌疑，询问后要形成“询问笔录”，经当事人确认无误后现场逐页签字并捺手印。最后还要对多个询问笔录要进行对比分析，努力去伪存真，进行证据间的互相印证，从而形成完整的证据链。

（二）火灾现场勘验

1. 空调器起火点的认定

通过环境勘验→初步勘验→细项勘验的步骤并结合调查询问结果，确定起火点与空调器的位置关系。环境勘验时，查明火灾现场内是否有人值班或有监控探头，以排除人为放火和遗留火种的可能性，进入火灾现场后，对于初期被扑灭的火灾，可以通过空调器旁边墙面上 V 形烟熏痕迹（见图 5-26），或通过观察可燃物被烧状态是否呈现由空调器向四周蔓延的痕迹来判定空调器是否为起火点。图 5-27 表明空调内部过火痕迹重于空调外部痕迹，西北侧表面过火程度重于其他部位外表面，空调柜机正面的烧损程度为上方最重、中下部较轻。如果火灾现场比较复杂，没有明显的 V 形痕迹，那么要注意对起火部位残留物塌落层次的观察，如图 5-28、图 5-29 所示。一般来说，确定空调器为起火点的层次为：地面→空调器残体→屋内空间中部部位残体→瓦砾。

图 5-26　烧损空调外机后的 V 形痕迹

图 5-27　空调器周围过火痕迹比较集中

图 5-28　远离空调器机柜残留物较多，近端已燃尽，燃烧程度、燃烧时间呈逐步递减

图 5-29　灯具左侧背向空调器机柜，右侧面向空调器机柜

2. 空调器起火前后通电情况的确定

根据火灾现场勘验的原则性要求，要判定火灾是否为空调器引起，就必须有充分的证据证明空调器处于通电状态。确定空调器在起火前或火灾发生时是否通电，可以从以下三个方面入手：

首先，观察空调器的电源线插头是否插在墙上的插座上。常用的电源线插头都是由铜制成，铜的熔点是 1 083.4 ℃，而一般情况下火场所产生的温度达不到铜的熔点，通常情况下在空调器所用插座的正下方，可以找到电源线及其插头。

其次，从火灾残留物上判断。在收集到插头、电源线等残留物后，要特别留意查看电源线插头处，若插头金属板光洁干净，只是表面部分存在烟熏痕迹，就可以断定电源线插头在起火前是插在插座里面的，在火灾发生后由于外力或其他因素的影响从插座里掉落。若整个插头布满烟熏痕迹，则可以判定插头火灾前或火灾中没有插在插座里。

最后，也可以从导线的短路痕迹来判断。沿着空调器电源出线至断路器查找电源线是否有断点，随后检查空调器内的导线，若在导线上发现熔痕，可以利用金相分析法，来判断其为火烧熔痕、一次短路熔痕还是二次短路熔痕，无论是一次短路熔痕还是二次短路熔痕，都可以证明空调器处于通电状态，如图 5–30、图 5–31 所示。

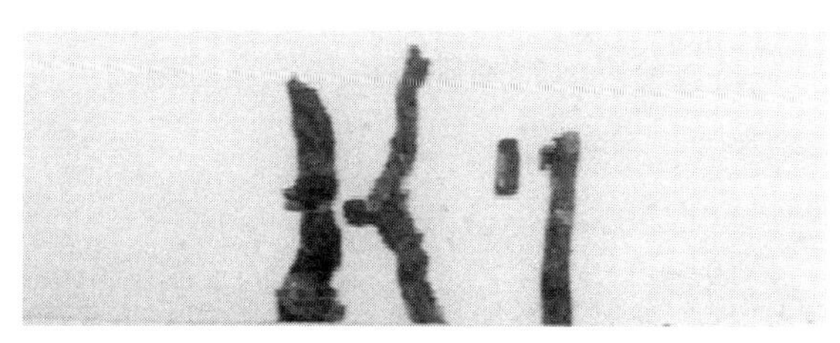

图 5–30　空调器电源线熔痕外观

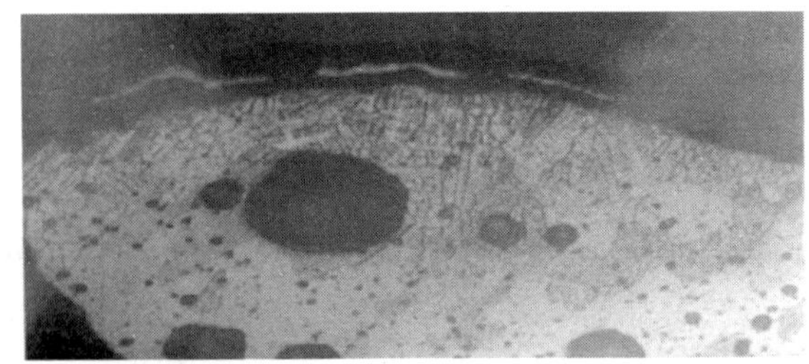

图 5-31　空调器电源中金相组织一次短路熔痕

3. 火灾外部原因可能性的排除

为了确定是空调器内部起火引燃周围可燃物，还需要排除外部火源引燃空调器，以及因空调器受潮、电源电压波动和雷击等造成火灾的可能性。首先，确认火灾前空调器周围可燃物的摆放情况，是否存在引燃空调器的可能性。其次，电源电压是否有波动，一方面可以通过调查与受灾户用电为同相回路的用户，另一方面也可以到供电部门取证，是否在 220 V 电源中窜入 380 V 电压。最后，查明该区域火灾前是否发生雷击，可以利用当地气象数据进行判断，也可以使用剩磁检测仪进行检测确定，同时调取火场内部和周围可用的监控录像。

（三）空调器物证提取

在通过现场勘验和询问笔录等手段确定空调器为起火点后，还要进一步分析起火原因，因此空调器物证的提取（特别是空调器内部元件痕迹物证）在空调器火灾调查过程中显得尤为重要。以下将针对空调器火灾的特殊性分析几类在空调器火灾中需要特别关注的痕迹物证。

1. 根据空调器外壳燃烧特征确定起火原因

空调器外壳一般都是金属框架，再辅以塑料面板等装饰材料组成。在火灾中，金属构架会变色变形，而塑料等材料则会软化变形直至炭化，因此，可以通过空调器的外壳燃烧情况及特征来初步判定起火的部位及原因。

第一，对于空调器的金属框架来说，无论多大火势其均会残存下来。此时可根据框架上金属的氧化变色情况来进行判断。薄板型黑色金属在火灾现场中其表面氧化后形成的颜色会有明显的层次：一般情况下，黑色金属在受热温度高、作用时间长的部位呈现为各种红色或浅淡色，颜色变化层次明显，在颜色发红、浅淡或形成铁鳞的附近或对应的部位通常就是起火点，如图 5-32 所示。

a）　　　　b）

图 5-32　烧毁的空调器室内机外壳

a）室内机外壳正面　b）室内机外壳侧面

第二，还可对空调器外壳上的塑料熔融物进行勘验，如图 5-33 所示。虽然其耐火性能很差，会烧损变形比较严重，但如果火势并不大，并未将空调器完全烧损，可将外部塑料壳部分与空调器内部元件的烧损情况进行对比：若外部塑料壳软化变形较为严重而内部元件较为完好，则为空调器外部先起火；反之，则为内部先出现故障起火。但此种勘验方法只适用于空调器损毁较轻的情况。

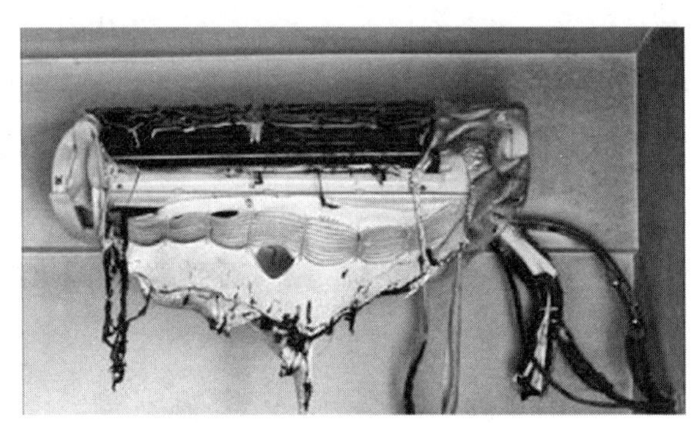

图 5-33　热作用下软化变形的空调塑料外壳

2. 对空调器电源线的检查

第一，确定电源线规格是否与空调器的容量相匹配，是否有过负荷状况存在，如果电源线规格小于空调器的容量，则应重点查看插头、插座有无被击穿痕迹。

第二，观察电源线。首先是在穿管处和弯折的地方，确定这些地方是否有短路熔痕，因为这些地方极易造成绝缘层的破损；其次应查看电源线与电动机连接接头处是否有熔断痕或凹状、麻坑痕、变色等类似接触电阻过大所产生的受热熔痕特征，以判断是否为接头接触不良、松动导致接触电阻过大，过热打火引发起火，如图 5-34 所示。

3. 对风扇电动机的检查

第一，查明风扇电动机的电源线上有无短路熔痕，这种短路

图 5–34　空调器室内机电源线

熔痕是火灾发生前或发生时空调器正在运行的有利证据。因为，如果空调器只是接通电源而没有运行，则只有电源线和控制待机部分是带电的，而风扇电动机没有工作，其通电的导线经火烧后也不可能形成短路痕迹，只能形成火烧痕迹，图 5–35 所示为被烧毁的风扇电动机。因此可以判定，只要在风扇电动机的电源线上发现短路痕迹，就能证明空调器在火灾前或火灾发生时正在运行。

第二，检查风扇电动机是否有意外停转现象。可以将风扇电动机、定子和转子外壳拆开，检查定子和转子表面情况，如果线圈内漆包线颜色正常且绝性能缘良好，可判断为正常。如果风扇轴承严重磨损，线圈有过热燃烧痕迹并可见匝间短路痕迹，则可以说明风扇电动机线圈过热或是匝间短路，形成了内烧痕迹。

4. 对空调器蒸发器的检查

勘验蒸发器时，应注意其上部冷却用的铜管路是否呈现由内向外张开状态。这一状态的形成，只有蒸发器的管路在火灾中发生过爆裂才会产生。据查，平时正常工作状态下，其最大压力可达 100 kgf，这种压力不足以撑开管路，但烧软后的铜管耐压力也同时减低，这就证明只有蒸发器在受到一定热作用后才有可能发生爆裂现象。

图 5-35　被烧毁的风扇电动机

5. 对电源线等导线上熔珠的提取与鉴定

可提取带熔痕的电源线残骸送至物证鉴定中心进行鉴定，若鉴定结果为一次短路熔痕，且在火灾发生前的有效时间内，电源线带电，短路点位置与起火点位置一致，则说明是短路引起火灾；若为二次短路熔痕，则说明是火灾发生后该部位绝缘烧损破坏而发生的短路，不是起火原因。

第六章 电冰箱火灾调查

第一节 电冰箱的种类、结构及工作原理

一、电冰箱的种类

电冰箱是一个总称，它指的是一种以人工方法储存食品和其他需要低温储藏的物品的制冷设备。它是基于电能作为源动力，通过不同的制冷装置，并保持箱内低温的制冷设备。制冷设备的种类有很多，经过不断地总结经验、改进、优化，目前市面上90%～95%的场所使用的制冷设备是气体压缩式电冰箱（习惯性称为电冰箱）。按照不同分类标准可将电冰箱分为以下几类，见表6-1。

表6-1　电冰箱的分类

按冷却方式分类	直冷式电冰箱
	间冷式电冰箱
	混冷式电冰箱
按用途分类	冷藏式电冰箱
	冷藏冷冻式电冰箱
	带有冰温保鲜室的冷藏冷冻电冰箱
	冷冻电冰箱

续表

按控制方式分类	机械控制电冰箱
	电脑控制电冰箱
按设定频率分类	定频电冰箱
	变频电冰箱
按工业、民用需求分类	防爆式电冰箱
	非防爆式电冰箱
按气候类型分类	亚温带型（SN）
	温带型（N）
	亚热带型（ST）
	热带型（T）

二、电冰箱的组成结构

电冰箱的基本结构包括箱体、制冷系统、电气控制系统、附件四大部分。其中，箱体是结构部件，制冷系统是核心部件，电气控制系统是指挥部件。

（一）箱体

电冰箱的箱体包括壳体、内胆及内部配件，如图 6–1 所示。

箱体主要功能是使箱内空气与外界空气隔绝以保持低温，同时内部设置支架放置物品，箱体是各部件、零件的支撑体，使冰箱看起来是一个整体，由于冰箱外观及格档材质通常会作为消费者的考评标准之一，因此，电冰箱及冰柜外形通常多样。壳体经常采用 0.5 ~ 0.8 mm 的优质冷轧钢板，经生产线一体成型后表面热处理，然后采用静电喷漆或喷塑两种工序进行喷涂表面形成装饰性保护层。电冰箱与电冰柜的箱体内胆，多采用工程塑料 ABS 板（丙烯腈 – 丁二烯 – 苯乙烯，是一种强度高、韧性好、易于加工成型的热塑型高分子材料）或 PS 板（聚苯乙烯）制造。ABS 板

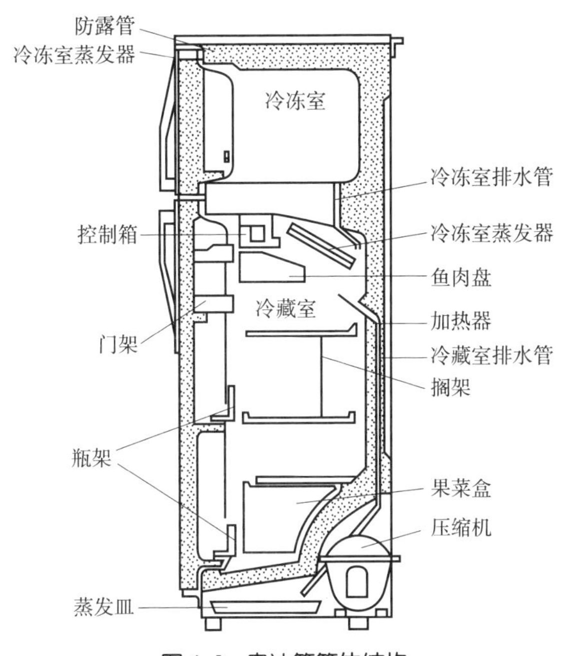

图 6-1　电冰箱箱体结构

材有白色、奶黄色等，在光泽、强度、耐久性和耐化学性方面优于 PS 板。采用一次真空成型，具有无毒、无味、耐腐蚀、重量轻等特点；缺点是硬度低、强度低，耐热性差，适用于 70 ℃以下的温度。双门冰箱冷冻室内胆，也有采用优质钢板，耐腐蚀铝材或不锈钢等材质制造的。

电冰箱总热负荷 80% 以上的热量是由箱壁输送到箱内的，为减少热传导，保持电冰箱内的低温环境，需要在箱体的外壳和内胆之间填充优质的绝热材料，目前冰箱保温材料主要使用 PUR 硬质聚氨酯泡沫塑料作为填充剂，硬质聚氨酯泡沫塑料是以异氰酸酯、环戊烷或多元醇为基本原料聚合而成的结构致密的微孔泡沫体，它具有质量轻、比强度高、不透水、不吸湿、绝缘、防振、吸音、耐油、耐化学腐蚀等优异性能，但特别易燃，氧指数只有

17 左右，燃烧过程中释放的 HCN、CO 等有毒气体，使灭火和火场逃生都非常困难。

国外研制出的真空绝热板——VIP 板，是一种先进的高效冰箱保温材料，其主要成分为玻璃纤维（SiO_2）加上经纳米处理的 SiO_2 气凝胶，抽真空后，采用铝箔和聚合物薄膜复合材料包裹而成，具有防火、比硬质聚氨酯高 10 倍的保温功效，目前该项技术多运用于国外知名的冰箱品牌中。

（二）制冷系统

电冰箱制冷系统主要由压缩机系统、冷凝器、干燥过滤器、毛细管和蒸发器五个基本的部分组成，并由内径不同的管道连成一个封闭系统。电冰箱制冷系统组成图如图 6–2 所示，实物图（部分）如图 6–3 所示。系统中的制冷剂，由于压缩机的工作，在系统中不断循环变化，从而使箱内热量转移到箱外环境空气中去，达到恒温制冷的效果。

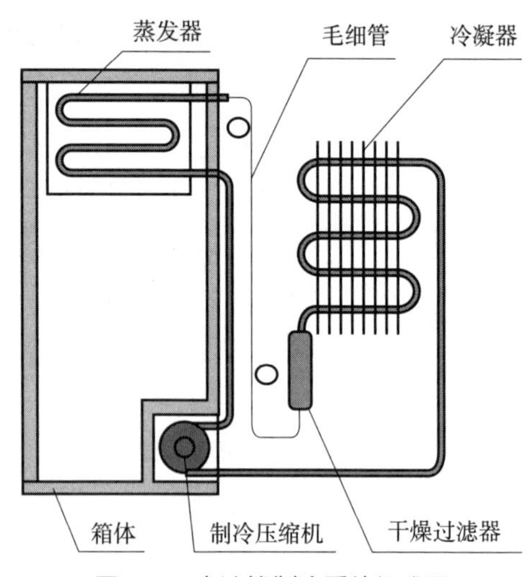

图 6–2　电冰箱制冷系统组成图

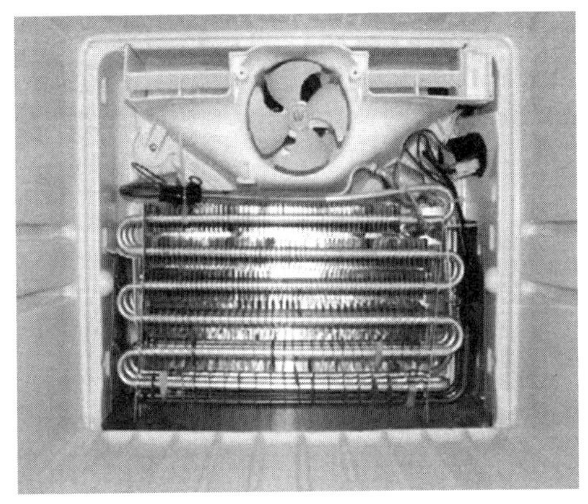

图 6–3　电冰箱制冷系统实物图

电冰箱使用的压缩机为单向全封闭式压缩机，该系统主要包括压缩机本体和电动机本体两部分。这两部分合二为一密封在一个钢制机体内，主要由气缸、活塞、曲轴和连杆以及进、排气阀组成，可以实现进气、压缩、排气、膨胀四大功能。

（三）电气控制系统

电冰箱电气控制系统由启动继电器、过载 / 过热保护继电器、温度控制器、除霜控制器等电气装置及连接导线组成。启动继电器安装在压缩机旁边，是一个有电源线通过的设备，过载 / 过热保护继电器安装于压缩机接线端保护盒里，如图 6–4、图 6–5 所示。温度控制器分为机械式和电脑式，机械式温度控制器安装在冷藏室顶部，如图 6–6 所示，电脑式温度控制器往往是在主控面板附近合适的位置设置，主要作用是根据使用要求，自动控制电冰箱的启动和停止，调节制冷剂的流量，并对电冰箱内的电气设备进行自动保护，防止事故发生。除霜控制器在一些直冷电冰箱中设置，设置位置分别在冷藏室和冷冻室箱体上方风扇附近，在需要化霜的时候启动。

图 6-4 电冰箱压缩机部位零件图

图 6-5 电冰箱压缩机透视图

图 6-6 机械式温控器

（四）附件

电冰箱的附件由搁架、箱内接水盘、果蔬档、制冰盒、箱外接水盘（或蒸发盘）等组成。

三、电冰箱制冷循环系统的工作原理

电冰箱是利用物态变化过程中的吸热现象，使制冷剂气体、液体物态不断循环，连续吸热和放热，以达到制冷目的。具体来说就是：蒸发器内存有的液体制冷剂在蒸发压力和蒸发温度不变的情况下吸收热量，变成低温、低压气态制冷剂，压缩机在电动机的带动下将气态制冷剂吸入气缸内进行压缩，形成温度为55～58 ℃，压力为 112 Pa 左右的高温、高压蒸汽，此时气体压力大于冷凝器的压力，高压蒸汽则进入冷凝器。之后通过冷凝器管壁与温度较低的外界空气进行热交换，将大量的热散发给箱外的空气，制冷剂则由气态冷凝变为液态，然后进入起吸湿与过滤干燥作用的干燥过滤器，此时，制冷剂中的杂质将被过滤，水分则将被吸收。经过毛细管再进入蒸发器，由于液体由毛细管进入蒸发器后体积突然增大，不但降低了制冷剂的压力，同时降低了其自身的温度，进入蒸发器后的制冷剂已处于低温低压状态，极易吸收箱体内较高的热量，而其本身在吸热过程中由液态变为气态，在蒸发器中相对低温低压的气态制冷剂再被压缩机吸入加压，然后经过冷凝器、干燥过滤器、毛细管又进入蒸发器，制冷剂在密闭系统中如此反复循环，不断带走箱内物品的热量，直至达到控制器所要求的预定温度为止，如图 6-7 所示。

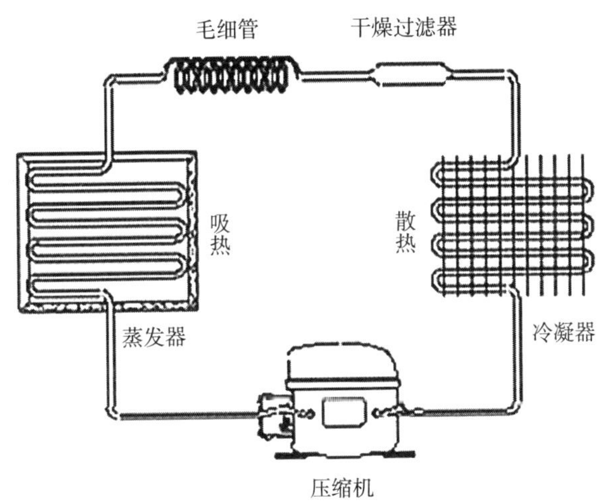

图 6-7　电冰箱制冷原理图

四、压缩机的结构及工作原理

压缩机是电冰箱的核心结构，没有压缩机，制冷系统就没有动力。通常电冰箱使用的全封闭式压缩机是将压缩机与电动机合二为一，使得压缩机内部结构复杂，容易出现故障导致起火，因此，弄清楚压缩机的内部构造对于起火原因的分析有重要意义。

（一）压缩机的种类

电冰箱使用的压缩机为单向全封闭式压缩机，按其结构特性可分为往复活塞式、旋转活塞式、涡旋式等几种。虽然电冰箱压缩机的外形大体相同，但其型号、性能各异，一般通过压缩机铭牌上的标识便可以清楚地了解该压缩机的品牌、功率、制冷剂类型、额定电压、额定功率以及三根引管的位置等。

目前电冰箱普遍采用的一种压缩机类型是往复活塞式压缩机，其制造于 20 世纪 80 年代，特点是结构简单、工艺性好、成本较低、对零部件的加工精度要求不高、制造和装配都比较容易，缺点是活塞与缸壁间的侧力较大、摩擦功耗大、能效比偏低，另外，因产品质量问题容易出现曲轴断裂、连杆断裂、活塞杆断裂，进而引发易燃易爆制冷气体发生严重的爆炸及起火事故。

（二）往复活塞式压缩机的结构

往复活塞式压缩机和电动机被安装在壳体内，壳外引出三根管路和三根接线端子，如图 6–8 所示。

压缩机壳外的三根管路分别是排气管、回气管和工艺管。其中较细的一根管路是压缩机的排气管，将被压缩后的高温高压过热蒸汽排出送往冷凝器。较粗的一根管路是压缩机的回气管。在蒸发器里进行热交换后的干饱和制冷剂蒸气从这根管路回到压缩机中，进行下一次制冷循环。除此之外还有一根较细的、平时未

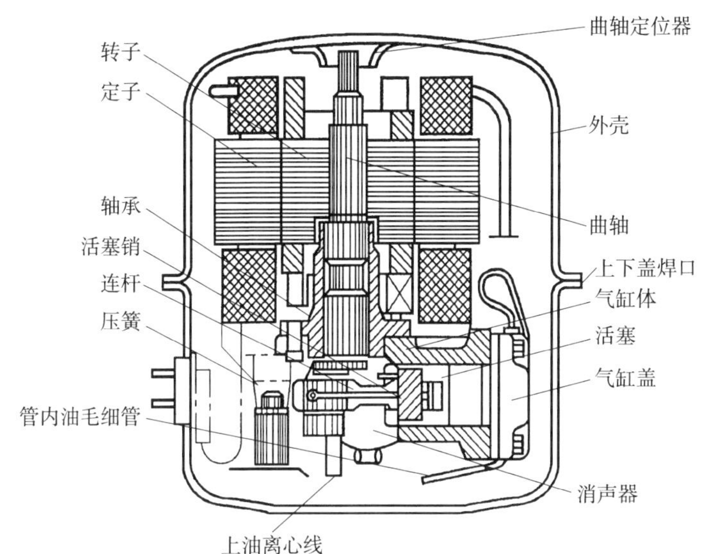

图 6-8 往复活塞式压缩机结构示意图

被连接在管路中的管道为工艺管，作为检修管使用，平时在压缩机正常工作时是密封的。

压缩机壳内主要有连杆、曲轴、活塞、气缸体等组成，电动机与压缩机安装在上下两个钢壳内，而且压缩机和电动机共用一根轴。

（三）往复活塞式压缩机工作原理

往复活塞式压缩机是利用活塞在气缸中做往复运动所形成的可变工作容积来压缩和输送气体的。当电动机带动曲轴做旋转运动时，滑管式压缩机以滑管和滑块作为曲轴与活塞之间力矩的传递、转换部件，将旋转运动变为活塞的往复式直线运动，从而实现吸气、压缩和排气。

吸气过程：活塞向下移动，吸气过程开始，直到活塞移动至最低点时吸气过程才完成。

压缩过程：活塞由底部开始向上移动，直到气缸的蒸气压力达到排气腔压力时为止。

排气过程：当活塞继续向上移动，被压缩蒸气的压力就要大于排气腔压力。高温高压蒸气被活塞推进腔内。直到活塞移动到最高点为止。

膨胀过程：当活塞由最高点往下移动时，残留在余隙容积中的蒸气就要膨胀，直到蒸气压力降至气腔压力时，膨胀过程才完成。

五、电冰箱的制冷剂属性及发展

电冰箱中主要循环利用的物质是制冷剂，它是在制冷系统中不断循环并通过其自身的状态变化来实现制冷的工作物质。它的性质直接关系到电冰箱的制冷功能及安全性能。通过对资料的考察分析，常用的电冰箱制冷剂有 R12、R134a、R600a 等几种。

（一）氟利昂 –12（R12）

R12 属于烷烃的卤代物，学名是二氟二氯甲烷，分子式为 CF_2Cl_2。它是我国中小型制冷装置中使用较为广泛的中温中压制冷剂。R12 的标准蒸发温度为 –29.8 ℃，冷凝压力一般为 0.78 ~ 0.98 MPa，凝固温度为 –155 ℃，单位容积标准制冷量约为 288 kcal/m^3。

R12 是一种无色透明、没有气味，几乎无毒性、不燃烧、不爆炸，安全性很高的制冷剂。R12 能与任意比例的润滑油互溶且能溶解任何有机物，但其亲水性极弱。因此，在小型氟利昂制冷装置中不设分油器，而设干燥器，并规定 R12 中含水量不得大于 0.002 5%，系统中不能用一般天然橡胶作密封垫片，而应采用丁腈橡胶或氯乙醇等人造橡胶，否则会造成密封垫片的溶解、膨胀引起制冷剂的泄漏。

（二）四氟乙烷（R134a）

四氟乙烷的分子式为 $C_2H_2F_4$，其沸点为 –26.26 ℃，凝固点为 –96.6 ℃，临界温度为 101.1 ℃，临界压力为 4 067 kPa。

R134a 作为 R12 的替代制冷剂，它的许多特性与 R12 很相像。

R134a 作制冷剂的压缩机是以酯类油作润滑剂的，其化学稳定性好，溶水性比 R12 高，当水分、空气、矿物油等进入系统后，酯类油会与水反应生成酸、CO_2 或 CO，对金属产生腐蚀作用，或产生“镀铜”的作用，所以 R134a 对管路的干燥和清洁要求更高。R134a 对钢、铁、铜、铝等金属未发现有相互化学反应的现象，仅对锌有轻微的氧化作用。

R134a 的毒性非常低，在空气中不可燃，是很安全的制冷剂。但是 R134a 含有氟的成分，因此，仍有一定的温室效应（GWP 值约为 0.27），故目前冰箱企业只能将其作为 R12 的一个过渡性替代产品，在小型电冰箱或车载制冷设备中使用。

（三）异丁烷（R600a）

R600a，学名异丁烷，属于烷烃类，分子式 C_4H_{10}，臭氧层破坏系数（ODP）为零，温室效应（GWP）为零，可以完全长期替代 R12。以欧洲为代表的国家选用 R600a 作为制冷剂替代剂。它的制冷性能好，能耗低，是一种性能优异的新型碳氢制冷剂，取自天然成分，不破坏臭氧层，无温室效应。其优势是蒸发潜热大，冷却能力强，流动性能好，输送压力低，耗电量低，负载温度回升速度慢，与各种压缩机润滑油兼容，目前广泛应用在家用电冰箱领域中。

（四）几种制冷剂的使用区别

R12 制冷剂普遍应用于早期的电冰箱中，该制冷剂的使用造成严重温室效应，电冰箱行业通过 1992 年蒙特利尔协议后，普遍停止使用该制冷剂进行生产。

R134a 属于 R12 的替代产品，性能稳定、使用安全，但对生产环节工艺及制冷系统各零部件的清洁度控制要求过高，使用过程中同时产生一定的温室效应，目前被国内外大多数电冰箱生产企业限制使用。

R600a 属于易燃易爆气体，常压下闪点 –82.8 ℃，爆炸上限 %（*V*/*V*）：8.5，爆炸下限 %（*V*/*V*）：1.8，引燃温度 460 ℃，与空气混合能形成爆炸性混合物，遇热源和明火极易发生爆炸燃烧的危险，与氧化剂接触发生猛烈反应，完全燃烧化学公式为：

$$2C_4H_{10}+13O_2=8CO_2+10H_2O$$

不完全燃烧化学公式为：

$$2C_4H_{10}+9O_2=8CO+10H_2O$$

因此，其氧化还原反应是否能完全发生取决于爆炸空间的大小及空气中 O_2 含量的多少，生成的产物通常为 CO、CO_2 和 H_2O，如果 C_4H_{10} 浓度很高，则爆炸残留物中可能还有部分残留。

C_4H_{10} 蒸气的密度大于空气，能在较低处扩散到很远的地方，遇火源会着火回燃。但是该制冷剂的优点恰恰克服了 R134a 制冷剂的缺点，同时比 R134a 具有更高的能效，降低耗电量，因此，被冰箱企业逐步的作为 R134a 的替代品投入生产。

通过以上分析可知，传统家用电冰箱的制冷剂大多数是氟利昂（R12）、R134a，在现代无氟电冰箱中，制冷剂普遍使用 R600a。

第二节 电冰箱起火原因分析

一、电冰箱内部故障起火原因分析

电冰箱箱体使用大量易燃可燃材料制造，内部电气线路构造精密，使用高温高压的易燃易爆气体制冷剂制冷，因此电冰箱在运行过程中一旦遇到某个机械部件故障、电路故障或是制冷气体泄漏达到爆炸极限等，均易造成起火危险，严重的还会将冰箱变成一个爆炸源，发生爆炸产生冲击波，将周围的可燃物一并纳入火海，形成彻底的轰燃，造成人民生命财产的重大损失。电冰箱内部故障起火的主要原因可从压缩机故障、电气故障、电气控制元件故障三个方面进行分析。

（一）压缩机故障

1. 压缩机运转卡滞

如果发生起火前，电冰箱压缩机内电动机持续出现过“嗡嗡”响声，不正常运转，通电 3 ~ 5 s 后就断路，反复多次。如检查电源电压、电动机绕组、启动器均正常时，发生起火的原因则应是电冰箱的压缩机出现了运转卡滞故障，具体表现为：①压缩机内少油或油孔堵塞，机件磨损产生卡滞，严重的主轴颈与轴承或连杆大头与曲柄销因断油而烧熔。②压缩机内气阀损坏，破碎的阀零件落进气缸，使活塞不能往复运动。③压缩机固定支架变形，固定螺钉松脱，机件之间配合过紧，间隙过小，运转时相互擦碰，或致使连杆断裂，相互被撑住，电动机拖不动。④转子偏斜。绕组漆包线上的漆被腐蚀脱落后，粘在气缸、活塞上，或转轴与轴承套磨损后松动，通电后转子被磁力吸到一边而偏离中心线，造成转动卡滞。

另因压缩机外壳密封不严，压缩机受放置位置、周围环境影响，还能发生如电动机线圈受潮、腐蚀、进水、折断等问题，导致电动机线圈的匝间短路、对地短路的情况。

2. 压缩机内异常撞击造成零件破损

如果发生起火前，电冰箱压缩机运转时机壳内发出过“哨哨”的金属撞击噪声，则故障多发生在气缸、曲轴箱及减震装置中。随着撞击频次过多、撞击过猛，将造成气缸内零件破裂，引发起火。具体表现如下：

（1）液击，即吸气阀开启过大、过快，形成急剧和强大吸力，造成蒸发器内制冷剂液体尚未蒸发就被吸入压缩机，产生液击。液击危害很大，除产生噪声外，还可能击碎吸、排气阀，重者使连杆、活塞、曲轴扭曲变形，甚至击裂缸盖造成泄漏。非压缩机故障引起液击的主要原因有：制冷剂充注量过多，蒸发器结霜过厚、内部积油过多、蒸发面积过小或制冷能力过大等。

（2）阀片异常。阀片紧固螺钉或活塞连杆上的螺母松动，阀片因材质不佳、操作不当等产生断裂或严重磨损。

（3）连杆故障。连杆螺母松动，质量不过关，会导致连杆大头轴头与曲柄间或曲柄与主轴承之间间隙过大，连杆不能承受复杂应力，抗疲劳力减弱，造成连杆断裂等。

3. 压缩机排气故障

如果发生起火前，电冰箱冷凝管不热或者微热，压缩机内有轻微的气流声或者压缩机长时间运行后制冷效果不佳，检查蒸发器、毛细管和过滤器并未发现有泄漏点时，则有可能是压缩机排气管部位发生故障，引发制冷剂堵塞或泄漏，其主要故障如下：

（1）高压排气管路断裂或密封垫被击穿，使制冷剂在机壳内循环，产生气流声，此时压缩机运转所需电流低于额定值，并且因此时制冷剂为高温高压气体，当其泄漏时容易引燃其他可燃物或形成爆炸源。

（2）由于阀片破裂（材质差或液击）、阀片积炭（润滑油过热变质）或压缩机活塞与气缸间隙过大（磨损造成），使压缩机排气量不足，此时如果盲目注入制冷剂就极易造成起火、爆炸事故。

4. 电动机绕组故障

压缩机外壳有三个接线柱，即 C（公共端）、S（启动端）、M（运行端），内接启动绕组（S–C）和运行绕组（M–C），启动绕组和运行绕组各一个端头连在一起接公共端 C，另外一个端头分别接 S 端和 M 端。各端口通过星形连接或三角形连接接在一起。通常有绝缘材料贴附于各条线路之间，当线路绝缘皮发生破损或老化情况，压缩机上部电动机部位绕组就会发生短路、断路等故障。

线路故障一般发生在压缩机内电动机部位定子线圈两端不同相绕组的交叠处、不同相绕组间接线盒引线穿过机壳处、定子槽口底沿处。如果发生起火前，电冰箱电动机熔断器熔丝熔断过，替换的熔丝额定电流与原设计不符，通电一段时间后电冰箱电动机则会出现如下故障：

（1）电动机的定子绕组烧坏，线圈的电磁线绝缘层烧焦，绝缘被破坏，绕组碰壳。

（2）匝间短路，电动机定子绕组中部分线圈绝缘击穿，部分线圈碰壳。

（3）碰线，电动机电源导线绝缘烧坏或因被动切断而碰壳。

（4）定子绕组绝缘层受电热高温影响严重老化，发热导致局部线圈起火。

而电冰箱过载运行（如电冰箱放入过多物品或忘记关箱门）、电压过低、断相运行及转轴卡住等，都会使电动机内线圈电流增大，发热量增加，导致电动机温度升高，当其温度超过安全范围后则易引起绝缘层破损起火。如果此时周围分布有可燃物也会引发起火。

（二）电气线路故障

1. 电气线路漏电故障

依照规定，电冰箱对地绝缘电阻不应小于 2 MΩ，额定电压为 220 V 的电冰箱应能承受 50 Hz、1 500 V 的交流试验电压，历时 1 min 而无击穿现象。电冰箱由于使用不当，元器件老化损坏，冷冻室内又有冰霜、凝霜或受到振动等原因，容易造成漏电，漏电电弧如遇内胆可燃材料或周围可燃物，很容易引发起火。发生漏电的故障可以通过对起火前电冰箱使用情况的询问及现场勘验做出判断：①冰箱放在带橡胶轮的台架上或木制橡胶之类的绝缘体上，造成冰箱箱体没有很好地接地，使用人在触摸箱体时有麻手的感觉；②冰箱接地线接到电源线上，由于电网三级负载不平衡或零线开路，而造成冰箱体带电；③电源线因绝缘塑料变质、受潮、磨损等使得绝缘层遭到破坏漏电；④接触控件松脱、铜线与外壳相通、接线错误，将铜线与地线相连漏电；⑤保护系统失灵：由于保护系统失灵，电动机过热使绝缘材料变质，绝缘层被破坏，使电冰箱箱体带电；⑥鼠害等外来因素导致电冰箱导线破损引发漏电；⑦不正确的维修方式导致电冰箱内部电气结构发生变化导致漏电；⑧电冰箱结构存在缺陷，如接水盘小，霜化后部分水滴容易流入冰箱内壁，可能导致温控开关、化霜开关、照明开关进水受潮漏电，打火引燃周围保温材料，引发起火。

2. 接触不良故障

电冰箱电气线路接触点多、集中，接点接触不良是引发起火的重要原因。在电冰箱使用过程中，电源线插头与插座的接插部位、电源线与各部件开关接线端子、接线端子之间等接点处连接不实、局部锈蚀或氧化，会造成接触电阻过大，容易引发起火。发生接触不良的故障可以通过对现场插头等部位的勘验及对冰箱使用情况的询问得知：①起火电冰箱电气接头表面有污损，可推断设备在运行过程中并未可靠接实，造成接触电阻增加，能够引起高温引发火灾；②电冰箱插头铜片质量差，内部发热氧化虚接而插片表面形成均匀的黑色氧化铜膜，造成接触不良；③电冰箱在使用过程中接头经常发生振动、移动或冷热变化的影响，使连接处发生松动，能够造成接触不良；④铜、铝连接处，因存在有约 1.69 V 的电位差，潮湿时会发生电解反应，使铝腐蚀，大都会形成接触不良故障点，进而引发起火。

3. 电子元件阻燃剂遇湿失效

由于电冰箱控制制冷剂流量的零部件（冷媒控制阀）表面采用了红磷阻燃剂，红磷在高温高湿环境下，会生成磷酸，能腐蚀金属元器件、电极、线圈等，甚至会造成断线、接触不良、短路等问题，发生“冷藏室不冷”或者“冷藏室过冷”的不正常现象。

其中个别型号冰箱在故障状态下长期使用时，不能避免会产生冷媒控制阀冷媒泄漏，极端情况下导致冒烟、起火的现象。此外，在电源插座的L极与N极接反的情况下，也存在类似起火隐患。

（三）电气控制元件故障

电冰箱电气控制系统常见的故障可以归纳为接线盒内线路保护装置故障、温控器故障导致压缩机不停机、压缩机频繁启停等几种类型。

1. 接线盒内线路保护装置故障

压缩机接线盒内有熔丝、开关、过热保护继电器等，如熔丝、控制保护装置与电动机功率不匹配，不能及时断开超温的压缩机时，电动机部分运行绕组就会发生击穿、压缩机的运动部件会配合过紧，运转过程中容易形成热态抱轴（在冷态时压缩机仍然能够正常启动运转，但是随着温度越来越高，由于热胀冷缩的原因，压缩机运动部件间的配合间隙越变越小，阻力越变越大，导致压缩机运转热量增大）的问题，导致内部零件温度升高引发短路起火。

2. 温控器故障导致压缩机不停机

当电冰箱温控器故障，会出现电冰箱温度低于设定的使用温度时，电冰箱仍然不停机的状况。压缩机不停地运转，导致压缩机长时间、超载运转，引发压缩机线路温度过高、形成较大电阻，易引发线路绕组的相间短路或对地短路、过负荷，造成起火。

3. 压缩机电源频繁启停

压缩机工作时电源被持续切断、接通。这种情况在使用年限较长，或者被淘汰又重新维修翻新投入使用的电冰箱中偶尔会出现，其制冷系统内的压力差较正常电冰箱高，压缩机吸气端的压力值稍高于 0.098 MPa（约 1 大气压），而排气侧的压力值则高达 1.177 ~ 1.275 MPa（相当于 12 ~ 13 大气压）。压缩机刚停止时，其两端仍保持着这个压力差，如果马上再启动，就必须有一个更大的启动力矩来克服这个压力差，从而迫使电动机的启动电流剧增，约超出正常值 10 倍，温度升高，电动机发热，虽然压缩机都有热保护器，但如果保护器损坏就会导致压缩机电动机短路烧毁，进而引发起火。

二、电冰箱外部因素起火原因分析

电冰箱的外部环境变化导致发生火灾的事故也非常多，这些因素日积月累，不断影响着电冰箱的安全性能，主要包括电冰箱外部线路使用劣质的电气元件、输送电压异常、放置位置不当、使用年限过长等。

（一）外部电气线路故障分析

1. 使用劣质风险元件

除冰箱的自身电子元件外，市场上还销售一种电冰箱保护器，实际上就是一个稳压电源加上一个来电延时装置。由于电冰箱的压缩机在启动前必须要经过一定的延时，但早期如 20 世纪 80 年代生产的电冰箱电源适用范围相对较窄，且个别还没有安装延时装置，同时当时我国部分地区电网技术不发达，配送的电压波动比较大又经常停电，因此大多数家庭在电冰箱附近增设这种产品，有利于电冰箱的使用及延寿。但是，这种产品多年使用，插座插头锈蚀严重，常出现接触不良的现象，导致电压降低、能耗增加，容易引发起火事故。电冰箱保护器大多数为小厂制造，质量良莠不齐，会存在功率不够、焊接工艺差、防护等级低等问题，不仅故障多而且也极易埋下起火隐患。用户使用劣质的插线板也是如此，如果存在插孔松弛、接地不实、线径偏小等问题，也会造成打火、短路、过负荷现象的发生，从而引起插线板自身发生起火波及周围可燃物。

2. 输送电压异常

家用电器使用的三相电通常是由发电厂通过远距离输配电，首先将电力送至变配电所，然后通过输电线路由变配电站送至各个用电单位及小区，再经过变压器、高低压配电箱，把电压降至日常使用的 220 V，然后通过楼宇配电室、末级配电箱等一系列电气线路，将符合要求的电力输送到电冰箱一端。如果由于一些外界因素导致入户线路之前的输配电线路上的电压异常升高，那进入家庭的电压也必然会升高，一旦超过电冰箱的安全电压范围，就会导致电冰箱内部的电气元件烧毁，进而引发起火。

3. 和其他电器共用一个插座

电冰箱启动时的电流都很大，是平时运转时的 5 ~ 10 倍。如果冰箱与冰箱、冰箱与电视机等电器在同一个插座上同时启动，插座、普通线径的电线难以承受大电流通过，通常会发热、软化，长时间在这种状态下运行，也会发生短路、过负荷等起火危险。同时，冰箱启动和运转时会产生电磁波，使其他电器受到影响，因此冰箱和其他电器共用一个插座为一个外在的起火风险因素。

4. 将电冰箱三相插头改装成二相插头

电冰箱所使用三相插头，通常一相为火线 220 V，一相为零线，一相为接地线，不少用户在使用过程中将中部的接地相用尖嘴钳弄折，然后插入两相电源中。从冰箱的安全角度考虑，冰箱必须有可靠的接地，也就是要用三眼插座，而且是真正接地的，即使用三眼插座，如果里面只接两根线，也是没有接地的。电冰箱电源线不接地之后，一旦使用过程中漏电，多余的电荷难以导出，便会聚集产生电火花，时间久了容易造成起火事故。

（二）放置位置不当

电冰箱制冷系统中冷凝器与压缩机的表面温度较高，冷凝器的表面温度可以高达 50 ℃以上，压缩机的允许温升范围在 55～75 ℃，在炎热的夏季，工作负荷增大，温度则会更高。如果电冰箱长期在欠电压或过电压状态下工作，则压缩机表面的温度可升至 80～105 ℃。大多数的家庭将电冰箱放置在厨房且靠墙而立，如果电冰箱与墙体距离过近，压缩机周围的空气流动会受到阻碍，热量也就会在冷凝器及压缩机的周围聚集，导致压缩机与冷凝器表面温度超过允许的温升范围。如果压缩机的附近有墙纸、棉布、报纸或蓬松多孔的易燃物质，时间一长，这些物质就有可能被引燃起火。另外，如果电冰箱的电源线与冷凝器、压缩机距离较近，长时间的烘烤也会使电源线的绝缘层发生老化，引发漏电、短路等线路故障，引燃周围可燃物造成起火。

（三）使用年限过长

如果电冰箱使用年限较长，则会出现压缩机功能减弱、电压调节不稳定、冷凝器积尘过厚、温控器跳动弹簧失灵、过载保护器的球形双金属片失灵及冷凝器散热效果差等问题，其压缩机工作电源就有可能出现持续切断、接通的问题。在制冷系统内，本身启动时过电流非常大，再经过长期的使用，会造成线路绝缘层一定程度的损耗。再者，由于温控器元件故障或制冷剂不足，压缩机就会持续地运行，当压缩机超负荷运行时，会使导线中的电流增大，引发线路变形等问题。长时间运行，可能导致压缩机内部短路、过负荷，高温引燃周围的可燃物造成起火。

三、电冰箱爆炸起火原因分析

随着电冰箱制冷剂 R600a 的广泛使用，电冰箱爆炸事故已越来越多地出现在日常生活中，造成这种类型的事故有四种原因：

一是制冷剂自然泄漏，遇冰箱自动启停时电火花引燃附近可燃气体引发；二是检修中制冷剂意外泄漏遇其他电火花引燃可燃气体引发；三是在非防爆电冰箱中存放易燃易爆危险品，造成了事故的发生；四是雷电损坏压缩机，造成制冷剂管路密封性受损，遇电火花引发事故，具体原因分析如下：

（一）R600a 制冷剂自然泄漏

电冰箱冷藏室内通常设置有启动继电器、温度控制器，且为非防爆型，温度控制器又是通过本身的两块金属片上的触点接通和切断电源进而控制压缩机运转和停机的，当两个金属片在启闭时，触点间电流可达 4 ~ 5 A，不仅会产生较大的电弧，而且温度也很高。如果使用的电冰箱用 R600a 作为制冷剂，经过冷藏室的蒸发器或冷媒管发生泄漏，易燃液体的蒸气挥发出来进入冰箱内，在达到爆炸极限后，一旦遇到控制器触点发出的电火花，冰箱内混合性爆炸气体将立即爆炸燃烧。例如，一些使用时间较长的电冰箱发生了制冷剂泄漏，冰箱不制冷了，若仅添加制冷剂而不进行维修的话，泄漏点压力增大泄漏量也大幅增加，当泄漏量达到爆炸下限后，遇电火花即引发爆炸。

（二）检修中操作不当

电冰箱制冷系统作为一个密封的气体循环系统，如遇到不制冷的情况时，说明该电冰箱压缩机故障或管路高压与低压部分流通不畅，需对制冷系统拆开排除故障。检修开始，需要打开制冷系统中压缩机上端的检修口，检修结束，需要对检修接口进行焊接，维修工人操作不当，焊炬直接接触制冷剂蒸气与空气在焊点部位的混合气体，即引发爆炸。例如，一名个体维修工，在检修电冰箱压缩机的过程中操作不当，未将制冷管路抽真空，就直接开始焊接，管路内 R600a 制冷剂一遇到电弧就发生了爆炸，造成了人员伤亡。

（三）在非防爆电冰箱中存放易燃易爆危险品

家用电冰箱用户由于自身特殊需要，有时可能会在家用非防爆冰箱内储藏一些易挥发易燃可燃气体的物质，如干冰、乙醇液体、乙醚等，这些易燃易爆液体放在敞口瓶中时，蒸气极易外泄。即使有瓶盖封住，瓶内的液体仍能够不断挥发，使瓶内压力增加，导致瓶盖松动而泄漏，易燃液体蒸气挥发到整个冰箱冷藏室，在狭小、封闭的空间中，这些可燃气体蒸气很容易达到爆炸范围，一旦接触到具有点燃能量的电火花，冷藏室就会被引爆。在必要情况下，需要对爆炸气体泄漏挥发量、密闭空间体积大小、引火源位置、点火能量的大小进行定性定量分析。

（四）雷电破坏压缩机

雷电引起的雷击是夏季常见的自然现象。当雷电波侵入架空线路和金属管线时，极大的电压会随着这些管线侵入屋内的通电线路，而电冰箱又是家中常年通电的设备，很容易遭到雷电波的侵袭，从而使压缩机损坏或者击穿，如果压缩机的密封性被破坏，很容易造成制冷剂（R600a）泄漏与空气混合形成爆炸性混合气体，引起冰箱爆炸。

第三节 电冰箱火灾调查方法

电冰箱火灾调查工作的核心就是准确找出引起电冰箱起火的火灾原因。电冰箱的火灾原因是复杂多样的，而火灾调查工作时间紧、任务重，如何针对电冰箱火灾开展全面、细致、及时的调查询问、现场勘验、提取物证等工作，提高火灾调查效率，是火灾调查人员要重点关注的内容。针对电冰箱火灾特性，总结多年火灾调查工作经验，结合案例深入研究电冰箱火灾调查程序与方法，对科学认定火灾原因具有重要意义。

一、准确认定火灾现场的保护范围

电冰箱火灾现场属于电气火灾现场的一种，如果现场没有大面积坍塌、多个起火点等因素，并且怀疑起火部位在电冰箱，凡属该火场用电设备有关的线路、电冰箱本体及附属物，如进户线、配电箱、墙内线路接头、插座、插线板和它们通过或安装的场所，都应列入保护范围。有时电冰箱火灾的起火点和电气线路故障点并不一致，则保护范围应扩大至发生故障的位置。电冰箱火灾现场若涉及爆炸起火，对于爆炸现场，不论抛出物体飞出距离多远，也应把抛出物着地点列入保护范围，同时把被冲击波破坏的其他建筑物等列入保护范围。

二、火灾现场保护

好的火灾现场保护是确保火灾调查工作顺利进行的重要前提。电冰箱本身带有一定量的易燃可燃物，是一种原理复杂、结构多样的家用电器，发生火灾后，水枪喷洒及破拆灭火容易改变电冰箱残体的位置、加大破损程度、抹除铁壳烟熏痕迹等，同时，受灾户为抢救箱体内未受损的食物等，也会对电冰箱的烧损痕迹进行破坏，这些都给现场保护工作增加了难度。若保护不力，轻则影响痕迹物证保留，重则将导致调查人员对火灾事实的错误认定。

（一）灭火过程中的保护

进行火灾扑救时，尽量不要对起火电冰箱及零部件的位置进行变动、破拆电冰箱外保温层等，应保持被燃烧物的自然状态，采用细水雾、开花水流等扑救电气设备的重点部位，尽量减小损失、保护痕迹物证。火灾调查人员可以利用照相、摄像设备对扑救过程及灭火剂使用情况进行记录，以便调查参考。

（二）现场勘验中的保护

火灾现场勘验人员到场后，应结合火势蔓延的特点及时对起火现场外围进行观察，对火灾波及的全部场所和相关电路经过的全部电闸，确定为现场保护范围并组织实施保护，进行现场封闭时，对封闭的范围、时间和要求等予以公告，采用设立警戒线或者封闭现场出入口等方法，禁止无关人员进入。情况特殊确需进入现场的，应经火灾现场勘验负责人批准，并在限定区域内活动，必要时通知公安机关有关部门实行现场管制。

在勘验过程中，应随着勘验过程的逐步深入，逐渐将保护范围缩小至最小限度。

（三）封闭现场的解除

勘验结束后，若认定证据材料收集充分，可及时对现场解除封闭，拆除封闭警戒标志及障碍物，通知受灾户或受灾单位请专业电工将全部涉及线路维护、更新，尽早恢复正常用电，同时通知受灾户清理现场。若发现勘验所得证据不够充分，需要进一步进行勘验的，则要继续做好现场保护工作。

三、调查询问

调查询问是火灾调查工作的一项重要组成部分，既可以为现场勘验指明方向，也能验证勘验工作的正确性。有时候，烧毁破坏情况特别严重的火灾现场，单靠痕迹物证很难证明起火点，即使能够通过现场勘验得出结论，也要花费许多时间和代价，而调查询问获取的证据是最直接的。针对电冰箱火灾，因影响范围较小，调查工作应从最先发现火灾的目击者、最早到现场扑救的人、从火场内逃出来的人、经常使用电冰箱的人、起火前使用过电冰箱的人以及修理过电冰箱的人等寻找突破口，利用自由陈述法、广泛提问法、质证提问法等将关键点各个击破。

（一）询问最先发现火灾的目击者及报警人

电冰箱火灾事故一般发生在家里无人或是店铺无人的时候，首先要搞清楚发生火灾的时间、最初发生火灾的位置。被询问的对象应思路清晰、具备作证的能力，应向调查部门提供可证实的报警时间及发现火情的时间，再将发现火情后起火的位置、火势的大小、蔓延的方向、燃烧状况、是否采取措施扑救、采取了哪些措施、有无可疑人员进入火灾现场等情况叙述清楚，情况需了解至消防队员到场扑救时为止，尤其是对现场是否听到过爆炸声要仔细询问。询问走访目击者应多多询问，认真听取知情人的情况反映，使证人证言相互佐证，并用现场勘查情况印证，去伪存真。

（二）询问经常使用电冰箱的人

通过询问电冰箱使用者，明确电冰箱的原始放置位置，看其是否与可燃物距离过近，影响其正常散热。再了解电冰箱存放物品的种类、数量、性质、相互位置、存放时间等，还要对日常使用情况进行了解，例如，电冰箱运转是否正常，是否存在频繁启停的现象，是否有不制冷等现象，是否曾经维修过、维修过哪些零件，如果存在运行中的异常情况则要重点对压缩机进行勘验。

此外，还应询问其所有者或经常使用的人，关于起火电冰箱的属性等情况，有条件的应查看该冰箱的铭牌信息。如果冰箱生产年代为 20 世纪 90 年代，则采用的制冷剂是 R12 或 R134a，则可以排除是由于制冷剂泄漏引起的爆炸。如果是无霜冰箱，并且生产年代比较近，使用的制冷剂为 R600a，这时要注意除了在现场勘验要留意寻找泄漏点及爆炸特征以外，还要向使用者了解冰箱在平时使用过程中是否有异常现象，包括制冷效果好不好，压缩机是否有各种异响，开启冰箱门有没有闻到异味等，还有冰箱的使用年数、维修史，是否曾将尖锐的东西放入冰箱、冰箱内壁是否有破损等，收集制冷剂泄漏的证据。

（三）询问最后一次使用电冰箱的人

对最后一次使用电冰箱的人要仔细询问其离开起火电冰箱的时间、在离开前是否往电冰箱内放置了物品，放置在了什么位置，是否留意到电冰箱有异常声响以及起火现场物品的摆放位置，其他有关人员的活动情况等。

关于电冰箱内是否存放有易燃易爆液体以及存放易燃易爆液体的种类、数量，在对最后一次使用电冰箱的人进行询问之前，要仔细勘验电冰箱内和电冰箱附近爆炸残留物中是否有盛装易燃易爆液体的容器，如严重变形的金属容器或已经被炸成碎片的玻璃容器，而且是在正常情况下不应该发现的容器。因为电冰箱的使用者或当事人在发生电冰箱爆炸事故以后，会意识到爆炸的原因是将易燃易爆液体存放在冰箱内的缘故，因而回避甚至否认将易燃易爆液体存放于电冰箱中的事实。因此，只有拿出事实证据，电冰箱的使用者或当事人才有可能说出冰箱内存放的易燃易爆液体的种类、数量，盛装容器的种类、密封形式和存放的时间等重要信息。

（四）了解当地电网、天气情况

通过查阅当地电力部门的资料，询问电力部门值班人员，查看火灾发生当日电网电压是否稳定，是否存在电压异常升高的情况。也可以询问附近其他居民，是否存在灯泡突然变亮或变暗等异常情况。

通过查阅气象部门发布的气象报告，查看火灾发生当日是否有雷雨天气，发生打雷的时段，询问周围居民家里是否有电器发生短路现象以及查看周围遇雷击的可能性及防雷设施的状况。

（五）询问消防中队灭火人员

对消防中队进入火灾现场扑救的人员需要询问其进入火场后看到的起火情况，是否能确定起火点，电冰箱的燃烧特征，火势蔓延方向，烟气颜色和流动情况，灭火剂使用情况、喷射范围，门窗室内有无非灭火破拆强行进入等异常痕迹，到达现场后是否有电，采取的断电措施等。

调查询问还要涉及场所负责人、围观群众、派出所民警，不仅要让他们说明所知火灾现场的情况，进一步描述火灾燃烧过程、扑救过程，还要询问他们对起火原因的看法，以便扩展思路、帮助开展调查。总之，要尽量对涉及火灾的人全面排查，重点人细致询问，与现场勘验相结合，反复印证，不遗漏任何找到事实真相的线索，才能达到调查询问的目的。调查询问要分析被询问人的心理状态，制订一定的计划，更换采用恰当的策略方法。

四、电冰箱的现场勘验

火灾调查人员到达现场后，应对现场的外围先进行观察，并对相关知情人进行询问，了解火灾发生的相关情况，然后进行现场勘验。通过初步观察现场的燃烧情况首先要排除人为放火、用火不慎等原因，其次要准确地认定起火部位，确定有电冰箱在认定的起火部位，并且在发生火灾时或起火前的有效时间内处于使用状态，再仔细观察分析火灾特征，确定是电冰箱内部还是相连的外部电气线路起火。对于起火原因再通过现场的痕迹物证逐一进行排除，如果在现场发现电冰箱内的物体被抛出、电冰箱门不在原位或者箱体有向外鼓胀的现象，则大致可判断为爆炸起火。如果现场没有爆炸的现象，则可以先排除爆炸起火的原因，考虑其他火灾原因。电冰箱在未发生爆炸的情况下，要确定是由于外部因素或内部故障引起的火灾事故。如果电冰箱烧损程度呈内重外轻，则可大致判定为电冰箱的内部故障引起火灾，再进行进一步的细项勘验。

（一）爆炸因素的确定

电冰箱使用的 R600a 制冷剂泄漏，或因存放易燃液体，当其挥发的蒸气与冰箱内空气形成爆炸性混合气体，且浓度处于爆炸极限范围内时，遇一定能量的电火花就可引起爆炸起火。

如果是电冰箱爆炸引起的火灾，在大多数情况下，引爆的箱体会严重破坏、变形，箱体向外鼓胀。特别是受冲击波破坏作用最强烈的电冰箱门，若门扇未脱离冰箱，合页会向外翘起变形，冰箱门外侧会有与其他阻碍物品碰撞的凹痕，严重时门被抛出，合页脱落。如果在火灾现场的起火部位，发现电冰箱冷藏室的箱体外鼓、变形严重，并且冰箱门的残体不在箱门处而在附近地面，就应该意识到爆炸的可能性。因电冰箱的箱门多为塑料复合钢板，可能在大多数火灾现场都会变形、变色，调查人员要注意寻找和提取箱门的铁质残骸和熔化物，然后继续勘验电冰箱的周围，如果发现有本该存放在电冰箱内而被抛出的物品，还有严重变形的金属瓶体或炸成粉碎状的玻璃瓶碎片，应立即进行残体提取工作，保护好残体内侧的残留物质，从现场的角度来看，冰箱内存放易燃液体形成爆炸起火的可能性就很大了。反之，如果现场并没有发现可疑的玻璃或金属瓶残留物，则可向制冷剂泄漏方向着重考虑，制冷剂泄漏会在冷藏室内形成爆炸性混合气体，遇火花爆炸起火，除了在电冰箱的周围会发现本应存放在电冰箱内而被抛出的物品外，还会在电冰箱冷藏室内蒸发器管线上发现泄漏点及附近的铜管出现撕裂痕迹。

（二）起火部位的认定

如果确定了电冰箱放置的位置是起火位置，又排除了电冰箱内部爆炸起火，那么就应重点勘验电冰箱本体。起火部位的认定，主要是根据电冰箱箱体结构火烧破坏程度、周围起火物的燃烧特征和火势、烟熏蔓延方向来判断的。从电冰箱的结构来看，电冰箱本体是由 0.5 ~ 0.8 mm 厚的塑料复合钢板、硬质聚氨酯保温材料 PUR、塑料板、玻璃板、电气线路等材料组成，不属于能够遗留有价值证据的物证材料。进行电冰箱的火灾现场勘验需要同时关注电冰箱放置点附近的木质橱柜、木质地板、水泥墙面、瓷砖、钢筋混凝土等建构筑物，通过火场温度的不同以及被火焰灼烧轻重的不同，这些建构筑物会呈现不同的过火烧毁痕迹，根据这些燃烧痕迹来进行分析勘验，从而判定起火部位。

1. 根据电冰箱周围烟熏痕迹来确定起火部位

电冰箱火灾一般发生在室内或者相对封闭的空间里，电冰箱一般靠墙或门放置在狭小的区域里，距墙面距离不超过 0.1 m，这样能将室内可用空间充分利用，为多数家庭及商铺、餐饮场所的选择。电冰箱周围通常有一至两侧墙壁，箱体后下方裸露在外的电气线路、表面油漆或塑料涂层、中部填充的硬质聚氨酯泡沫及其他可燃物受高温烘烤均会发生燃烧。燃烧产生的黑烟中含有大量的炭微粒，会随烟气的流动附着在箱体表面、周围墙壁、顶棚等部位。烟熏痕迹的形成除与自然因素有关外，还与可燃物的燃烧温度有关，利用这些内在的联系和特点，并通过观察烟熏痕迹为判断起火部位、确定起火原因提供证据。例如，在火灾过程中，烟气受对流、热压等因素作用下，从低处向高处流动，竖直方向流动的速度大于水平方向流动的速度，当烟气充满房间上部时以 0.5 ~ 1 m/s 的速度水平扩散，其流动的方向一般与火势蔓延方向相一致，根据这一流动的特点，观察电冰箱外壳的左、右、前、后各立面，墙壁表面，周围物体及房间内各个部位的烟熏痕迹，从而判定迎火面。迎火的一侧，会尽早形成均匀的烟熏痕迹，背火一侧，烟熏痕迹则形成较晚，烟熏程度轻微。若是电冰箱或者电冰箱周围最先发生火灾，烟熏痕迹则不同于其他部位，电冰箱的所在部位很有可能形成 V 字形痕迹（起火部位位于 V 字形底部）或是斜茬形的烟熏痕迹（起火部位位于斜面一端）。需要注意的是，烟熏痕迹往往会由于起火部位的温度过高，二次燃烧后消失，这时就要同时结合其他痕迹物证综合判定起火部位了。

2. 根据电冰箱箱体钢板变色熔化痕迹来确定起火部位

电冰箱箱体背板及两侧机壳一般采用的是 0.5 ~ 1 mm 的塑料复合钢板。该塑料复合钢板是用优质冷轧钢板经裁剪、冲压、折边、焊接或辊压成型，外表经磷化防锈处理后，表面再覆以

0.2～0.4 mm 的软质或半硬质聚氯乙烯塑料薄膜制成，塑料薄膜有时分单面和双面覆层两种。在火灾发生过程中，高温烟气或明火会致使基础材料表面的聚氯乙烯塑料薄膜熔融或分解，聚氯乙烯分子式为 $CH_2\text{–}CHCl_n$，燃烧性能不好，制成塑料薄膜后，熔化温度为 185～205 ℃，离火即灭，火焰呈黄色，下端呈绿色，冒白烟，属于难燃性塑料，其在火焰中发生剧烈的氧化还原反应，生成 CO_2、H_2O 和 HCl，完全燃烧的化学方程式如下：

$$CH_2\text{–}CHCl_n + \frac{5n}{2}O_2 \longrightarrow 2nCO_2 + nH_2O + nHCl$$

而在不完全燃烧时，还会产生一些 CO 和 C 颗粒，冒出黑烟。

经高温灼热或是火焰燃烧的部位，电冰箱箱体基础材料表面的阻燃成分聚氯乙烯塑料薄膜会变色、软化滴落或成为气体完全消失，故依据塑料消失、脱落痕迹可判断出火焰燃烧的方向和蔓延的路径。

箱体基础材料薄钢板所在的不同部位在不同温度和受热时间条件下所呈现出的变色、变形痕迹差别也很大，所以根据金属随温度变化而变色的规律，仔细检查便可以尽早确定哪个部位受热温度最高、受热时间最长，往往这些部位最接近起火部位。不同温度下电冰箱箱体钢板颜色变化见表 6–2。

表 6–2　薄钢板表面颜色随温度变化规律

表面颜色	温度（℃）	表面特征
暗褐色	520～580	钢材出现软化，向火焰方向弯曲
暗红色	580～650	
暗樱色	650～750	
樱红色	750～780	
淡樱红色	780～800	

续表

表面颜色	温度（℃）	表面特征
淡红色	800～830	800～1 200 ℃钢材软化明显，表面出现发亮的铁鳞
橘黄微红色	830～850	
淡橘色	850～1 050	
黄色	1 050～1 150	
淡黄色	1 150～1 250	
黄白色	1 250～1 300	
白色带有金属亮光	1 300～1 350	1 300～1 800 ℃钢材完全软化，变形附着于下方物品表面，钢材表面熔化生成蓝灰色或黑色硬而脆的薄膜

需要注意的是，薄钢板箱体在火烧后暴露在空气中可能腐蚀生锈，颜色呈黑色或红褐色，一般均匀附着在箱体表面，与金属结合不够紧密，容易剥落。而钢制箱体在火烧后会产生变色，这些变色的金属材质中含有盐碱成分，粗糙不易起层脱落。另外，电冰箱过火后会附着浓密的烟熏痕迹，需要将痕迹擦拭干净后观察金属的变色情况，以确定火势蔓延方向。

火灾过程中，电冰箱的薄钢板外壳、底座等承重构件在高温作用和外力作用下，机械强度会发生变化，导致金属构件不同程度变形、扭曲甚至断裂。钢质材料受热达 300 ℃时强度就开始降低，当温度升高至 500 ℃，强度降为原来的 1/2，温度达到 600 ℃时强度仅为原来的 1/6 或更低。这就很好地解释了为什么电冰箱箱体发生火灾后会产生大大小小的褶皱，稍有倾斜就会在火灾后发生严重的变形。所以在火灾现场的勘验中，可以通过查看金属被烧变形、变色程度来确定起火部位。

3. 根据电冰箱箱体内硬质聚氨酯泡沫材料炭化破损痕迹来确定起火部位

电冰箱箱体内保温材料通常采用的是硬质聚氨酯泡沫塑料（PUR）作为填充剂，硬质聚氨酯泡沫塑料是以环戊烷、异氰酸酯和多元醇为基本原料聚合而成的结构致密的微孔泡沫体，添加了阻燃剂整体颜色呈黄色。该种材料在火灾中容易受热或被引燃发生燃烧，释放出 HCN、CO、HCl、HBr 等有毒气体，受气体流动原理影响，火焰呈明显的竖向向上蔓延迹象，同时也有一定程度的横向蔓延，但横向蔓延的速度较慢，范围较小，而材料本身则在燃烧过程中不断萎缩、从表层向内部逐渐炭化，这种炭化没有明确的分界层次，当材料受热不断分解燃烧使表层炭化到一定程度后，表面致密的炭颗粒会覆盖发生反应的聚氨酯层，减慢聚氨酯的分解和燃烧，甚至阻断燃烧。火灾发生后，残留的聚氨酯保温材料残骸中：全部炭化的区域为火焰较大、温度较高的区域，炭化残留物易破碎、颜色为黑色；未完全炭化的区域为过火程度较轻、温度较低的区域，炭化残留物外层呈黑色，中间层呈深黄色，并且在深入勘验的过程中，可以将黑色炭化层剥落，更加明显地显现火势蔓延痕迹。所以在火灾现场勘验中，可以通过硬质聚氨酯泡沫材料炭化破损痕迹来确定起火部位。

4. 根据电冰箱内残存的被保鲜物品的残留痕迹来确定起火部位

电冰箱发生火灾后，冰箱内的被保鲜物品通常残留在电冰箱内或者电冰箱附近的地面，包括米面、蔬菜、水果、肉类等。这些物品通常不会完全燃烧，在火灾中一般能够留下被明火或热辐射作用后形成的炭化痕迹，根据与火源距离的远、近不同、燃烧时间长、短不同，在程度上有轻、重的区别，并且这一类炭化痕迹有明显的受热面，根据受热面的朝向可以判定火势蔓延方向，一般来讲，受热面朝向就是火势蔓延过来的方向。

5. 根据电气线路上的熔痕确定起火部位

电冰箱外接市电的接线方式通常有以下几种：电源线直接接入墙面插座、电源线接入插线板再接入墙面插座、电源线接入插线板再接入断路器、电源线直接改为两相插入插线板、电源线接入插线板再接入刀开关等，其间不排除有铜铝搭接的情况。如何判断是电冰箱的外接电气线路发生故障引发电冰箱起火，还是由于电冰箱内部电气线路故障起火导致火灾，需要对火灾现场残留的电气线路熔痕进行认真的检查比对。通过不同的电气线路熔痕判定火灾具体起火部位。熔痕的残留类型分为火烧痕、短路熔痕（分为一次短路熔痕和二次短路熔痕）和砸撕断痕。在现场首先要用肉眼分辨火烧痕、电熔痕和砸撕断痕之间的差别。

火烧痕是被火灾温度加热逐步升温超过其熔点时熔化形成的，它的存在证明导线周围温度较高，存在过明火，该处痕迹可以证明以下回路在被明火灼烧时已断路，如果是冰箱的上级线路中出现此类熔痕，而上级导线上再无其他类型熔痕则可证明该起火灾与冰箱无关。如果导线上存在由电流作用而熔化的熔痕，此时要提高警惕，其一，这种熔痕仅可以证明该处导线是在带电过程中短路的；其二，这种熔痕需要继续分析其形成过程是在火灾前还是在火灾中。在现场还经常发现一种断路痕迹为砸撕断痕，其与其他类型断裂线路的区别也需要掌握，从而快速锁定真正的起火部位，为找出起火原因打下基础。火烧痕、砸撕断痕、电熔痕的区别见表 6-3。

表 6-3　火烧痕、电熔痕和砸撕断痕的差别

痕迹类型	火烧痕	电熔痕	砸撕断痕
分布情况	范围大，分布广	只在短路点附近	分布广
熔珠外形	圆珠状，熔珠体积为线径的1～3倍，表面无麻点、光滑、无金属光泽，与本体界限不明显	有圆形、尖形、凹坑状，熔珠颗粒小，有光泽，与本体界限明显	无熔珠
所在部位	位置不确定，有凝结在线端上的，也有出现在导线中部的	在导线端部	在导线端头部
线径变化	同一回路导线上截面积粗细变化部位多	同一回路导线上只在熔痕部位发生截面变化，其他部位变形小	有的端头出现扯丝状痕迹，线径均逐渐变细，铜线断头附近较长一段出现退火变软痕迹，铝线干瘪收缩
是否粘接	多处熔化形成块状粘接痕，线之间不分离，熔化特征外重内轻	只在短路痕部位熔化合成熔珠，其他部位仍分散	无粘接，部分断面齐整、断头尖锐，截面由粗变细，有撕裂痕
有无对应痕	没有对应痕迹	常形成对应痕迹	一般有对应痕

6. 根据木材燃烧的痕迹特征确定起火部位

电冰箱摆放的区域一般为厨房或后堂的木质橱柜及木质家具旁，有些房间电冰箱下还铺设了木地板，所以勘验火灾现场木材燃烧的炭化痕迹，可为分析火灾发展方向，确定起火部位提供证据。

首先，根据木材被烧炭化轻重、残留斜茬等痕迹，很容易区别出木材的迎火面和背火面，判定火势蔓延方向。其次，要对木材受热的炭化痕迹进行检查。电冰箱火灾一般为明火燃烧，火势较为猛烈。被明火灼烧的木材表面会形成带有光泽鱼鳞状的炭化痕迹，炭化层较薄，容易脱落，炭化痕迹会随受热时间的变长而加厚，炭化裂纹也会随之加宽加深。可以通过观察炭化裂纹对受热方向进行分析，同时借助炭化深度测定仪对木材的炭化程度进行测量，确定火灾蔓延方向。炭化深度与燃烧时间及受热温度之间关系见表 6-4。另外，受电弧灼烧的木材表面会出现炭化坑，炭化坑内的炭化层浅且具有导电能力，温度越高、受热时间越长，导电能力越好，可以利用这一痕迹来寻找发生电弧的故障点。

表 6-4　木材炭化深度与燃烧时间、受热温度变化规律

燃烧时间（min）	温度（℃）	炭化率（mm/min）	炭化深度（mm）
15	760	0.6	9
20	780	0.6	12
25	850	0.6	16
30	860	0.63	19
35	865	0.66	23
40	870	0.65	26
45	880	0.64	29
50	900	0.66	33
60	920	0.65	39
70	950	0.64	45

7. 根据砖瓦、混凝土的受热变化痕迹确定起火部位

电冰箱火灾现场中的砖瓦、混凝土等非金属不燃构件，以及

建筑物内墙壁、地面等，都会因火灾作用而使其外观发生变化，形成变色痕迹、开裂痕迹、变形痕迹等特殊痕迹。这些痕迹与所处位置温度、燃烧持续时间及起火部位方位存在着对应变化的规律。观察砖瓦、混凝土的颜色变化，使用回弹仪测出其强度变化，可以分析确定火势发展方向，帮助确定起火部位。

混凝土的外观特征和表面颜色会随温度的升高而发生变化，外观特征变化为：起鼓→开裂→脱落→露筋→弯曲→熔结→折断；表面颜色变化为：原色→淡红色或红色→灰白色、浅黄色→草黄色，变化规律见表 6–5。

表 6–5　混凝土受热温度变化规律

受热温度（℃）	结构变化	颜色变化
100～300	无变化或有熏黑痕	无变化
300～400	有微裂纹	淡红色或红色
400～600	裂纹逐渐增大	
600～700	裂纹数量增多	灰白色、浅黄色
700～800	表面酥裂	
800～900	酥裂脱落	草黄色
900～1 000	表面严重脱落，露筋部位出现熔结，熔瘤	

有时混凝土、抹灰层被火灾温度作用后，外观变化不明显，此时很难通过外形观察来确定被烧部位强度变化情况，也无法认定该部位的火灾温度和持续时间。在这种情况下，可以借助非金属超声波检测仪测出强度变化值或变化波形、脉冲速率，判定出受热温度最高、持续时间最长的部位，同时可以利用最简单的锤子进行敲击，根据敲击声响、表面凹陷程度来判定。一般来讲，被烧得很轻的混凝土，用锤子以中等力量敲击时，声音响亮音调

高，表面留下不明显的印痕，随着混凝土被烧程度加重，声音越来越低哑，留印痕更深。

（三）起火点的认定

在收集了充分的证据证明起火部位就是电冰箱所在部位，并且能够初步认定火灾原因为电冰箱故障所致后，下一步就要着手对电冰箱进行专项勘验，找到导致火灾发生的引火源。

1. 专项勘验准备工作

首先要克服心理障碍。由于电冰箱隐藏配件、线路较多，箱体较大，移动拆解十分困难，加之火灾后电冰箱烧毁程度严重，元部件小，不容易找出故障部位。在面临巨大困难的时候，就要求调查人员冷静思考，在基本掌握了电冰箱组成、构造、基本原理等理论基础后，针对容易引发电冰箱火灾的故障原因，可以按照从外向内勘验顺序，果断细心，逐层逐个部件进行勘验。

其次要注重团队合作。对电冰箱进行专项勘验不要单枪匹马，要组成团队，相互配合。保证当事人或见证人在场的同时，不仅要有帮助照相、摄像、勘验记录的工作助手，还要尽量邀请相关专业专家配合指导；不仅需要专业人员帮助挪动拆解电冰箱箱体、提取电器具、导线，同时需要配备一定数量的火灾调查装备配合勘验。

最后要做好比对工作。要尽量找出和发生火灾相同相似型号且结构功能完好的电冰箱，做好勘验对比。同时要针对电气火灾勘验需要，备齐火灾调查工具，如用于检测金属部件剩磁数值的特斯拉计，用于检测混凝土炭化深度的炭化深度测定仪，用于查找熔融物电气线路走向的寻线器，还有测距仪、米尺以及物证提取工具等。

2. 电冰箱火灾的专项勘验要点

（1）勘验电冰箱外壳。对电冰箱的薄钢板外壳进行勘验，首先，观察薄钢板表面的烟熏痕迹、表面涂层的熔化痕迹和薄钢板的变色变形痕迹，以及冰箱内、外表面是否存在电弧灼烧、金属喷溅熔化等痕迹。处于火灾现场起火部位的电冰箱外壳表面普遍受到烟熏作用，烟尘附着在电冰箱外壳表面，根据烟尘显现图形的不同，判定起火位置，电冰箱起火后，一般较易进入明火猛烈燃烧阶段，灼烧过的部位外壳上塑制涂层脱落严重，脱落痕迹位置越低，说明被明火灼烧的时间越早，越可能是起火点。其次，观察冰箱内外层薄钢板表面的变色、变形痕迹，此时将电冰箱外壳表面的烟尘、碎屑清除干净，对照表 6–2 勘验金属外壳被烧变色痕迹的标准，查找最初起火部位。再对金属发生形变的部位进行深入勘验，由于金属在高温下会逐渐失去抵抗变形和断裂的能力，故金属开裂的一面、变形、弯曲的方向可以证明火势蔓延方向。在过火程度最重的部位寻找电弧击穿或熔化缺失孔洞，若有则极有可能为线路短路电弧喷溅、雷击过电压等情况所致，需要对熔痕进行提取鉴定，帮助证明起火原因。如果火灾发生前有雷雨天气，就要利用特斯拉计对电冰箱外壳内不同部位的螺钉进行测量，若箱体的连接线上受到雷击作用必然有大电流通过，根据剩磁数值的大小判断各部位距离被雷击部位的远近。

（2）勘验电源线及插头。对电冰箱接市电的电气线路进行勘验，首先是检查整条电气线路的完整性，确定电冰箱电源线接入断路器下方的全部电路的断路情况，对插线板的静片和电冰箱电源线的插头进行仔细查看，查找电弧痕迹，如果有，要进行提取，再鉴定电弧熔痕是不是一次短路熔痕。再看靠近压缩机或冷凝器部位的电源线是否有短路痕迹，该处导线的绝缘层最容易受压缩机及电动机的高温破坏，失去塑性、脱落，引起电源线相间短路或相线对地短路，产生电火花或电弧引燃周围的可燃物。如果发现电熔痕，则要进行物证的提取和收集，进一步通过分析确定是一次短路熔痕还是二次短路熔痕。

（3）勘验压缩机。对封闭式压缩机内部进行勘验。由于压缩机本体和电动机本体密封在一个钢制机体内，除非发生缸体有缝隙、没密封好的情况，其余情况下压缩机内部电动机线圈短路是不会有短路火花和电弧溅出的。勘验压缩机最好让技术人员先将压缩机拆下，打开盖子，然后重点查看电动机绕组间线圈是否出现了匝间短路、电动机绕组接线或电动机引线断路、电动机引线与封闭机壳三个接线柱脱落、压缩机卡缸、抱轴等情况，这些情况都有可能造成电冰箱压缩机内部过热发生一次短路、过负荷、漏电等故障，进而造成线圈里层有严重炭化的痕迹，判断炭化痕迹严不严重，可以用脱脂棉将炭化部位的炭化痕迹进行擦拭，如果擦不掉则证明内部炭化痕迹严重，如果露出锃亮的金属光泽，那就说明线圈没有发生故障。

（4）勘验电气系统元件。对电冰箱电气控制系统的若干个零件进行勘验。主要勘验温度控制器、启动继电器、热保护继电器、照明灯（220 V/15 W）等。温度控制器一般和电冰箱内照明灯及照明灯开关安装在一起，为金属配件，首先查看该部位零件上是否存在短路飞溅的熔痕、电气线路是否存在电弧灼烧等痕迹，该处由于长期通断电，也会存在接触不良的触点等，需要仔细观察金属导线端头上是否有熔化痕迹、照明灯的灯丝是否有熔断痕迹，温度控制器的感温器和制冷系统相通，若感温管发生断裂或泄漏，则容易在制冷剂采用 R600a 的电冰箱中泄漏制冷剂引发爆炸。启动继电器和热保护继电器一同安装在压缩机绕组接线端并用接线盒盖封，查看该处电气线路端部是否有短路痕迹、启动继电器线圈是否有匝间短路痕迹、热保护继电器双金属热敏元件是否未与接线柱断开等，该处工作时温度较高，线路绝缘皮容易萎缩、老化，进而引发相间短路、对地短路。若启动继电器故障短路，则检查其他部件的电气线路时，应均无电熔痕，若热保护继电器故障，则会发现电动机出现绝缘皮损坏、匝间短路，压缩机卡缸，周围运行绕组由内向外烧损的痕迹。若因上述元件故障引起火灾，一方面通过对在上述元件的触点部位提取的电熔痕进行技术鉴定以外，还应当拍照固定其绝缘层击穿痕迹，以及由内向外蔓延的燃烧痕迹。

（5）勘验制冷系统配件。对电冰箱制冷系统的若干个零件进行勘验。主要是对制冷系统是否有泄漏制冷剂（R600a）进行排除，为认定起火原因进一步奠定基础。首先需检查冷凝器是否有焊缝，着重检查焊缝是否有破损口，破损口周围残留炭化、灼烧痕迹是否较重。然后检查蒸发器管道表面是否有砂眼、破口、白色腐蚀点等，观察蒸发器周围残留物炭化、灼烧痕迹是否严重。

除此以外，在拆解查看电冰箱零部件的过程中，应该细心听取专业人员意见，也要对照故障、维修的操作规程，对电冰箱维修等痕迹进行检查，分析研究是否存在维修不当导致电冰箱火灾发生的可能。

五、物证提取及收集

通过以上研究，可以明确地找出电冰箱内发生故障的点位，而仅通过发现的故障点位就断定起火原因是不够客观的，没有说服力的。在起火点通常能够形成若干个故障点，或者存在的故障点对起火原因没有关联的作用，要判定电冰箱是否因为这些故障而导致火灾、故障的形成是否能够引发火灾，还须通过必要的、科学的物证鉴定来加以佐证。电冰箱火灾的物证鉴定，主要是对发现熔痕、熔珠的电气线路进行金相鉴定、对爆炸场所内空气及冷凝管内残留的易燃易爆液体残留物进行对比分析鉴定，物证送交物证鉴定中心后，鉴定中心会用科学的仪器给出准确的鉴定，而在此之前，调查人员需要对电冰箱起火点的物证进行科学、准确地提取和收集。需要注意的是，不论收集何种物证，一定要遵循先静观后动手、先拍照后提取、先外表后内部、先目视后静观、先下面后上面的原则进行。

1. 电冰箱电气线路故障部位物证的提取和收集

首先应注意提取的位置，电冰箱电气线路分为压缩机内部、外部电源线、电气控制系统电线。有条件的话应对故障部位所有熔痕都进行提取，尤其对最远端电气熔痕进行提取。

压缩机部位的导线提取时应同时考虑压缩机及外部电线，首先对压缩机缸体进行检查，查看是否有泄漏点，然后进行拆解，将压缩机外壳打开，将定子线圈抽出，观察在线圈部位是否有熔痕；检查压缩机轴承部位是否有烧熔、断裂的情况；检查吸气、排气阀片是否有破碎痕迹；对比新的压缩机检查活塞与气缸间隙是否过大。

外部电气线路的提取注意循线勘查，尽量将线路前端的路径摸清楚，明确该导线的位置，从完好的线路部分开始截取，并按两根电线或几根电线原来的相互位置固定在硬纸板上，检查是单处熔断还是多处熔断，多处熔断须查清最远端故障点至最近端故障点之间的故障点数量；对电器刀开关或其他开关最好用钳子将线路剪断，将整体全部取下，并保持原来开关的位置，不拆下开关上的电线，使线头留在开关上。

电气控制系统电线提取应注意寻找线路的连接点，尽量使线路还原完整，对于多股铜导线烧断严重、缺失严重的部位应重点提取。

2. 电冰箱爆炸后易燃易爆气体残留物的提取

面对电冰箱爆炸事故现场，应注意提取破损冷凝管路中的制冷剂残留物及现场寻找到的变形严重的金属瓶或玻璃瓶残体。

因为冷凝管路中的制冷剂残留物浓度相对较高，因此在提取时可以采用直接采样法，如真空瓶采气法、置换采气法、静电沉降法和注射器采气法等。然后在爆炸范围内的空气中提取易燃易爆气体残余，由于异丁烷密度大于空气，因此应综合考虑火灾现场的温度、压力、风向、破坏情况，在距离地面较近的低洼空间或者死水表面等位置使用液体吸收剂采样大量现场空气进行收集。可使用大气采样器、大型气泡吸收管、多孔玻板吸收管、滤纸采样夹、滤膜采样夹、固体颗粒采样管等器具。

提取变形严重的金属瓶或玻璃瓶残体时，需要带上胶皮手套，手持残体的边角，平稳、完整地进行收集，收集的同时注意残体内剩余的液体，将液体使用一次性针管吸入干净的取样瓶中，条件允许的情况下，应做对比试样。

提取完毕后，对所采集的物证分别包装，在包装的外部贴上标签，标明编号，物证名称，提取的位置、数量、提取时间等，包装要严密，严防泄漏、丢失。

六、电冰箱火灾的模拟试验

在遇到复杂、破坏较严重的电冰箱火灾现场时，按照前文所列举的调查询问、现场勘验及痕迹物证鉴定工作开展调查，最终仍未形成拟认定起火原因的证据链或同时存在几种可能的起火原因，无法通过排除法筛选出正确的起火原因的情况时，可以使用模拟试验方法来确定某种事实或现象发生的可能性，推理起火经过的合理性，最终确定起火原因。

电冰箱火灾的模拟试验是一种可能性试验，模拟电冰箱在火灾现场的各种因素的影响下发生火灾的可能。

（1）试验装置设计及环境确定。选用与火灾现场相同的冰箱作为模拟试验装置或者自行设计建立与事故冰箱工况接近的模拟装置，将其放置于火灾现场的某个或与原火灾发生环境相似的位置进行模拟试验。

（2）试验工况的确定。根据前述调查研究，将未排除的火灾原因确定为模拟对象，模拟现场存在的能够引起研究对象发生各种可能的因素作为试验工况。比如冰箱爆炸事故的试验模拟，其试验工况要考虑爆炸物的量、点火能量、点火距离等有关因素。

（3）试验结果的分析和应用。对同一故障情况进行多次试验，或者改变试验方法进行反复验证，试验过程中做好摄像、照相、记录工作，对试验数据结果进行采集整理，最后对模拟试验结果进行科学的数据分析，结合调查、勘验的其他证据确定火灾原因。

对试验结果要进行严格审查，认为真实可靠后，才能在火灾调查原因认定上加以运用。

七、起火原因的认定

认定电冰箱火灾起火原因时，因电冰箱燃烧迅速、过火程度较严重，应当综合调查走访情况、现场勘验情况并结合物证鉴定意见，准确、真实地确定起火时间，并进行合理化推演，确定现场起火点处引火源和起火物发生作用引发火灾的逻辑关系正确。要将与起火点相关的电气线路短路或故障熔痕、喷溅熔珠、可能发生过负荷的线路等，按照要求进行提取，送至具有资质的鉴定部门技术鉴定，将鉴定意见作为认定起火原因的证据之一。若认定原因为外部电压突然升高或雷击等原因，一定要将特斯拉计的检测部位、测得数据记录保存，作为认定依据。如果火灾现场有相关专业专家参与指导，要请专家出具专家意见。最后对其他起火原因进行合理排除，综合认定起火原因。

第七章

电视机火灾调查

第一节　电视机分类、结构及工作原理

一、电视机的分类

（一）电视机的概念

电视机（Television，TV）是指使用电子技术传送活动的图像画面和音频信号的设备，即电视接收机。电视机是重要的广播和视频通信工具，最早由英国工程师约翰·洛吉·贝尔德于 1925 年发明。

（二）电视机的分类

1. 按信号处理方式分类

（1）模拟电视机：接收和处理模拟信号的电视机。

（2）数字电视机：直接接收数字信号并转换为图像和伴音的电视机。

（3）数模一体机：既能直接接收模拟信号，又能直接接收数字电视节目的电视机。

2. 按显示屏尺寸分类

（1）中小屏幕电视机：显示屏对角线在 32 英寸以下的电视机。

（2）大屏幕电视机：显示屏对角线在 34～48 英寸的电视机。

（3）超大屏幕电视机：显示屏对角线在 50 英寸以上的电视机。

3. 按电视图像清晰度分类

（1）标准清晰度电视机（Standard Definition Television，SDTV）：SDTV 是一种提供与多功能数码光盘（DVD）相似图像质量的数字电视。SDTV 的分辨率低，对屏幕宽高比没有规定。

（2）高清晰度电视机（High Definition Television，HDTV）：HDTV 的分辨率高，屏幕宽高比为 16∶9。目前的 4 K 和 8 K 电视机都属于高清晰度电视机，前者分辨率为 3 840×2 160，像素点约为 830 万个，后者分辨率为 7 680×4 320，像素点高达 3 300 万个，即 8 K 视机的分辨率是 4 K 电视机的 4 倍。

4. 按显示屏特征分类

（1）显像管（Crystal Ray Tube，CRT）类电视机：显像管是一种电子射线管，是一种用于显示系统的物理仪器，广泛应用于示波器、电视机和显示器上。它利用阴极电子枪发射电子，在阳极高压的作用下，射向荧光屏，使荧光粉发光，同时电子束在偏转磁场的作用下，作上下左右的移动来达到扫描的目的。早期的阴极射线管仅能显示光线的强弱，展现黑白画面。而彩色阴极射线管具有红、绿色和蓝色三支电子枪，三支电子枪同时发射电子打在屏幕玻璃的磷化物上来显示颜色。

（2）平板显示（Flat Panel Display，FPD）类电视机：屏幕呈平面的电视，它是相对于传统显像管电视机庞大的身躯作比较而言的一类电视。主要包括：

1）液晶显示（Liquid Crystal Display，LCD）电视。液晶是一种介于固态和液态之间的物质，具有规则性分子排列的有机化合物，加热呈现透明状的液体状态，冷却后出现结晶颗粒的混浊固体状态的物质。LCD 电视是在两张玻璃之间的液晶内加入电压，通过分子排列变化及曲折变化再现画面，屏幕通过电子群的冲撞，制造画面并通过外部光线的透视反射来形成画面。LCD 电视图像清晰度高；机身轻薄；使用寿命长，一般达到 50 000 h 以上，按一天使用 8 h 计算，可使用 17 年，比普通 CRT 使用寿命长；环保节能，液晶采用逐行扫描与点阵成像，图像无闪烁，不会对人眼造成伤害；21 英寸液晶功率为 40 W，比普通 CRT 省电。

2）发光二极管（Light Emitting Diode，LED）电视。LED 电视完全采用发光二极管作为背光源，与传统的采用荧光管作为背光源的电视相比，LED 电视可显示更为逼真的颜色。

3）等离子显示（Plasma Display Panel，PDP）电视。它是在两张超薄的玻璃板之间注入混合气体，并施加电压利用荧光粉发光成像的设备。与 CRT 显像管显示器相比，具有分辨率高，屏幕大，超薄，色彩丰富、鲜艳的特点，与 LCD 显示器相比，具有亮度高、对比度高、可视角度大、颜色鲜艳和接口丰富等特点。等离子电视除了在动态清晰度方面表现优异，在视觉舒适度、色彩还原度、对比度、可视角度等方面的性能也较好，且具有齐全的输入接口，良好的防电磁干扰性能，环保无辐射，散热性能好，无噪声。

4）有机电致发光显示（Organic Light Emitting Display，OLED）电视，是一种新的显示屏幕技术。OLED 电视具有如下特点：①结构更加简单。与传统 LCD 电视相比，OLED 电视最大的特点是无须液晶、无须背光源，每个像素都能自主发光。②更纯粹的黑色场景。OLED 电视采用自发光体自主发光，当表现黑色场景时，所有自发光像素都呈现不发光的状态，所以画面可以做到完全黑场，更加接近真实的状态。③更广阔的可视角度。OLED 电视在可视角的表现力上有很大的提升，基本上无死角，从一些极端的角度去观看得到的效果也是基本一致的。④ OLED 电视厚度大大减小。OLED 技术的优势还不仅体现在画质上，它还能为如今智能电视的外观设计创新提供有利的条件。由于不需要背光源，OLED 面板的厚度可以比液晶面板更低，因此也可以让 OLED 电视的厚度进一步降低。

二、电视机基本结构及原理

（一）电视机基本结构

无论是传统的 CRT 电视机还是目前比较流行的 FPD 电视机，虽然外观上存在较大差异，但其结构和工作原理具有很大的相似性。

彩色 CRT 电视机和 FPD 类液晶电视机主要由公共通道、解码电路、伴音通道、图像显示系统、遥控电路、电源电路组成，如图 7–1 和图 7–2 所示，不同的是 CRT 电视机有偏转线圈和彩色显像管，而液晶电视机是液晶屏驱动电路和显示屏。各部分电路的主要任务如下：

1. 公共通道

电视接收机中的公共通道是指图像和伴音信号共同经过的通道，包括高频调谐器、中频放大器、视频检波器等电路。这部分电路的主要任务是对天线接收到的高频电视信号进行选频、高放、变频和中放，然后解调出彩色全电视信号和第二伴音中频信号。

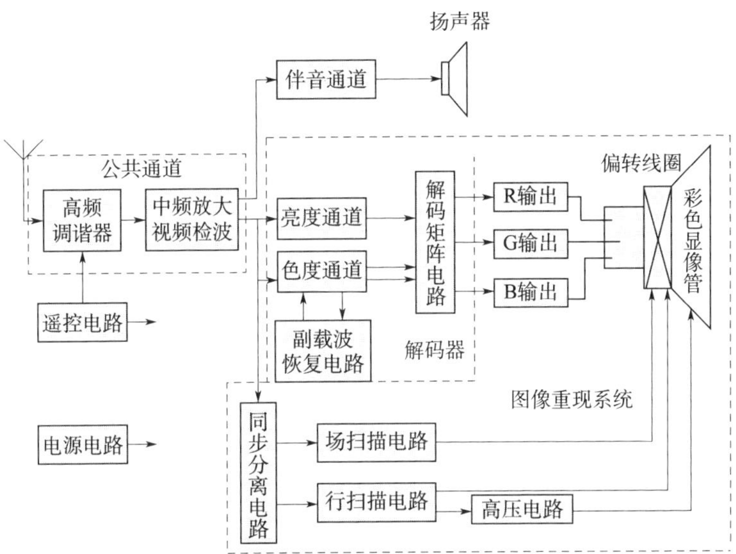

图 7-1　彩色电视机（CRT）基本组成框图

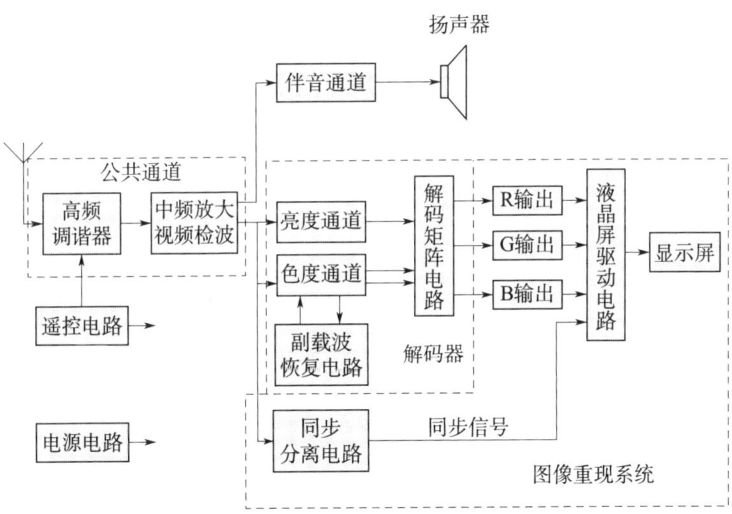

图 7-2　液晶电视机的基本组成框图

2. 解码电路

彩色电视接收机中的解码电路由亮度通道、色度通道、副载波恢复电路和解码矩阵电路组成。这部分电路的主要任务是对彩色全电视信号进行分离、解码、变换、还原出 R、G、B 三基色信号。

3. 伴音通道

伴音通道的主要任务是对 6.5 MHz 的中频信号进行放大、解调得到音频信号。然后对音频信号进行功率放大，推动扬声器发出电视伴音。

4. 图像重现系统

图像重现系统包括同步分离电路、行场扫描电路、高压电路、彩色显像管及视放输出等电路。行场扫描电路的任务是给偏转线圈提供偏转电流，在高压等电路的作用下使显像管荧光屏上出现光栅。视放输出电路是对三基色电信号进行足够的放大，推动显像管重现彩色图像。

5. 遥控电路

现在的彩色电视接收机一般都有以微处理器为核心的遥控电路，通过它来实现对电视接收机的各种操作和控制。

6. 电源电路

电源电路对市电进行整流和稳压，为电视机其他电路提供稳定的工作电压。

（二）电视机的工作原理

（1）电视机从有线或天线接收到微弱的射频电视信号后，首先要通过调谐器对信号进行解调，经过放大、混频和检波后，滤掉高频载波分量，得到制式的复合全电视信号。

（2）从复合全电视信号中分离伴音信号和视频信号。音频信号经过音频电路处理后送扬声器输出。

（3）视频信号经过视频放大，并把亮度、色度信号分离，得到 YC 分量信号。最后，把 YC 分量信号转换成 YUV、进而转换成 RGB 分量信号并送往显像管显示。

（4）上述所有的电路工作都离不开电源，彩色电视机各单元的电路所需的电压和电流都由开关稳压电源与回扫变压器提供。

图像调整电路、时间轴扩展电路、极性反转电路、时序控制电路是液晶显示器特有的电路。液晶电视机信号处理电路主要由来自解码电路或外部输入的亮度信号 Y 和两个色差信号 Pb（B–Y）、Pr（R–Y）首先在视频调整电路中进行处理，视频调整电路由矩阵电路、轮廓校正电路、图像调整电路和色调校正等部分构成。经处理后，在经时间轴扩展和极性反转电路后送到数据驱动电路中，形成数据驱动电压去驱动液晶板，以上为主要的信号处理电路。

三、电视机的主要部件

（一）显像管电视机主要部件

1. 行扫描电路

行扫描电路的主要作用是给行偏转线圈提供一个线性良好、频率为 15 625 Hz 的锯齿波电流，用以产生均匀变化的偏转磁场，控制电子束沿水平方向做匀速扫描。它要产生晶体管和其他电路工作需要的低、中、高压直流电压，如显像管显像所需要的高压直流电压。行扫描电路在电视机运行过程中需要将行扫描逆程 1 200 V 脉冲电压升高至 10 ~ 30 kV，一旦受湿造成高压泄漏，它将会对其周围 5 cm 内的物体放电，产生高达 3 000 ~ 4 000 ℃高温的电弧，极易引燃周围的可燃零部件和机壳进而引发火灾。

2. 显像管

作为电视机的关键器件，显像管的作用是将图像信号转换成电视图像，主要由玻璃外壳、电子枪、荧光屏及荫罩板等部分组成，如图 7–3 所示。玻璃外壳内抽成真空，使电子束在运动时不受阻挡。显像管由灯丝（F 或 H）、阴极（K）、栅极（G1）、加速极（G2 或 A1）、聚焦极（G3 或 A3）、高压阳极（G4 或 A2、A4）组成，如图 7–4 所示。高压阳极的电压极高：黑白显像管的阳极高压为 12 ~ 14 kV，彩色显像管的阳极高压为 22 ~ 28 kV。由于显像管自身电容的作用，闪电的瞬间功率较大，并且伴随着很大的声响，闪电和弧光可以使绝缘炭化，如果遇到燃点较低的可燃物则可以引发火灾。但就高压包的绝缘能力而言，即使被弧光烧蚀出 1 cm 的深洞也不会起火，这是由两方面因素造成的：一是高压包的绝缘物阻燃性能很好；二是弧光或闪电的平均功率不足，不能在短时间内很快积累起足以引起可燃物燃烧的温度，只有弧光功率足够大并且是在弧光通路上存有易燃物时才能引发火灾。部分旧显像管玻壳被翻新加工，生产出“再生显像管”，用于组装电视机再次销售，由于显像管超过了其使用年限，容易导致高压系统发生短路从而引起燃烧乃至爆炸。

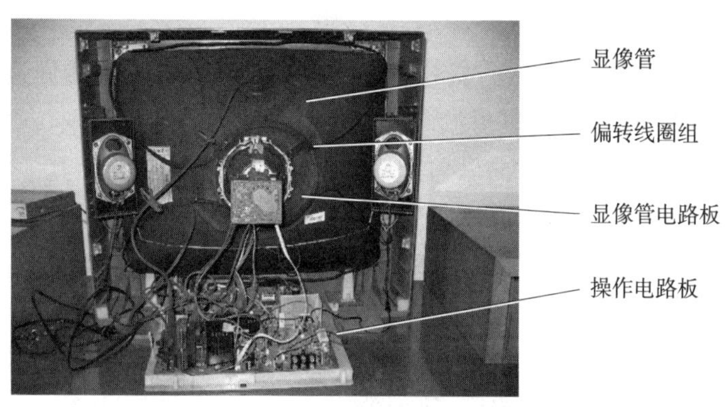

图 7–3　显像管电视机结构

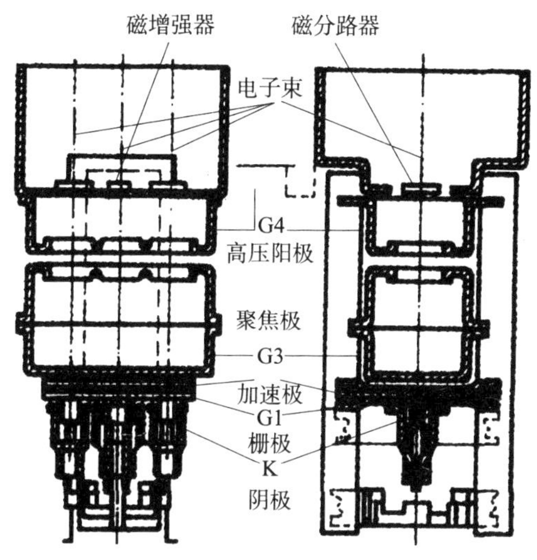

图 7-4　显像管结构示意图

3. 开关式稳压电源

彩色电视机都采用了开关式稳压电源，相比于放大调整式稳压电路，开关式稳压电源具备变换效率高、调整范围宽、可同时提供多路稳定直流电压等优点。由于它把开关调整级的基极激励方式由外电路强迫激励改变成正反馈自激方式，简化了激励电路，相对于普通串联式稳压电源，其可靠性得到了提高，稳压范围宽至 160 ~ 260 V。开关式稳压电源一旦发生故障就会导致供电电压过高或过低，很容易造成电视机故障引发火灾。在供电电压异常升高的情况下，可导致二极管和电解电容损坏。二极管在过电压的作用下被击穿；电解电容漏电严重时内部会产生大量气体，内压增大致使电容爆裂，爆裂瞬间有可能会形成两电极间的弧光放电进而引发火灾。

（二）液晶电视机的主要部件

1. 液晶显示板

不同的液晶显示器件采用不同的液晶，而不同的液晶也有各自在温度上的结晶点和清亮点。液晶显示器件若使用温度低于结晶点，结晶就会变成固体状态；若使用温度超过清亮点，液晶就会变成各向同性的液体。所以，液晶显示器件必须储存和工作在一定温度范围内，如果超过这一温度范围，会导致液晶显示器件失去液晶态，导致器件不能正常工作，甚至完全报废。

同显像管电视机相比较，液晶电视机主要不同体现在其显示器的液晶显示板。该显示板为薄板型，所以它可以利用显示板后部的空间安装电子线路板，电源供电部分也可以直接安装在支撑座内部，使整体结构轻巧、占用空间缩小。液晶显示板主要是由两块玻璃板之间的液晶材料，再配上偏光板和控制电动机组成。液晶显示板通常和驱动集成电路支撑一体化组件。从背面可以看到它的集成电路及其安装部位。显示板电路主要由电源部分、驱动板、高压板和 TV 板组成。电源部分具有供电功能，将电网电力转变为 12 V 的液晶电视工作电压。高压板将 12 V 电压升压到 1 500 ~ 1 800 V 的高压交流电，用来点亮显示板的冷阴极荧光灯管（CCFL）背光灯。驱动板是驱动控制液晶的薄膜场效应晶体管（TFT）的，用来显示信号。主要由显示板控制逻辑、亮度控制逻辑、DC to DC 转换逻辑、传输晶体管逻辑（TTL）电平信号到 LCD 显示模块电路等组成。TV 板就是接收、解调和解码电视信号的部分，图 7–5 所示为液晶电视机电路板部分组件。

2. 电源适配器

电源适配器是小型便携式的电子设备及电子电器的供电电源变换设备，一般由外壳、电源变压器和整流电路构成，按其输出

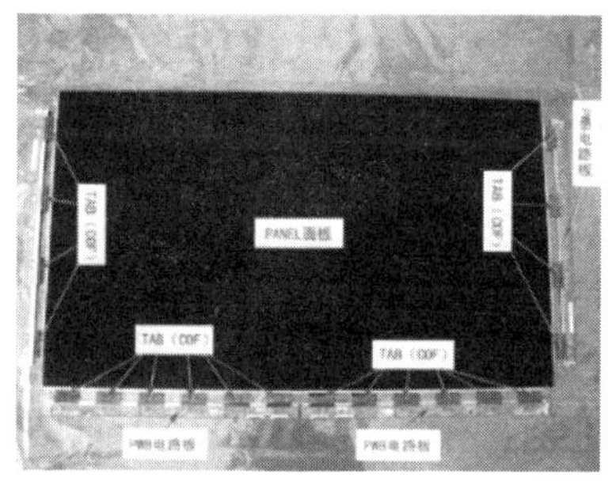

a）

b）

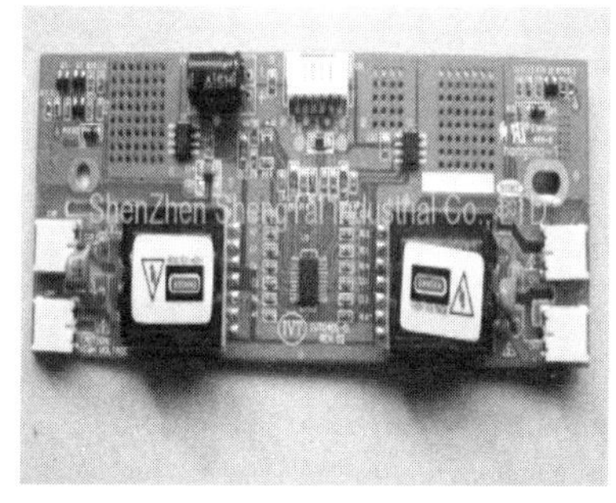

c）

d）

图 7-5　显示面板及液晶电视机电路高压板

a）显示面板　b）显示面板细节　c）液晶电视机电路高压板

d）液晶电视机电路驱动板

类型可划分为交流输出型和直流输出型两种。

电源适配器实际上就是一个开关电源，它是将交流 220 V 电压变成高频开关振荡脉冲，再经由脉冲变压器降压，然后经过整流、滤波和稳压，最后输出液晶电视机工作所需要的 12 V 直流电压。即其作用就是将高电压转换成低电压，它的输出功率加上耗散功率等于其输入功率。

第二节 电视机起火原因分析

导致电视机引发火灾的原因主要有外部因素和电视机内部元件故障两种。

一、外部因素

引起显像管电视机和液晶电视机火灾的外部因素不尽相同，概括为以下五种。

（一）关机不彻底

目前市场上销售的电视机都具有可用遥控器遥控开、关机的功能。但是，遥控关机又分为交流关机和直流关机两种，具有交流关机的电视机，遥控关机以后，交流电源被彻底关断，再也不能用遥控器开机，这种关机虽然给使用者带来不便，但是关机后不会发生火灾。然而当前大部分电视机都是直流关机，关机之后不能彻底脱离交流电源，只是关断了电视机的主电源，但是仍然保留了辅助电源，而且电源电压出现异常偏高时会造成辅助电源故障起火进而引发火灾。

（二）交流供电电压异常

我国的城市供电系统调整率较为稳定，但农村供电质量差异较大，就农村而言，供电系统的调整率大都超过10%，个别地区甚至超过20%，如果电视机用户使用伪劣的稳压器，会因为供电电压调整过大或稳压器自身的故障导致电视机内部故障，从而引发火灾。

相关研究机构试验证明，电视机在110～380 V的欠压、升压试验中，电视机电子元件的温度随着试验电压的升高温度没有发生明显的变化。电视机各主要电子元件的温度随电压变化温度曲线如图7–6所示。

对于没有过压保护的CRT彩色电视机，试验电压从110 V升高到350 V，各主要元器件表面温度与正常运行的电视机相比无明显变化，电视机运行正常。当试验电压升压到380 V，进行到10 s时，开关电源电路上的电解电容器容体上表面爆裂，有气体冒出，电容烧毁，没有明火发生。关闭电视机后不能再次启动。

对液晶电视机进行上面的试验，电源部分和信号处理部分与正常电压运行的液晶电视机相比温度无明显变化，无其他异常现象发生，电视机运行正常。

对于有过压保护的CRT电视机，当升压到270 V时，提示电压过高要求关机，继续运行几分钟后电视机自动关闭。

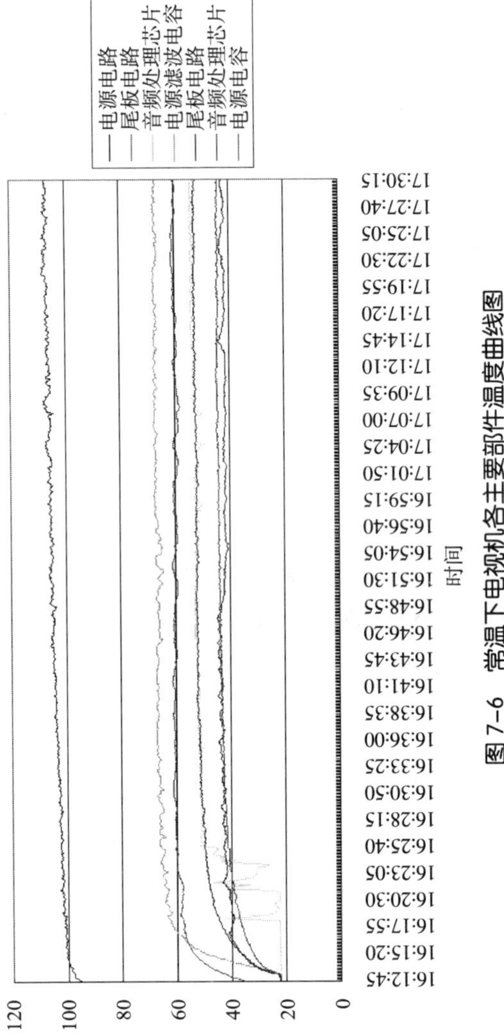

图 7-6　常温下电视机各主要部件温度曲线图

（三）使用环境恶劣

在温度过高或湿度过大的环境中使用都会对电视机内部元件造成损坏或绝缘性能降低引发故障，进而导致火灾，比如看电视时用电视罩布遮盖了通风散热孔道导致机内温度积累升高，再如南方有些地区环境常年潮湿，导致电视机内部结露，材料绝缘性能降低，这时如果开机可造成电视机故障引起火灾。若用户不慎将液体滴洒进机内，也会造成电视机线路发生漏电、短路引发火灾，有时电源开关也会因本身潮湿发生弧光放电而起火。

相关研究机构试验证明，电视机在环境湿度大于 90% 的试验过程中各主要部件温度值较正常情况下的试验温度值没有发生明显变化，如图 7–7 所示。CRT 电视机在湿度的作用下，显像管高压嘴处漏电打火伴有响亮的击穿爆裂声，电视画面忽明忽暗。当高压嘴处放置可燃物，可燃物被引燃。试验后检查显像管高压嘴，高压帽橡胶有炭化、烧蚀痕迹，如图 7–8 所示。在湿度作用下，部分试验电视机因为负载部分短路导致熔断器熔断，如图 7–9 所示。

2010 年 4 月 21 日，福建省福州市某小区 1 号楼 3 楼一户人家发生火灾，此起火灾造成该户家具烧毁严重，没有人员伤亡。经消防部门调查认定这起火灾是由于电视机在热源附近和湿度较大的环境中频繁开关，引起高压打火，引燃电视机及其周边可燃物而引发的火灾，火灾现场如图 7–10 所示。

（四）雷电导致电视机火灾

雷击波侵入，雷击在架空线路、金属管道上会产生冲击电压，使雷电波沿着线路或管道迅速传播，此过程中若侵入到建筑物内部，会造成电气装置和电气线路绝缘层击穿，导致短路引起火灾。室外天线架设得过高，有的还加装了避雷针，使其变成了“引雷器”，可导致电视机故障性火灾和直击式火灾。

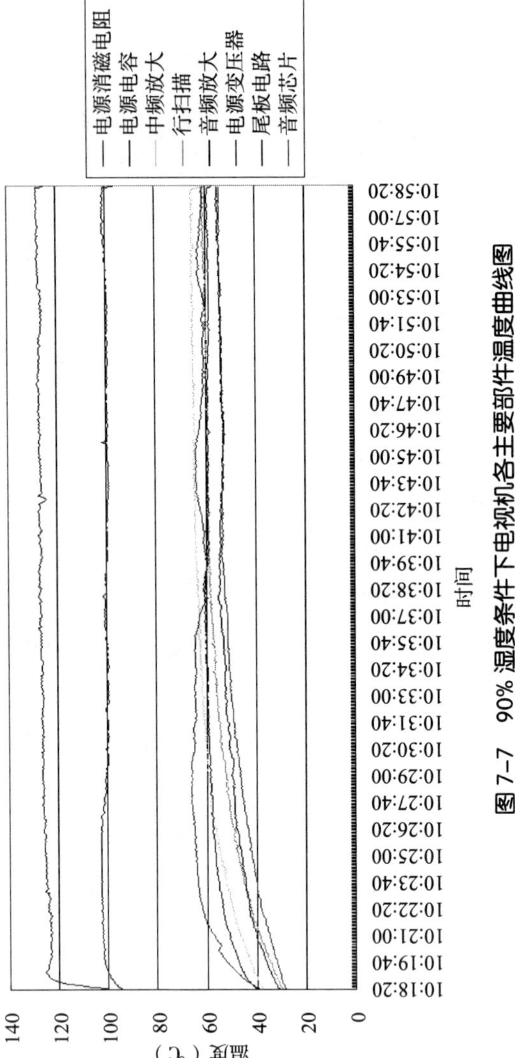

图 7-7　90% 湿度条件下电视机各主要部件温度曲线图

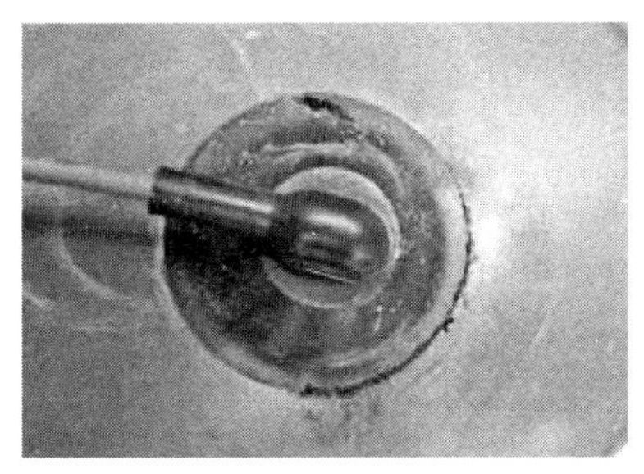

图 7-8　高压嘴、高压帽烧蚀痕迹

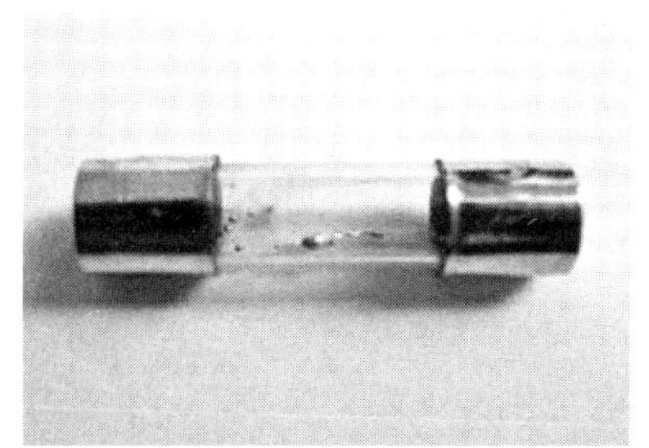

图 7-9　熔断器熔断

图 7-10　电视机高压打火火灾现场

相关研究机构运用 10 kV 试验变压器模拟雷电侵入调频器，当 10 kV 高压接近 CRT 电视机射频信号线时，高压输出端与电视机视频输入端突出的金属部分放电击穿，电视画面因高压影响，颜色有变化。接通射频信号线与高压线后，电视机电子元件击穿，电视机不能启动。LCD 电视机的射频信号线与高压线接通后，电视机未出现异常。

（五）“带病”使用导致火灾

如果电视机的质量不过关，电视机使用一段时间后，就会出现虚焊点，从而造成局部放电或者电视机短路的情况发生，严重时可形成火灾；电容器的老化也会使其无法承受设计电压，当电压意外波动或发生故障造成电压升高时，就会击穿电容，电容爆浆或者造成短路，引起电视机燃烧；电视机已到报废年限但仍继续使用或已发现故障却不及时检修“带病”使用，这些都将增加电视机火灾的发生率。

2010 年 3 月 19 日，在上海市长宁淞虹路某小区五层居民楼内，电视机严重老化，长时间使用导致起火，致使房间北侧的玻璃几乎全部碎裂，而屋内的大部分的家居用品都被烧毁，如图 7–11 所示。

图 7–11　电视机老化起火火灾现场

二、内部原因

（一）显像管电视机起火内部原因

1. 开关电源部分故障引起火灾

无论是显像管电视机还是液晶电视机，输出电压过高是开关电源部分常见的故障，它可以导致行输出极故障进而引发火灾。如果开关变压器对地短路可造成变压器冒烟起火，如果短路不稳定就可能会产生弧光引起火灾。

2. 高压包放电打火引起火灾

彩色显像管电视机在正常工作时，显像管的阳极高压为 22～28 kV，阳极高压由高压包产生，经高压绳送往显像管，如果高压包或高压绳老化龟裂，再加上机内有大量积灰、受潮造成高压泄漏，将会对其周围 5 cm 范围内的物体放电，产生高达 3 000～4 000 ℃的高温电弧，极易引燃周围可燃零部件和机壳而引发火灾。由于显像管自身电容的作用，闪电的瞬间功率较大，并会伴随着很大的声响，闪电和弧光可以使绝缘炭化，如果遇到燃点较低的可燃物可以引发火灾。高压包内部匝间短路乃至层间短路能使绝缘层从内向外逐步炭化产生高温和气体，这些可燃的高温、高压气体一旦从薄弱处泄出遇见空气就会发生燃烧。内部短路的放电功率不一定很大，但它有长时间温度积累的过程，当温度上升到气体燃点时遇氧气便会燃烧。相比之下，外部的电弧或闪电有良好的散热条件，电弧功率不是很大时，不能引起燃烧。

3. 电源变压器线圈匝间、层间短路引起火灾

电源变压器长时间通电、散热不好积热就会造成线圈匝间、层间短路起火。电源变压器长时间通电，主要是部分电视机的电源开关的安装位置不合理造成的。有些电视机的电源电路中电源开关设计在电源变压器的副边回路，不能控制整体电源，如果看完电视后只关闭电源开关而不使插头断电，变压器原边仍在通电，虽然它通过的电流很小，但长时间通电，电流会使电源变压器继续升温，电源变压器的线圈和绝缘性就会因短路或炭化而起火，引起电视机发生火灾爆炸事故。

4. 本身设计缺陷造成故障引起火灾

（1）电源输入部分。这部分的电路比较简单，常见故障是在

供电电压异常升高的情况下，二极管和电解电容器损坏。二极管在过电压的作用下击穿；电解电容漏电严重时内部产生大量的气体，内压增大导致容体爆裂。爆裂瞬间有可能形成两电极间的弧光放电进而引发火灾。因为电视机电源电路是电视机供电的主通道，为整个电视机的正常运转提供电源，所以电视机的其他部分短路也可以引起这部分电路的故障。特别是这部分电路直接与市电相连接，有足够的能量来源，一旦有严重接触不良，如电源开关或元件脱焊等可产生持续弧光，点燃附近可燃物（如电路板、塑料构件、导线外皮等）引发火灾。

（2）显像管设计问题。显像管正常时内部气压呈负压状态，即使受振爆裂也不会形成很大威力，对人不容易形成伤害。但是由于内部电极间的弧光放电可以使电极物质迅速蒸发，产生大量气体，这又使极间绝缘进一步降低，使电弧强度更大，形成恶性循环，很快使显像管内由负压转变为正压，当内部气压超过显像管玻璃壳的承受极限时，显像管会发生爆炸。此时的爆炸威力很大，显像管内部电极间产生电弧的原因，主要有显像管结构设计的缺欠和生产工艺中出现的不稳定因素，如电极焊接不正、真空度不高等；其次是电视机电路故障使阳极电压大大超过设计值；再次就是机械振动造成内部构件变形松动，使电极间的距离发生变化。

（3）行输出变压器问题。行输出变压器的引脚及逆程电容、s校正电容、偏转线圈等的引脚脱焊会产生连续不断的火花甚至形成电弧，使印制电路板起火；行输出级供电电路中的大功率限流电阻，在行输出级出现过流或短路时，很快产生高温甚至烧红，引燃与之相碰的导线或零件，形成火灾。

5. 显像管尾板和偏转线圈故障引起火灾

显像管尾板上的最高电压是聚焦电压，可高达数千伏，显像管管座受潮可以打火拉弧，但由于聚焦电压是经过行输出变压器内部的电位器分压取得的，是内阻较高的电源，所以电弧功率不会很大，不能形成火灾，而且管座上带有灭弧室，也不会危及其他元件。但显像管出现极间短路时，可在尾板上产生放电电弧导致起火，偏转线圈受潮时也会发生匝间短路，产生放电火花，严重时也可以把漆包线绝缘烧黑，或引燃偏转线圈支架，形成火灾。

2004 年，湖南省常德市某市场发生火灾，火灾造成 5 200 余户业主受灾，过火面积达 83 276 m^2，坍塌面积 10 011 m^2，烧毁门面、摊位 6 249 个，仓库 30 个和大量的日用百货、文化用品、电子通信器材、纺织品等商品，财产损失约 1.87 亿元，火灾导致 15 名群众和 8 名消防官兵受伤。经过调查人员对火灾现场勘验，认定起火点为市场内 ×× 号门面内处于通电状态下的 14 英寸彩色电视机，因其内部故障产生高温并燃烧，引燃其周围手机外壳、无水酒精、清洗剂和电子通信器材等，进而引发火灾。

通过对物证电视机残余物的进一步提取、调查，发现电视机显像管内的偏转线圈内部高温软化。显示屏玻璃粘连在一起，其外裹磁套被烧炸裂，磁套内侧面有高温变色痕迹，证明此痕迹为内部高温所形成，如图 7–12 所示。

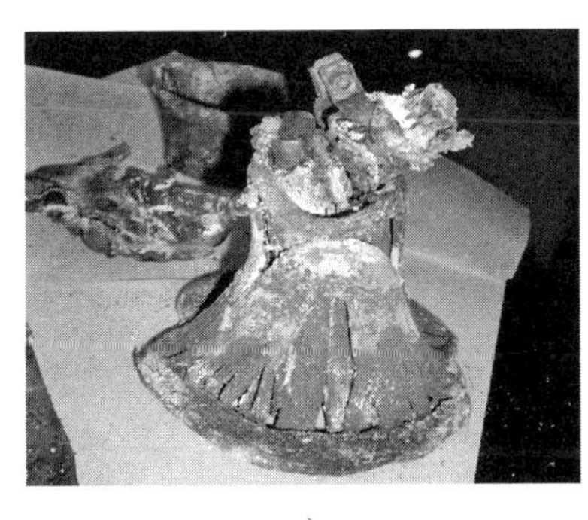

a）

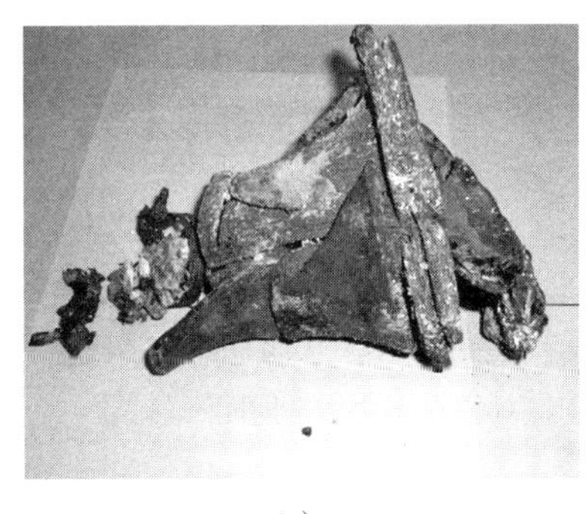

b）

图 7–12　残留电视机显像管高温受热痕迹

a）残留电视机显像管背面　b）残留电视机显像管侧面

（二）液晶电视机起火内部原因

1. 液晶电视显示板故障引发火灾

液晶电视机显示板背部集合了液晶电视机的绝大部分的电路，是液晶电视机的核心部件。液晶电视机显示板中的高压板电路部分是给液晶显示板背部的照明灯提供交流电源的电路。通常情况下，20 英寸的液晶屏幕需要 6 只高亮度灯管，这种特殊制作的灯管需要交流 700 V 的供电电压。逆变器是将直流 12 V 的电压转变成交流高压信号，属于驱动板部分。在进行电流转换时若显示板上电路元件老化或者因故障产生短路，击穿等现象，就能够产生足够的能量进而引起其他电视机元件起火。

2. 安装不当导致火灾

如果在安装时墙体电源零线与地线混接，就会导致有线插头与电视机连接处漏电，从而导致液晶电视机起火。液晶电视机同轴天线连接到有线电视网络，当具备下列四个条件时，液晶电视机及连线就有可能自燃。

（1）建筑物的电源配电系统和有线电视系统没有进行等电位的连接。

（2）建筑物的配电系统接地不良，比如接地电阻大于标准规定值，或者接地线截面积不够或者某处连接电阻过大。

（3）由建筑物的电源配电系统供电的某台电器或者若干台电器发生漏电、系统内的个别用户把 N 和 PE 线接反、系统内个别用户故意偷电（使电器仅和 L、PE 相连）。

（4）电视机内部电源接地点到同轴天线端子的连接线的截面积不够（标准要求：电流 25 A，1 min 时电阻 $<0.1\ \Omega$）或者电视机到有线电视网络端口的连接线不良。例如，图 7–13 中的接地电

阻应不大于 4 Ω，当 $R_1>R_2$ 时，就有危险。

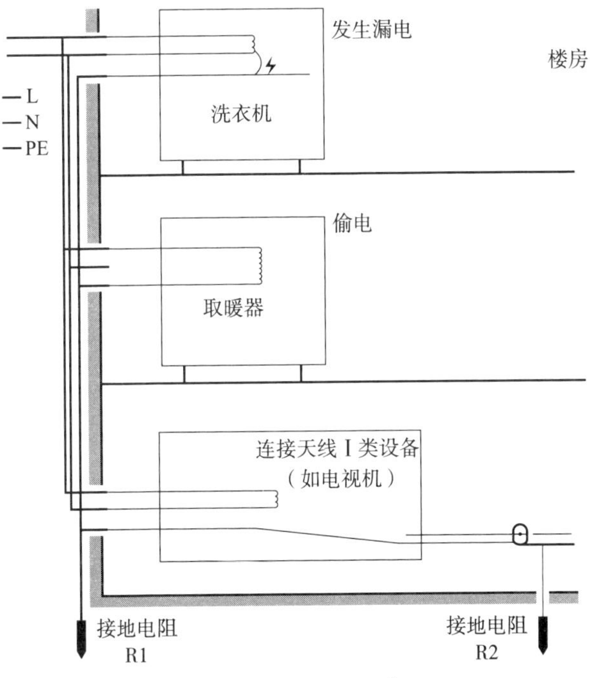

图 7-13　电路连接示意图

第三节 电视机火灾调查方法

电视机火灾调查同其他火灾的调查一样，一般也要通过询问、勘验和物证鉴定等来确定最终的起火原因。通过对火灾当事人、责任者和证人的调查询问，全面地搜集线索和证据，有利于查明起火时间、起火点及火灾的发生和发展过程，更有利于现场勘查、认定起火原因和火灾责任。通过现场勘验，特别是对电视机的勘验，确定引发火灾的故障，需要物证鉴定时，提取相关物证进行检验鉴定。

一、调查询问的重点

在调查过程中，对当事人的调查询问是很有必要的，正确的询问能够帮助火灾调查人员帮助了解火灾经过，熟悉现场情况，掌握第一手的资料。向当事人获取的主要情况有以下内容：

（一）电视机的周边环境

询问内容包括：电视机与周围可燃物的距离，放置部位及环境条件是否潮湿，是否影响散热，有无小动物爬到电视机内部等。询问当事人是否有可能将液体洒入机内。因为如果液体洒入机内，会使机内线路板上发生漏电和短路现象。通过对以上询问内容与现场环境的结合初步推断电视机着火是否由于外部因素引起。

（二）电视机运行情况

询问内容包括：起火前电视机的通电状态，还要注意向当事人询问电视机的连续使用时间和关机过程。如当事人是否有长时间开机的习惯，用后是否拔掉电视机的插头。当事人近期对电视机的维修保养情况以及当事人家中照明线路的电压稳定情况。

（三）电视机近期有无异常现象

询问内容包括：近期是维修过，电视机在发生火灾前是否有杂音，火灾前电视机是否有烧焦味，电视机在发生火灾前是否有漏电（手接触电视机外壳时有麻手的感觉）的现象。如果有上述现象则证明有内部原因。如从电视机的散热孔处可以闻到焦煳气味和臭氧气味，这种臭氧气味是由于高压元件漏电产生高压电弧时，将放电两极间的空气电离产生了氧离子的缘故。

电视机在工作时发生故障起火燃烧，往往因为有人员在现场，火势能够得到及时有效的控制，所以不会造成特别严重的后果。从火灾事故调查的角度，有证人在场一方面可以了解电视机的起火部位、初起阶段的燃烧状态和火灾前出现的一些征兆；另一方面，由于及时控制了火情发展，起火点的燃烧痕迹和特征都没有被严重破坏而得以保留，这些都有助于火灾原因调查工作的开展。

通过对电视机火灾前运行状态的了解，可以对初步假设进行验证。一般来说，电视机发生具有火险性的故障时会有下列现象：开机后，听到吱吱啪啪的打火声，有时会闻到臭氧气味。或者发现电视机屏幕上有不规则的黑点或黑线，将频道选择键调整到空挡，上述现象也不消失，就说明显像管的第二阳极和高压包在打火，如不及时关机，就会烧坏元件，甚至引起显像管爆炸。当开

机后，电视机的亮度突然变暗，或整幅画面突然缩小，这是电源电路发生了故障，有可能会导致变压器过热短路而引起火灾。当图像尺寸发生放射状周期性变化，图像上下左右圆滑扭曲，荧光屏上出现一条幅线或竖亮线，或开机后荧光屏不亮时，有可能导致重大的故障。

二、现场勘验的重点

火灾现场勘验主要是围绕查明起火原因而开展工作的，所以火灾现场勘验的基本任务是收集、检验能证明起火原因的证据。对于一般火灾，需查明火场的方位及地形地物状况，建筑物的耐火等级及其在火灾中被烧损的情况，设备、物品、火源、电源等的位置及被烧情况，烧毁、倒塌、炭化程度，受热变形、变色、烧熔、破裂、塌落等情况，火灾蔓延及烟熏情况，残留物状态及其位置，起火部位、起火点的位置及其附近物品的残留状况，消防设施的效能、被破坏等情况。对于电视机火灾，现场勘验的重点有所不同，往往不需要对方位、地形地物、建筑的耐火等级等进行勘验，勘验的主要内容为以下几个方面：

（一）认定电视机为起火点

电视机本身起火引起整个房间和建筑被烧的火灾，起火点一般不在地面，往往在离地面一定高度的部位，如桌面、柜顶、茶几上部等部位。对于初期被扑灭的火灾，可以通过电视机后墙面上 V 形痕迹和可燃物被烧状态呈现由电视机向四周发散的痕迹来判定电视机为起火点。若电视机大部分被烧损，其外壳靠电压包或变压器一侧被烧变形，并且内部有明显的烟熏痕迹。燃烧过程中形成的 V 形燃烧痕迹，其顶点在电视机支撑物的同一平面上，并与电视机原始位置相对应。

如果电视机火灾现场比较复杂，没有明显的 V 形痕迹，那么要注意对起火部位残留物塌落层次的观察。对于显像管电视机，由电视机本身引起的火灾，在火势向四周蔓延前一般可能是显像管先行爆炸。此时，电视机的显像管屏蔽玻璃碎片会先于其他灰烬散落在地面。随后，由于火势的发展，其他部位的物体残骸倒塌掉落将其覆盖。屏幕玻璃碎片会优先于其他灰烬散落在电视机前地面，呈放射状，碎片呈尖刀形，边缘平坦、曲度小。其他部位的物体残骸倒塌掉落将其覆盖。因此，玻璃碎片朝上一面有灰尘和烟熏痕迹而朝下一面没有。在一般情况下，燃烧残留物堆积层次反映了火势发展蔓延的过程。确定电视机为起火点的残留物堆积层次从下到上的顺序一般为：地面→电视机残骸→电视机支撑物残体→瓦砾。

（二）查明电视机通电情况

电视机发生火灾之前通电情况可以通过其电源线、电源插头、插座特征来判断。

在认定电视机为起火点后，想要确定其为一起电视机火灾必须确定电视机在火灾前或火灾中处于通电状态。通电状态可以从现场物品的位置来判断。比如，电视机的插头残骸还留在墙上的插座上，或是插在插线板上而插线板的开关处于闭合位置等，即可证明电视机在火灾发生时可能正在工作。另外，也可以从电视机导线的短路痕迹来判断，仔细勘验电视机内的导线，特别是电源线，如果在导线上发现有短路熔珠，不管是一次短路熔珠，还是二次短路熔珠，都可以证明电视机一定处于通电状态。

（三）提取高压包、行输出变压器等易出故障的部分

在对电视机的残体进行现场勘验时，如果发现高压包周围的燃烧痕迹较其他部位的更为严重，并且在高压元件的壳体上存有电火花痕迹，结合询问时用户提供的在火灾前发现的各种征兆，

则可以断定是由于高压包放电打火而引起火灾的。

如果在勘验输出变压器的线圈时，发现线圈的内层比外层烧得严重，有从内部向外部燃烧的痕迹特征，线圈上还有明显的放电短路痕迹，那么就要考虑是由于输出变压器过热过压造成的短路起火。

电容器爆浆、元器件老化或者维修后被替换了劣质元件、虚焊等情况，在理论上都有可能引发电视机故障并造成火灾，但是这几种情况从痕迹物证上很不好收集，具体要找到故障点也不是很容易，还需要调查人员具有丰富的专业知识和实践经验。

（四）排除外部原因造成火灾的可能性

确定是由于电视机内部起火引燃周围可燃物引发火灾，还需要排除外部火源引燃电视机、电视机受潮、因电源电压波动和雷击等造成火灾的可能性。首先，要确认火灾之前电视机周围可燃物的摆放情况，是否存在将电视机引燃的可能性；其次，要确认电源电压是否存有波动，是否在220 V电源之中窜入了380 V电压，一方面可以到所在地的供电部门取证，另一方面也可以通过调查与受灾户用电同相回路的用户；最后，要确认火灾前该区域是否有雷击发生过，可以通过到当地的气象部门调查取证，也可以使用磁测定仪进行检测来加以确定。

（五）根据电视机壳燃烧特性确定起火原因

电视机外壳材料都为塑性材料，按照国家标准有关要求，外结构后盖、内结构的安全盖均应使用阻燃材料制成。然而由于市场竞争激烈，为降低成本以及国家有关部门执行不严等因素造成市场上的电视机外壳有不少为可燃材料。若由于电视机内部元件发生故障起火，引起内部燃烧，受热面在外壳内侧，塑料内侧先溶解，会造成电视机电路板上堆积有塑性材料，这是由于电视机内部起火内侧塑料先受热熔解以及燃烧缓慢的特征所形成的。若电视机被其他可燃物引燃起火，电视机外壳塑料外侧先受热熔解，则在电视机外侧形成塑性流淌且呈一边倒，发展到火势较大时燃烧猛烈，塑性流淌物量较少，因此电视机内部的电路板上堆积的塑性溶化物数量较少，甚至有的电路板清晰可见。

三、电视机火灾物证的提取

在通过现场调查询问和火场痕迹等手段确定起火点为电视机之后，还要进一步分析起火原因，所以电视机火灾物证的提取（尤其是电视机内部元器件的痕迹物证）在电视机火灾的调查过程中就显得尤为重要，电视机的火灾物证一般可以分为两种，一种是可以直接提取并加以判断的，另一种是需要实施鉴定得出结论才能判断的。针对电视机火灾的特殊性，以下是几类在电视机火灾分析中特别需要关注的痕迹物证：

（一）显像管

显像管是一种电子射线管，是电视机重现图像的关键器件。它的主要作用是把作为发送端的摄像机摄取转换的电信号，以亮度变化的形式重现在接收端荧光屏上。为了能高质量地重现图像，就要求显像管屏幕尺寸要大，图像的清晰度要高，荧光屏要有足够的发光亮度。

由于阳极高压很高，显像管在电视机使用过程中有可能因为高压包老化等原因引发火灾，因此在电视机火灾现场勘验中，显像管的提取显得至关重要。如果勘验中发现显像管高压包周围的燃烧痕迹较其他部位更为严重，并且在其高压元件的壳体上留有电火花痕迹，就可以断定是由于高压包放电打火引发火灾的。显像管可以在现场提取并做出分析判断，因此提取显像管对电视机火灾原因调查具有非常关键的作用。

（二）开关式稳压电源

开关式稳压电源的主要作用是保护电路，包括过压保护、输出电压保护、欠电压保护和过流保护。如果稳压电源发生故障，那么电路中的电压电流过大会击穿电路引发火灾，所以稳压电源会有一定的火灾危险性。

开关式稳压电源一旦发生故障就会造成供电电压过高或过低，容易导致电视机故障进而引发火灾。在一起电视机火灾中，经调查是由于内部短路造成电视机火灾，在排除雷击等外部原因之后，就可以确认是因为开关式稳压电源故障造成的火灾。

（三）变压器

变压器的作用就是利用电磁感应的原理来改变交流电压强度，其主要构件是初级线圈、次级线圈和线芯。变压器的功能主要有电压变换、电流变换、阻抗变换、隔离、稳压等。最常见的分类可分为湿式变压器还有干式变压器。电视机里面的变压器是属于小型变压器，这种小型变压器的起火原因主要有长时间的通电过热、电源电压过高引起的变压器故障、下属电路故障以及小型变压器质量不好等。

在提取变压器后，勘验变压器的步骤可分为：外观勘验，即从变压器的外观进行勘验，从高压进线端开始勘验，看看变压器有没有变化痕迹；解体勘验，即对线圈绕组和硅钢片进行勘验。线圈燃烧程度内重外轻，漆包装内层炭化、结块，外层只是炭化，表明燃烧顺序从内向外。线圈、匝间，线圈与硅钢片间形成有短路痕迹、熔珠，变压器外壳和钢片形成变色痕迹部位和熔痕部位对应则表明是变压器过热短路起火。

（四）液晶电视机显示板

液晶显示板为薄板型，它可以利用显示板后部的空间安装电子线路板，电源供电部分可以直接安装在支撑座内部，使整体结构轻、占空间小。液晶显示板主要是由两片玻璃板之间的液晶材料，再配上偏光板和控制电动机构成的。

液晶电视机的显示板是液晶电视机的核心部件，它本身并没有自燃和助燃物，因此显示板上某些电路发生短路时，可在电路短路处产生几千摄氏度的高温，并产生电火花。电路短路处熔化的金属，就会形成特定的熔珠，根据提取的熔珠的金相类型确定是否为电视机内部元件起火。

第八章 计算机火灾调查

第一节 计算机的分类和组成

一、计算机的分类

电子计算机从其组成结构、运算速度和存储容量可分为巨型机、大型机、小型机以及微型计算机四大类。

微型计算机简称计算机，也称个人计算机、PC 机或电脑，是电子计算机技术发展到第四代的产物。微型计算机的诞生引发了电子计算机领域的一场革命，大大扩展了计算机的应用领域。微型计算机的一个显著特点，它的 CPU 功能都由一块高度集成的电路芯片完成，它的出现打破了计算机只能由少数专业人员使用的局面，使每个普通人都能够方便地使用，并成为人们日常工作、生活中的工具。

计算机按照功能和使用目的不同，主要有两种不同分类方法。

（一）按照计算机结构形式分类

计算机主要存在两种结构形式，即台式计算机和便携式计算机。台式计算机主要有传统台式计算机和一体电脑等，便携式计算机主要有笔记本电脑和上网本等。

1. 台式计算机

最初的计算机都是台式的，至今台式计算机仍是计算机的主要形式。台式计算机需要放置在桌面上，主机、键盘和显示器都是互相独立的，通过电缆和插头连接在一起。台式计算机的特点是体积较大，部件标准化程度较高，系统扩充、维护和维修比较方便。基本外观如图 8–1 所示。

图 8–1　台式计算机

2. 笔记本电脑

笔记本电脑是把主机、硬盘、键盘和显示器等部件都组装在一起的计算机，它的体积一般只有手提包大小，并能通过蓄电池供电。常见的笔记本电脑外观如图 8–2 所示。

图 8–2　笔记本电脑

3. 上网本

上网本为采用 Intel Atom 处理器的无线上网设备，具备上网、收发邮件以及即时信息等功能，并可以实现流畅播放视频和音乐的功能。所以上网本是一台功能不齐全、简化版的笔记本电脑。常见的上网本外观如图 8-3 所示。

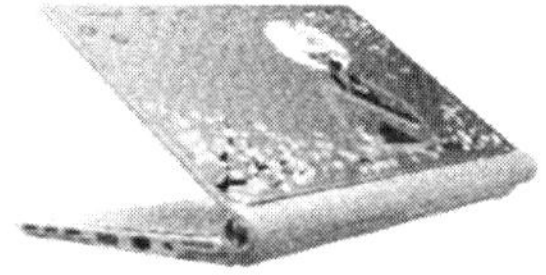

图 8-3　上网本

4. 一体电脑

一体电脑改变了传统电脑屏幕和主机分离的设计形式，它把主机和显示器集成到一起，计算机所需的所有主机配件全部集中到屏幕后侧。有些一体电脑还带有触摸屏、蓝牙等技术应用。常见的一体电脑外观如图 8-4 所示。

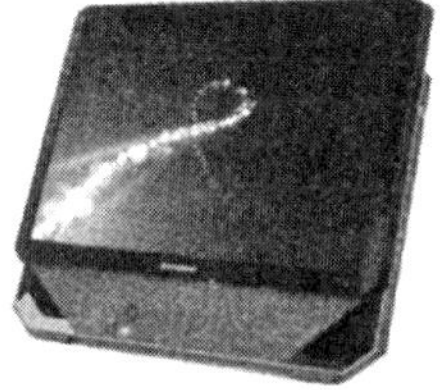
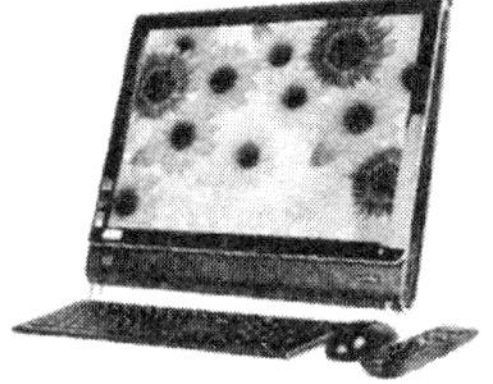

图 8-4　一体电脑

5. HTPC

HTPC（Home Theater Personal Computer，即家庭影院电脑或客厅电脑）是以计算机担当信号源和控制系统的家庭影院。它是一台具有多种接口，可与多种设备连接，而且预装了各种多媒体解码软件，可以播放各种影音媒体的计算机。HTPC 的主机箱如图 8-5 所示。

图 8–5　HTPC 的主机箱

（二）按品牌机和组装机分类

目前，国内外市场上各种类型的计算机种类繁多，大体可分为品牌机、组装机和准系统。

1. 品牌机

品牌机通常由国内外著名公司生产，其在质量和稳定性上高于组装机。常见的进口品牌机有 IBM、DELL、HP 等，国产品牌机有联想、同方、方正等。

2. 组装机

组装机是其所有部件可按用户要求任意搭配组装，满足用户个性需求，维护和维修较方便。其主要问题在于组装机为散件组装而成，由于计算机配件生产厂家技术和检测手段水平不一等方面的因素，不能很好地保证组装机的可靠性。

3. 准系统

准系统定位于品牌机和组装机之间，是一种在机箱内集成了主板和电源的产品，有时甚至包括显卡和光驱等部件。如今的准系统很多都是主板厂商和机箱厂商合作的产品。图 8–6 所示的是准系统的外观、内部结构和组装好的一台计算机。

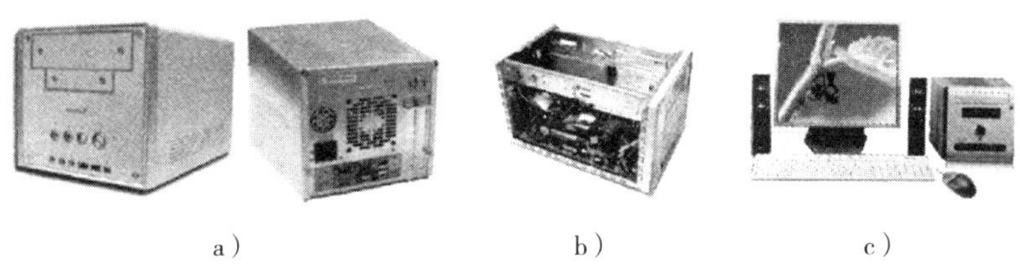

a）　　b）　　c）

图 8-6　准系统的外观、内部结构和整机

a）外观图　b）内部结构图　c）整机图

二、计算机系统组成和结构

（一）计算机系统的组成

计算机的体积虽然不大，但却具有许多复杂的功能和很高的性能，并且在系统组成上几乎与大型电子计算机系统没有什么不同。计算机系统的组成通常分为硬件和软件两大部分，如图 8-7 所示。

计算机的硬件包括计算机系统中由电子、机械和光电元器件等组成的各种部件和设备。这些部件和设备按照计算机系统结构的要求构成一个有机体，称为计算机硬件系统。计算机进行信息处理、交换和存储等操作都是在软件控制下，通过硬件来实现的。

（二）计算机的硬件结构

计算机的结构并不复杂，图 8-1 所示的是从外部看到的典型计算机硬件系统，由主机、显示器、键盘、鼠标和音响等部分组成。

大部分的计算机都是按照开放式结构设计的。通常一个能使用的计算机系统至少包括主机、键盘和显示器三个组成部分，因此，这三部分是计算机系统的基本配置，而打印机以及其他外部设备可根据用户需要选配。主机是安装在一个主机箱内所有的统一体，其中除了功能意义上的主机以外，还包括电源盒等若干构

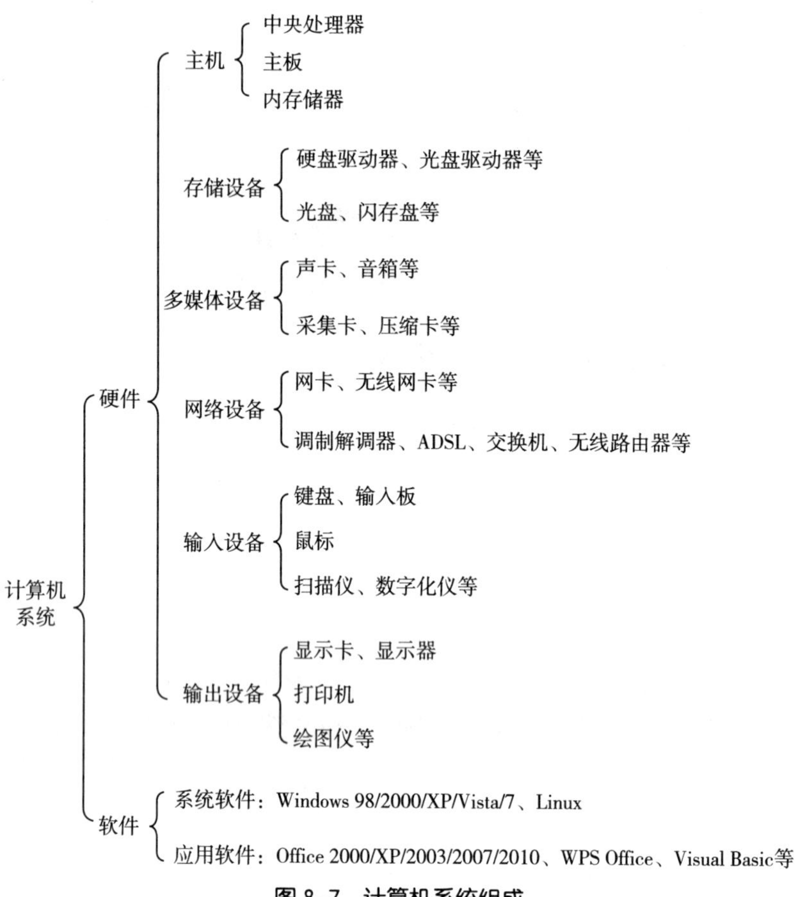

图 8-7　计算机系统组成

成系统所必不可少的外部设备和接口部件，其结构如图 8-8 所示。

目前计算机配件基本都是标准产品，全部配件包括机箱、主板、CPU、内存条、硬盘、光驱、显示卡、电源、键盘、鼠标等。

1. CPU

CPU 是决定一台计算机性能的核心部件，如图 8-9 所示，人们常以它来判断计算机的档次。

图 8-8　主机内部结构

1—显示卡　2—CPU　3—电源　4—机箱　5—光盘驱动器
6—硬盘驱动器　7—内存条　8—主板

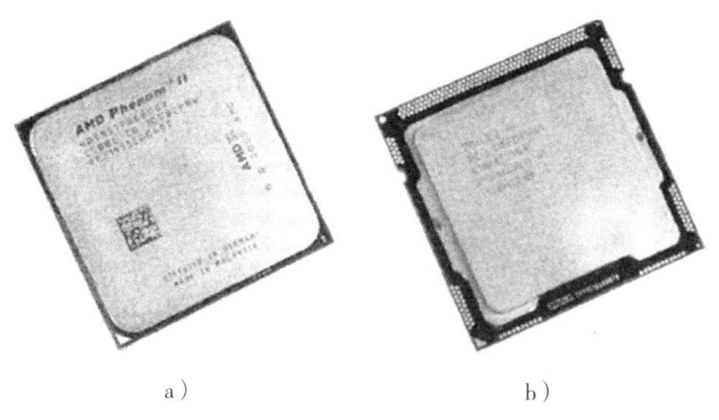

a）　　　　b）

图 8-9　CPU

a）AMD 公司的 CPU　b）Intel 公司的 CPU

2. 主板

主板也称主机板，是一块多层印制电路板。主板上有 CPU、内存、输入 / 输出扩展槽、键盘接口以及一些外部设备的接口和控制开关等。主板是计算机主机内中最大的部件，其外观如图 8-10 所示。

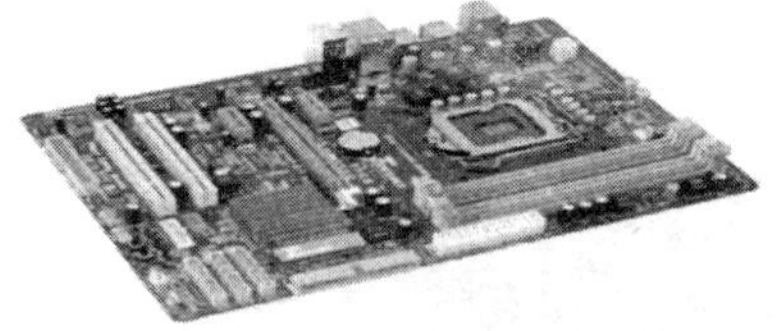

图 8-10　主板

3. 硬盘驱动器和光盘驱动器

硬盘驱动器、光盘驱动器是计算机系统中做主要的存储设备，它们通过数据线与主板连接、通过电源线与主机电源连接。硬盘驱动器和光盘驱动器的外观分别如图 8-11 和图 8-12 所示。

图 8-11　硬盘驱动器

图 8-12　光盘驱动器

4. 显示卡

显示卡又称显卡，是计算机中控制显示器正确显示图像的主要部件。显示卡是一块独立的电路板，安装在主板的扩展槽内。显示卡上带有散热器，散热装置的性能直接影响显卡运行的稳定性。其外观如图 8-13 所示。

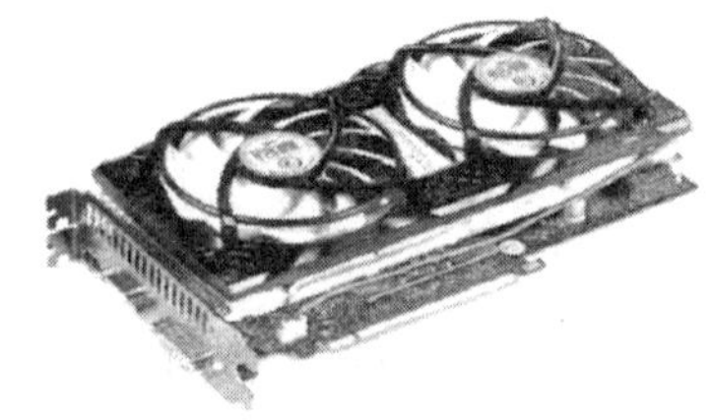

图 8-13　显示卡

5. 电源

电源也称电源供电器，它为计算机所有部件提供所需电能。电源功率的大小、电流和电压是否稳定，直接影响计算机的工作性能和使用安全。主机电源是安装在主机箱一个金属壳体内的独立部件，如图 8-14 所示。

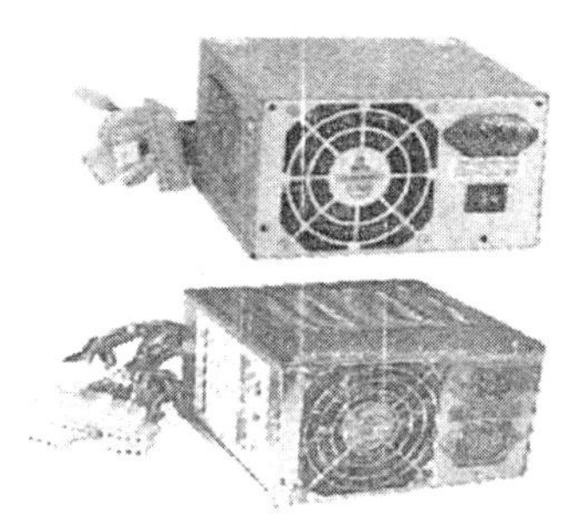

图 8-14 主机电源

（三）笔记本电脑的结构

笔记本电脑因其使用和携带方便，越来越多地走入人们的工作和生活，普及率越来越高。笔记本电脑的组成结构与台式机十分相似，包括显示器、主板、中央处理器、显示卡、硬盘、内存、光驱、鼠标、键盘、电池和电源适配器等。笔记本电脑区别于台式计算机的部件主要是主板、电池和电源适配器。

1. 笔记本电脑主板

笔记本电脑的主板是其组成部分中体积最大的核心部件，也是 CPU、内存和显卡等各种配件的载体。笔记本电脑主板与台式机主板有很大区别，主要是由于笔记本电脑追求轻薄、便携等特点而引起的。笔记本电脑主板上绝大部分元件都是贴片式设计，电路的密集度和集成度非常高，其目的就是最大限度地减小体积和重量。不同笔记本电脑的主板设计没有统一标准，笔记本电脑

主板之间不具备通用性。图 8–15 所示为一种笔记本电脑的主板外形。

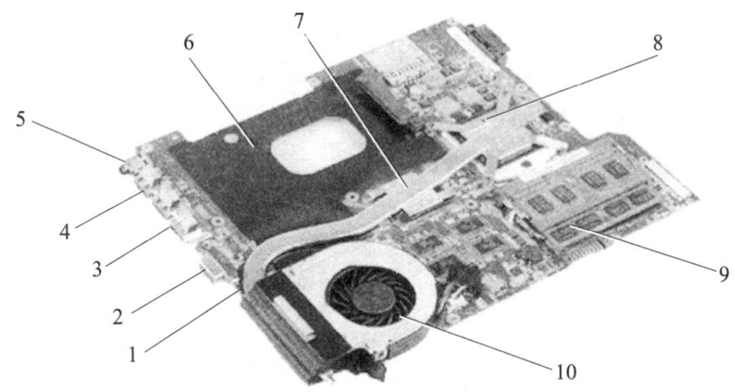

图 8–15　笔记本电脑的主板

1—铜质导热管及散热片　2—VGA 接口　3—RJ45 接口　4—USB 接口
5—IEEE1394 接口　6—硬盘位置　7—显示卡　8—中央处理器
9—内存　10—散热风扇

2. 笔记本电脑的电池

笔记本电脑的电池是可充电电池。根据使用材料的不同，笔记本电脑的电池可以分为镍镉电池、镍氢电池、锂离子电池和锂聚合物电池四种类型。常见笔记本电脑的电池如图 8–16 所示。

目前，绝大多数笔记本电脑采用的是锂离子电池。其拆解后电池内部情况如图 8–17 所示，整块电池采用多个电芯通过串联或并联的堆叠方式来达到笔记本电脑所需的电池容量。

3. 笔记本电脑的电源适配器

笔记本电脑的电源适配器主要有两个作用，一是为笔记本电池充电，二是在无电池供电的情况下获取并提供电能，其常见外观如图 8–18 所示。笔记本电脑的电源适配器均采用宽幅电压（100 ~ 240 V）输入，具有一定的稳压作用，电源通过电源适配器后电压降为 19 V，为笔记本电脑提供稳定的电能。图 8-19 所示是电源适配器内部结构。

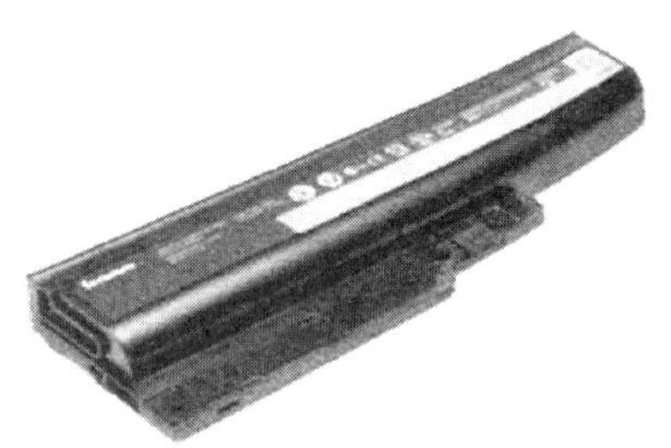

图 8-16　笔记本电脑的电池

图 8-17　拆解后电池内部情况

图 8-18　电源适配器外观

图 8-19　电源适配器内部结构

三、几个具有火灾隐患的元器件

（一）CPU

CPU 的结构主要由内核和基板组成，如图 8-20a 所示。CPU 的工作电压是指 CPU 核心正常工作所需电压，一般在 1.3～3 V，提高工作电压可以提高 CPU 的工作频率，但过高的电压会使 CPU 发热甚至烧坏 CPU。TDP 热设计功耗是指 CPU 负荷最大时释放出的热量，高性能 CPU 必然导致高发热量。CPU 接口插座主要采取 Socket 的形式，如图 8-20b 所示。随着 CPU 频率的不断提高，其耗电量和发热量不断增大，CPU 的散热越来越重要，散热器已成为 CPU 的重要配件。根据散热原理，CPU 散热器可分为风冷式散热器、热管式散热器两种。风冷式散热器主要由散热片、风扇和扣具组成，利用散热底座吸收热量，并传导至散热片，依靠风扇加快空气对流带走热量，是较常见的散热方式，如图 8-20c 所示。热管式散热器是利用液体的蒸发与冷凝来传递热量，是一种高效的传热元件，具有散热效率更高的优点，逐渐被中、高端的 CPU 采用，如图 8-20d 所示。

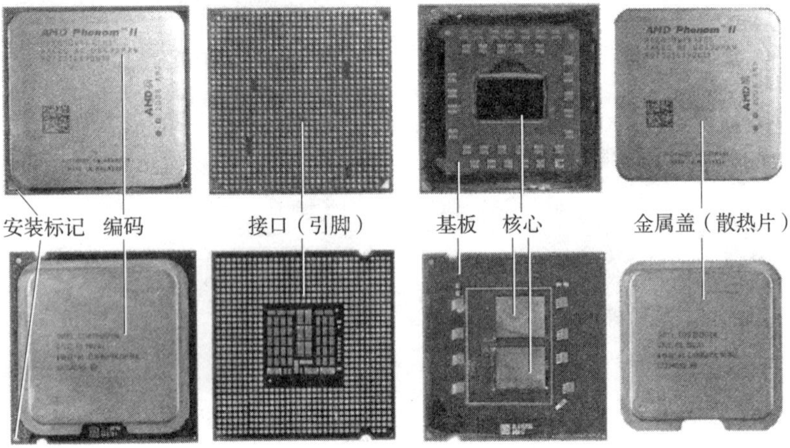

安装标记　编码　接口（引脚）　基板　核心　金属盖（散热片）

a）

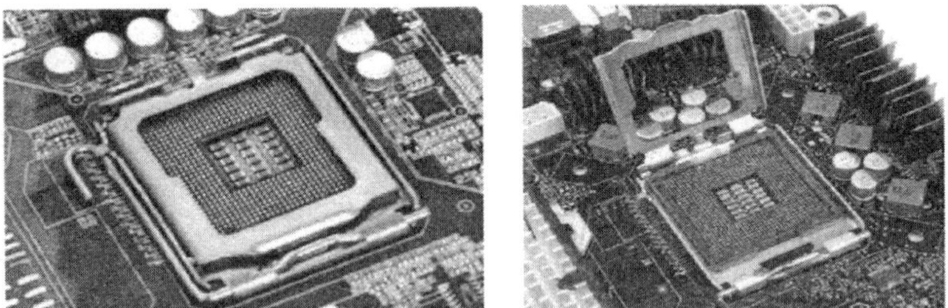

b）

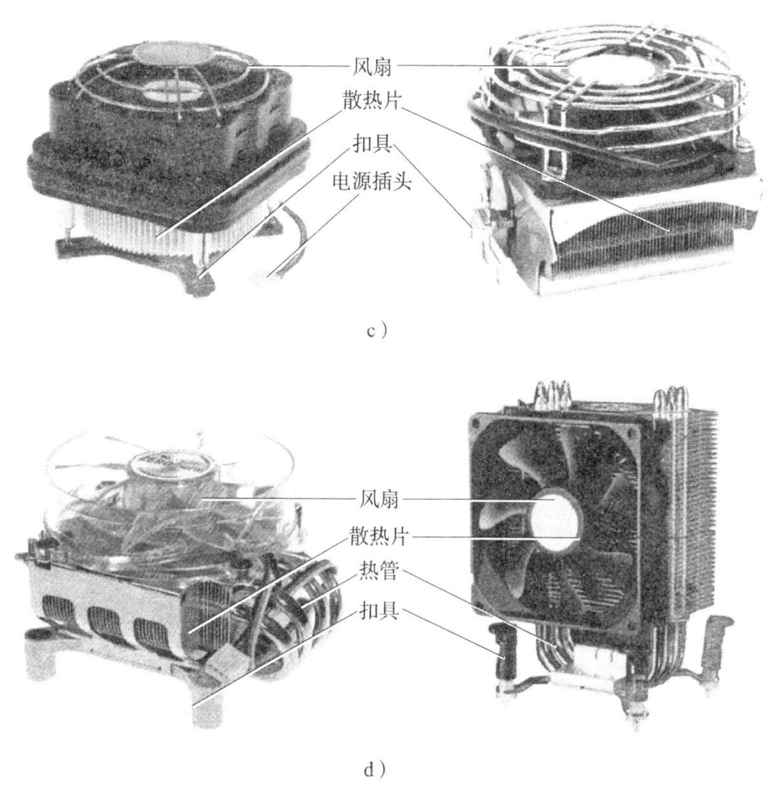

图 8-20　CPU 的结构及配件

a）CPU 结构　b）Intel LGA775 接口插座　c）风冷式散热器
d）热管式散热器

（二）显示卡

显示卡的主要部件有显示芯片、显示内存、VGA 插座、DVI 插座等，目前主流的显示卡运算速度大、发热量大，显示芯片上安装散热风扇，常见的显卡散热器有散热片、风扇、热管、蜗轮式风冷等，如图 8-21 所示。

图 8-21　三款常见显示卡（带散热器）

（三）电源供应器

计算机的电源是一种安装在主机箱内的封闭式独立部件，它的作用是将 220 V 交流电变换为 5 V、-5 V、12 V、-12 V、3.3 V、-3.3 V 等不同电压，为主机箱内的主板、各种适配器和扩展卡、硬盘、光驱、键盘和鼠标等系统部件提供稳定的直流电。计算机的电源主要由输入电网滤波器、输入 / 输出整流滤波器、变压器、控制电路和保护电路几部分组成，如图 8-22 所示。

图 8-22　电源的内部构造

（四）机箱

机箱由金属外壳、框架和塑料面板组成，ATX 立式机箱如图 8-23 所示。随着机箱内部各配件散发热量越来越大，Intel 推出了机箱散热标准测试 CAG 规范，旨在检验计算机机箱内部各个部件的冷却散热效率，两种机箱散热方式如图 8-24 所示。

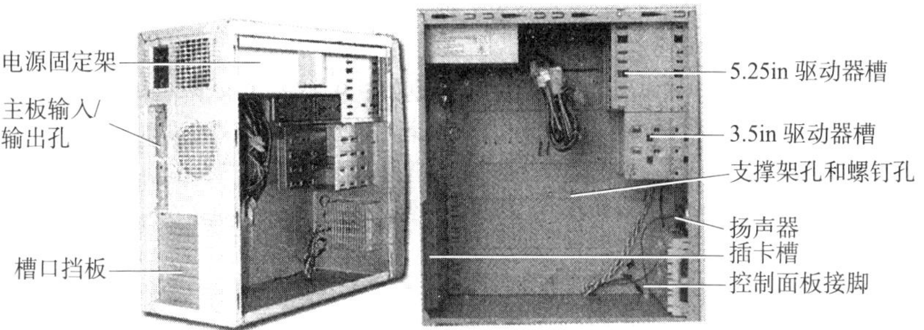

图 8-23　ATX 立式机箱的结构

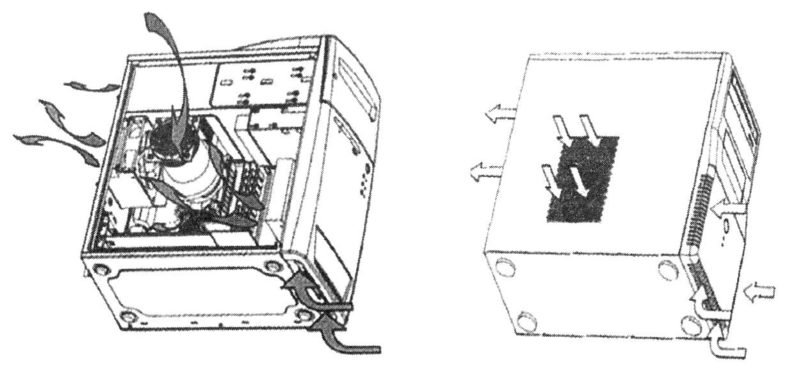

图 8-24　两种机箱散热方式

第二节 计算机起火原因分析

一、外部原因

（一）交流供电电压异常导致火灾

我国的供电质量在有些地方还不是很稳定，城市供电系统调整率较为稳定，但有些农村地区由于负荷的不稳定，电压波动较大，供电系统的调整率常常超过 10%，个别地方甚至超过 20%，尤其是夜间电压明显过高，当计算机处于工作或待机时，会大大增加系统元器件短路和击穿的风险。若计算机电源熔丝未能及时熔断，就容易导致计算机内部可燃物起火，从而引发火灾。

若供电电压发生欠电压现象，即电源电压过低时，计算机内部的几个散热风扇电动机转速过低致使散热不好，高温元器件可能造成机箱内部线圈短路，或引燃导线、粉尘等可燃物而起火。

（二）使用环境恶劣导致火灾

计算机在社会生活中的普及率越来越高，但使用环境条件对计算机的影响常常被人们忽视。使用环境对计算机的正常运行以及避免隐患有着非常重要的影响。各种系列计算机的标准元器件和磁盘等，对使用环境条件的参数范围都有严格的技术规定，超过和达不到这个标准，就会使计算机的可靠性降低、使用寿命缩短、造成安全隐患。计算机使用环境因素包括温度、湿度、清洁度、电磁干扰、锈蚀和静电等。

我国对计算机设备的工作环境制定了国家标准《计算机场地通用规范》（GB/T 2887—2011），其中对计算机使用环境温度、相对湿度要求见表 8–1。

表 8–1　计算机工作环境温度、相对湿度要求

参数	A 级	B 级	C 级
温度（℃）	20 ± 1	20 ± 2	15 ~ 30
相对湿度	40% ~ 60%	35% ~ 65%	30% ~ 80%
温度变化率（℃/h）	<5，不得凝露	<10，不得凝露	<15，不得凝露

温度过高会使计算机元器件产生的热量散发不出去，从而加快内部元器件的老化，具有火灾危险性。相对湿度过低，容易产生静电，对计算机运行造成干扰，容易损坏元器件，影响计算机的正常工作，造成一定的火灾隐患；相对湿度过高，会使计算机内部主板焊点和导线接头的接触电阻增大。相对湿度超过 80%，雾化的危险就极大地增加，会产生结露现象，使元器件受潮锈蚀，这样会使元器件和电源触点的接触性能变差，容易导致元器件和电源导线的短路。计算机使用环境差、保养不及时，致使有大量的灰尘或纤维性颗粒积聚，机箱内部清洁度差，这种情况下会造成计算机的使用故障。同时灰尘的沉积会在主机元器件和空气之间形成绝缘层，阻碍机箱内部热量的散发，致使温度上升，造成火灾隐患。

（三）雷电导致火灾

当雷电天气发生雷击时，雷电将携带高负荷电脉冲、电压以及电流，以电磁波形式无规则释放，导致所在区域 1 ~ 5 km 范围内（视雷电波强度而定）所有带金属的导线（如高空架设天线、有线电视电缆、网络通信电缆、供电系统电缆等），在瞬间感应到相当强度的脉冲电压及电流，这些电流沿着计算机上的电源导线和信号电缆进入主机内部，当雷击电压超过计算机额定抗击电压的情况下瞬间击坏内部元器件。由于计算机内部导线和电缆所带的电压高低不同，高电压就会往低电压冲击，形成强电流，从而将计算机设备元器件击毁，造成计算机损坏，严重时甚至把整机击毁，甚至危及人身安全和引发设备起火。

（四）“带病”和超期使用导致火灾

当计算机硬件故障未及时发现和排除，或计算机已达到报废年限仍继续使用，容易导致老化的导线、元器件由于长时间通电发热造成短路、起火。实际案例统计，计算机使用 6 年以上，若不及时保养更换老化元器件和导线，当遇到极端情况，计算机发生事故的几率大大上升，这样的情况近几年时有发生。

二、内部原因

（一）CPU、显示卡导致火灾

随着计算机 CPU 频率的增加，其功耗和产热越来越大，是主机内部主要热源之一。CPU 的功耗主要是因为电路中晶体管的寄生电容存在，虽然电容是无功元件，但是电容充放电时在和电容串联的等效电阻上会形成功耗，这种功耗在每个充放电周期基本上相同，所以 CPU 的功耗会随着频率的升高而增加。而且为了达到更高的工作频率同时不影响电容充放电的上升沿和下降沿，

CPU 就需要更大的电流和更低的电压，也相应地增加了功耗，增加的功耗转化成热能释放出来，引起 CPU 的发热。正常的 CPU 工作温度一般都在 60 ℃以下，但如果主机的 CPU 出现散热器没有压紧，导致散热片与 CPU 外壳不完全接触，或散热器、风扇叶片和散热片之间的灰尘过多，或散热风扇损坏，或电压不稳定导致超频幅度过大等问题，就会造成 CPU 散热量与排热量的不平衡，而 CPU 的温度也会随之而大幅度上升，温度也会远远大于 60 ℃。有报道称 AMD Athlon 的温度最高超过 200 ℃，在如此高温下工作，不仅会很快造成 CPU 的烧毁，也会因为高温而引燃机箱内部的粉尘和线路，进而造成火灾。

从 CPU 的发展趋势来看，其功耗越来越高，应用电压越来越低，所需电流不断增加。CPU 的供电电路是由电感线圈、场效应管和一定数量的滤波电容组成的。电感线圈是在磁环上缠绕 5 ~ 20 匝铜导线制成。其持续工作电流一般在 15 A，选用的导线截面不应小于 1.5 mm^2。如果导线截面过小，那么在大电流作用下，会导致过负荷起火；场效应管因过电流作用下导致过热、击穿，易产生火花引燃电线、灰尘引起火灾；电路输入的部分电容工作电压 12 V，因产品品质量原因或老化，在非正常大电流作用下，会导致电容极间击穿短路，造成电容爆炸引发起火。所以为 CPU 供电的高压滤波电路中电感线圈、场效应管、电容等元器件由于元件质量、过压过流等原因产生高温、击穿、短路成为计算机起火的重要原因，要引起火灾调查人员的注意。

计算机图像处理功能越大，要求显示卡的显频越大，其工作温度也越高，与 CPU 相同，若散热不当，同样能够造成起火隐患。显示卡是由很多集成电路构成的，由于运作集成电路需要较大的电流，因此显示卡内部电流所产生的温度也会相对较高，所以这些热量需要及时的被释放掉，否则显示卡的温度就会大幅上升并出现故障，甚至造成损坏。如果没有散热系统的散热器、风扇叶片和散热片之间的灰尘过多，或是散热风扇损坏停转等原因都会造成显卡温度的失控，进而可能引发计算机起火。

（二）主机机箱电源导致火灾

主机输入电源是为计算机供电的总电源。主要由电源变压器和第一道滤波电路（EMI）组成。因变压器质量问题、使用中老化或外部电网电压变化影响，以及长时间通电和散热风扇停转等原因，造成电源变压器过热甚至短路起火。计算机主机电源起火一个实际案例是：主机机箱电源内部电源线存在断线地方，使用者简单处理后接触上了，接头地方还有微小间隙形成电阻，持续发热，熔断电源线之间的绝缘层，造成两根原本不相连的导线短路，造成计算机烧毁事故。

（三）主机内布线不合理，接触高温元器件导致火灾

CPU、显卡和硬盘是计算机主机内产生高温的三大元器件，若主机内部电源线和数据线布线不合理，造成直接与高温元器件接触，有时能使线路绝缘胶皮过热炭化，甚至被引燃，造成火灾隐患。例如作为计算机的主要存储元件的硬盘，其工作时内部的驱动器以超过 7 000 r/min 的转速运转，并产生大量热量，使其温度不断升高。由于主机内部线路布局不合理致使电源线或数据线长时间直接接触高温热源，造成线路绝缘皮过热炭化，进而易被引燃。上述故障在计算机长时间使用或长期待机时，特别是计算机维护不及时，主机内部积存大量灰尘，不仅热量不易散发，而且易产生静电等问题，由此引燃灰尘、导线或数据线而起火。

目前市场上由非专业人士自行组装的计算机大量存在，部分存在内部线路任意放置、布局凌乱，且随意接触高温元器件，成为引起计算机起火的重大隐患，应引起火灾调查人员的注意。

（四）笔记本电脑电池导致火灾

目前便携式计算机使用的电池主要包括镍镉电池、镍氢电池、锂离子电池和锂聚合物电池四种类型，其中锂电池由于其出众的性能得到了最广泛的应用。锂电池是一类由锂金属或锂合金为负极材料，使用非水电解质溶液的电池，是笔记本电脑电池的主流产品。但是锂电池在使用过程中多次出现发热至燃烧现象，轻者影响笔记本电脑使用，重者还会引燃其他物品并引起火灾。一些实际案例经常见诸报端：2006 年 2 月 8 日，美国费城国际机场的一架货运飞机降落时起火，调查报告表明火灾是由于笔记本计算机电池爆炸所引起的；2006 年 8 月，苹果计算机公司宣布召回 180 万块由索尼制造的笔记本电脑锂电池；2006 年 9 月 28 日，联想集团及 IBM 公司宣布主动召回部分特定型号的从 2005 年 2 月至 2006 年 9 月在全球范围内销售的 ThinkPad 笔记本计算机锂电池；据报道，日本近年来已发生多起因锂电池发热燃烧引起的家庭火灾事故。因此锂电池的安全使用问题一度成为电子界的聚焦点。

锂电池发热、燃烧的主要原因是，其内部中的许多材料与水接触后，可发生剧烈的化学反应并释放出大量热能导致燃烧、爆炸现象。锂电池正极的二氧化锰，只沾一小滴水便可出现发热现象。锂电池中的氯化亚硫与水接触后，在生成盐酸和二氧化硫的同时释放热能，几种因素使锂电池成为生活中的“火种”。而另一原因是笔记本电池之类的锂离子电池，由于循环充放电使用，电池内部发生微短路的可能性越来越人，不正确使用造成高温高压，使电解液分解，隔膜破损，进而有发生泄漏或燃烧的可能，因此如果人们在使用锂电池时没有注意防水、防高温、防潮湿，就很容易造成火灾隐患。

（五）电源适配器导致火灾

电源适配器是笔记本电脑供电的枢纽，也是极易发热引起火灾的部件。电源适配器是小型便携式电子设备及电子电器的供电电源和电压变换设备，一般由外壳、电源变压器和整流电路组成，按其输出类型可分为交流输出型和直流输出型；按连接方式可分为插墙式和桌面式。基本上所有的笔记本电脑都把电源外置，用一条线和主机连接，这样可以缩小主机的体积和重量，只有极少数的机型把电源内置在主机内。电源适配器的作用是变换电压，在电压变换过程中因存在损耗需要消耗一部分电能，电能转化成热能后，一部分热能通过辐射、对流、传导三种散热方式向周围环境散发，另一部分热能则被其自身吸收，使电源适配器的温度升高。对绝缘材料的耐热性研究规律表明，设备内部温度升高至某一温度后会导致绝缘材料的迅速老化，缩短产品的使用寿命，造成安全性能降低。因此，正常工作时电源适配器的温度只有控制在适当的范围内，才能保证其安全、正常地工作。电源适配器在正常工作条件下的温度偏高是一个普遍存在的问题，作为全球领先的 IT 供应商康柏计算机公司、苹果计算机公司都曾在全球范围内宣布，部分笔记本计算机的电源适配器可能会由于运转时温度过高，容易引起火灾危险，在全球主动召回和更换电源适配器。在使用过程中部分电源适配器会出现印制电路板和变压器绕组温升过高，存在较大的安全隐患。另外，短路和过载时产品存在安全性能隐患也是电源适配器引发火灾的原因之一。电源变压器是电源适配器中的关键元器件，在一次电路与二次电路间起安全隔离作用。在输出短路或电容器、二极管等零部件短路的故障条件下，电源适配器的内部损耗急剧增加，致使各部位的温升升高，存在引燃周围可燃物品的火灾隐患。因此正确使用和保护便携式计算机的电源适配器对避免火灾隐患意义重大。

三、模拟计算机火灾实验

为验证计算机由于各种元器件故障造成火灾事故的风险和概率大小，开展了模拟计算机元器件和电路故障的实验，进行计算机引起火灾原因分析。

实验采用的计算机为市场普遍使用的机型，是2011年生产型号为超越3500D的清华同方微型计算机，如图8–25所示。实验设备有型号为RNO PC–160非制冷焦平面热像仪，如图8–26所示。

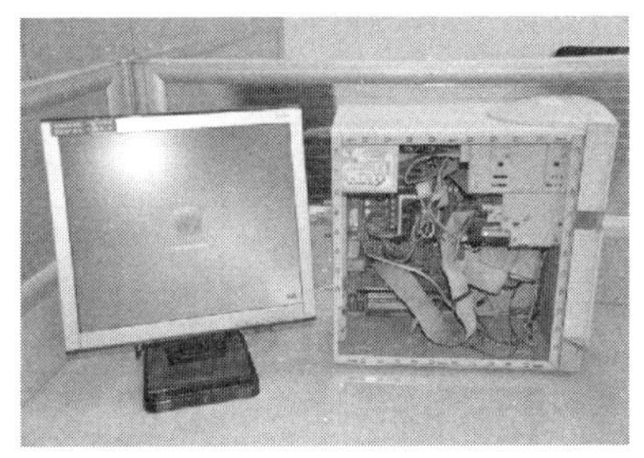

图8–25　实验用计算机

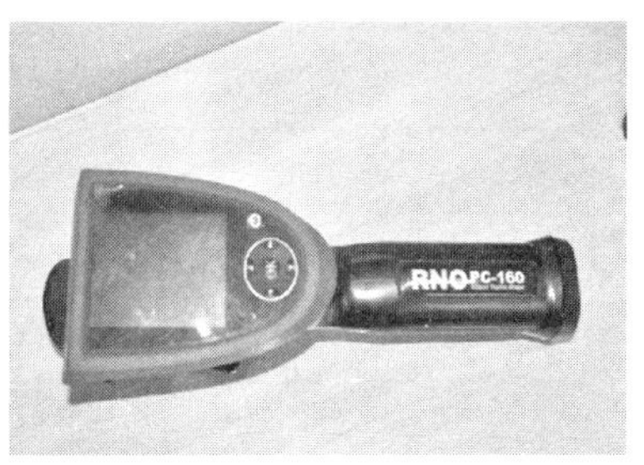

图8–26　非制冷焦平面热像仪

（一）模拟计算机主机CPU风扇和主机电源风扇停转故障

实验1：前面论述了计算机主机CPU是在低电压、大电流状态下工作，易产生高温，必须有良好散热条件，才能确保其正常运转。本实验模拟在开机状态下CPU风扇（其散热系统）因故障停转，测量CPU元器件温度。为保证所测量温度不受计算机运行各种程序造成CPU温度升高影响，实验前对计算机进行处理，只保留开机所必需的程序，没有安装其他任何程序，尽可能使所测量数据能够准确反应散热风扇停转时对CPU温度影响程度。实验过程如图8–27所示，设备读取数据如图8–28所示。

每组实验时间测定10 min，实验间隔10 min，测量数据见表8–2。图8–29所示为按照数据绘制的温度—时间曲线图。

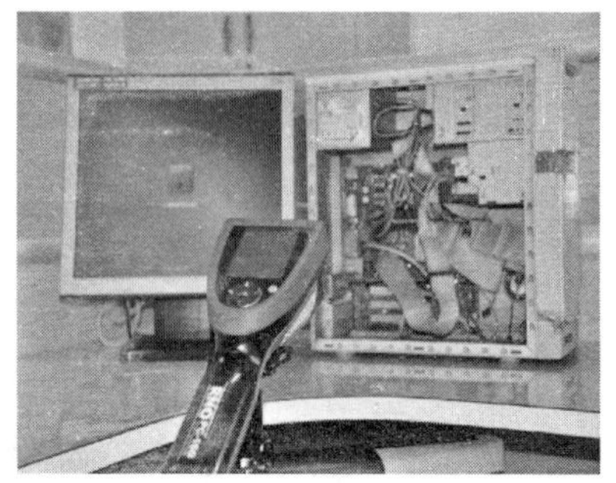

图 8-27　实验过程中

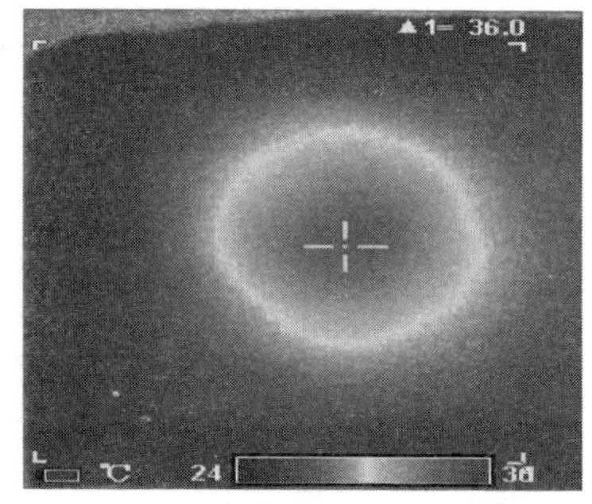

图 8-28　设备读取数据

表 8-2　CPU 风扇停转时温度测定　单位：℃

时间	0	1	2	3	4	5	6	7	8	9	10
实验 1	26.4	31.8	32.5	33.2	33.5	33.9	34.3	34.7	35.0	35.4	36.1
实验 2	26.5	31.7	32.6	33.1	33.7	34.0	34.4	34.9	35.2	35.6	36.3
实验 3	26.3	30.9	32.3	33.0	33.6	33.8	34.2	34.8	35.0	35.4	36.2
实验 4	26.4	30.8	32.2	33.1	33.5	33.9	34.9	34.9	35.1	35.6	36.3
实验 5	26.5	30.9	32.4	33.0	33.7	34.1	35.0	35.0	35.2	35.9	36.5

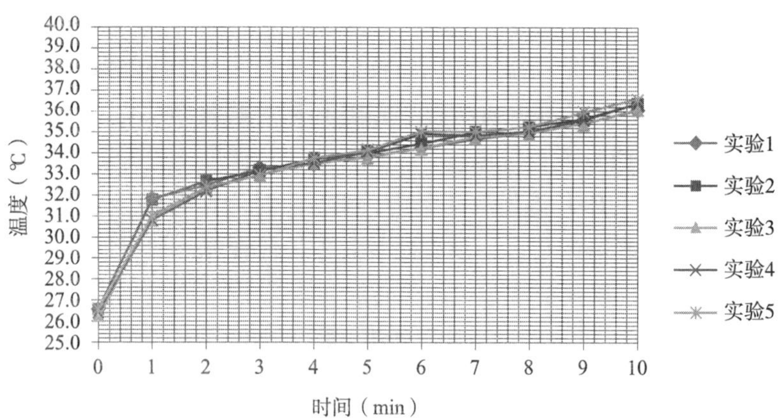

图 8-29　温度—时间曲线

从测量数据中可以看出，CPU 由于其散热系统不能正常工作，其自身温度在 10 min 内平均增高了 9.9 ℃。

实验 2：主机电源是为计算机供电的总电源，电源盒内有散热风扇。本实验设置故障使风扇停转，计算机开机运行一段时间内测量电源内部温度。实验测量方法同前面实验，测量数据见表 8–3。图 8–30 所示为按照数据绘制的温度—时间曲线图。

表 8–3　电源风扇停转时温度测定　　单位：℃

时间	0	1	2	3	4	5	6	7	8	10	12	15
实验 1	26.5	31.5	32.0	32.6	32.9	33.4	34.0	34.6	34.9	35.3	37.6	39.2
实验 2	26.4	31.6	32.2	32.9	33.2	33.6	34.2	34.8	35.2	35.5	38.0	39.5
实验 3	26.5	31.7	32.3	32.8	33.3	33.7	34.1	34.9	35.3	35.6	38.1	39.4
实验 4	26.6	30.8	31.9	32.6	33.0	33.5	34.0	34.7	35.1	35.4	37.9	39.2
实验 5	26.6	30.6	31.8	32.5	33.1	33.4	33.9	34.6	35.0	35.4	37.8	39.3

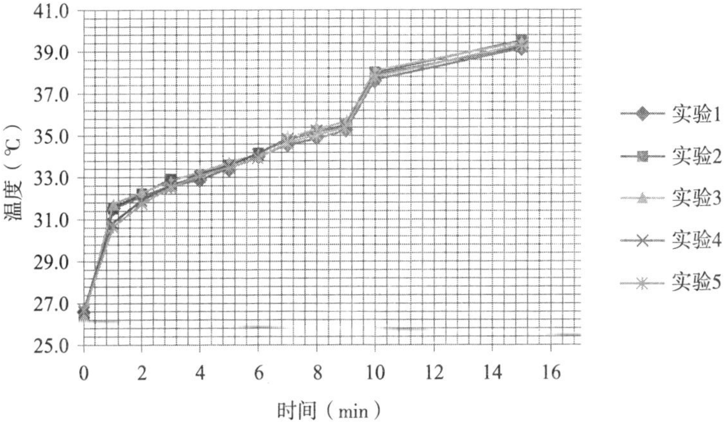

图 8–30　温度—时间曲线

从测量数据中可以看出，主机电源在其散热系统不能正常工作时，其自身温度逐渐上升，10 min 内平均增高 8.8 ℃，20 min 内平均增高 12.8 ℃。

以上实验数据说明：计算机 CPU 工作时若散热不好，自身温度会较快上升，影响计算机的使用，若温度进一步上升，存在被烧毁的可能。主机电源内部风扇停转时，温度同样会上升，升温幅度略小于 CPU。以上两个实验表明，当计算机发生上述故障时，在供电异常、使用环境恶劣等条件下，容易致使热交换失去平衡，进而引燃机内粉尘、电线等可燃物导致计算机起火的情况发生。

当然，目前正规合格的计算机产品基本都设置一些保护措施，当 CPU 温度超过一定范围，系统会自动切断 CPU 供电电路，并进行自检，当温度达标时，再重新供电。主机电源同样也有温度过高保护。但是社会上同时存在着由一些非专业厂家和非专业人士自行组装的计算机，其中有些计算机不仅设计不合理，而且采用劣质元件，这种情况下引发故障造成起火的情况是要重点关注的。

（二）模拟计算机内部供电线路短路故障

计算机内部电源线路繁多复杂，本实验模拟硬盘供电线由于老化，绝缘皮脱落，致使线路裸露部分接触，造成电路短路故障，如图 8–31 所示。

a）

b）

c）

图 8-31　模拟计算机内部供电线路短路故障

a）主机内部线路　b）设置故障线路　c）故障线路短路实验

实验过程中短路点瞬间形成明显的熔痕，并且出现高温金属熔珠喷溅现象，计算机电路保护系统随即启动。若计算机供电保护系统出现故障，同时缺乏保养，机内布满粉尘、线路杂乱，则高温熔珠存在引燃机内粉尘或导线等可燃物从而引起计算机起火的危险。

第三节 计算机火灾调查方法

目前，对于计算机火灾原因调查认定的方法总结得较少，基本只停留在基础和依靠经验调查的水平上，至今还没有一套相对完整有效的调查方法，国外对于此方面的研究内容也很少。对于有针对性的计算机火灾痕迹物证，仍需要通过进一步的验证和总结。有针对性的火灾调查方法和重点的物证提取、鉴定，对于今后计算机火灾的调查认定具有参考意义。

一、重视对当事人和计算机使用者的调查询问

调查询问，也称调查访问，是指公安机关和消防救援机构，依照我国相关法律法规所从事的一项调查活动，是火灾原因调查认定工作的基本方法和措施，是查明火灾案件情况，掌握火灾发生情节和事实，发现引起火灾的具体线索，核实肇事者和当事人口供真伪，以及获得现场勘验和认定起火原因线索和有关证据的重要手段，它在火灾调查工作中的作用日益突显。当事人一般比较了解火灾发生、发展的过程，熟悉火灾现场的情况。最先发现火灾的人员和报警人一般了解起火时间、最先起火的部位及火灾蔓延发展的详细情况等。计算机使用者对起火计算机的使用情况

较为熟悉，包括计算机的使用年限，起火前计算机是否出现过异常现象，起火前计算机开关机情况、关机状态下是否拔除电源以及计算机周围存在可燃物等情况。由国家标准化管理委员会批准发布的《家用和类似用途电器的安全使用年限和再生利用通则》已正式施行，与此相关的《家用电器安全使用年限细则》也同时推出，其中建议个人计算机的安全使用年限是6年。如果计算机的使用年限超过6年，则会出现由于元器件老化而使安全性能降低的情况，所以极易出现故障，引发火灾。在起火前一段时间内，若是计算机曾经出现过一些异常情况，而没有引起使用者的重视，也有可能引起火灾。如果计算机在起火前处于开机或长时间待机的状态，则可能由于计算机的长时间工作或者外界供电电压异常引燃周围可燃物导致火灾的发生。通过对当事人和计算机使用者的调查询问，掌握起火计算机的相关信息，对于查明案件的情况具有重要作用。归纳起来调查询问当事人和计算机使用者以获取以下主要证据：

（1）起火前计算机的使用情况，查明使用开始和结束时间，以及结束后是否待机和断电情况。

（2）计算机型号、购置和使用时间，特别是要确定该计算机是品牌机还是组装机。

（3）计算机使用期间出现故障的情况、产生原因以及处理情况等。

（4）起火前计算机主机、电源是否出现过异常情况，例如闻到过异味、用电电压是否有波动等情况。

（5）计算机主机、电源所在部位并与周围可燃物之间距离等情况。

二、现场勘验的重点

（一）认定计算机为起火点

（1）计算机故障引起火灾，特别是无人在场的情况下发生的火灾，首先要先确定起火点，认定方法和根据与其他电气设备故障起火现场的认定方法基本相同。主要是获取以下证据：

1）起火点与计算机放置位置相一致，即引起火灾的计算机起火前应在起火点处。调查询问和现场勘验获取的证据，不能证明计算机在起火点处的，就不能认定火灾是由于计算机故障而引起的。

2）通过调查询问和现场勘验获取计算机起火前通电状态的证据，这是认定计算机火灾的一个重要前提。计算机的通电状态可以从现场相关残骸的位置来判断：如计算机的插头残骸还在插座上，或插头插在插线板上而插线板的开关处于闭合的状态等；从计算机内部导线的短路痕迹来判断，仔细勘查计算机内的导线，如果在导线上发现有短路熔珠，不管是一次短路熔珠，还是二次短路熔珠，都能证明计算机在火灾发生时处于通电状态。

3）详细勘验计算机主机，重点是对机箱电源、CPU 供电系统中电感线圈、场效应管和电容等元器件勘验，以获取计算机引起火灾的直接证据。

（2）认定计算机为起火点的主要根据是：

1）重点获取以计算机主机为中心向外蔓延各种痕迹。如炭化痕迹、倒塌痕迹、V 字形痕迹和烟熏痕迹等。

2）检查计算机输入电源，获取电源插头与插座之间接通状态、控制开关通电状态以及电源线短路熔痕的证据。

3）检查计算机主机电源或电源适配器的电感线圈，获取短路、熔化等痕迹，检查主板电容等元器件击穿、爆裂等痕迹。

4）检查内部变压器变色、过热、短路等痕迹，以及电路板、外壳等从内部向外燃烧的痕迹。

（二）排除外部原因造成火灾的可能性

如果要确定是计算机内部起火引起火灾，需要先排除外部火源引燃计算机、因外部电源电压波动或雷击等造成火灾的可能性。首先，要确认火灾前计算机周围可燃物的摆放情况，是否存在外部引燃计算机的可能性。其次，电源电压是否有波动，波动的情况是否剧烈，一方面可以到供电部门取证，另一方面可通过调查与受灾地点相同回路的用户。调查火灾前该地区是否发生过雷击情况，可通过调查气象部门，也可通过使用磁测定仪进行检测来确定。

（三）根据计算机壳燃烧特性确定起火原因

对于火势较小、计算机烧毁程度较轻的火灾，可以根据计算机外壳的燃烧痕迹特征来判断起火原因。计算机的塑料外壳部分一般采用聚碳酸酯（PC）或丙烯腈－丁二烯－苯乙烯共聚物（ABS）等材质，其燃烧性能好，燃烧时发生软化、起泡现象。对这类计算机残骸勘验时，如果发现计算机内部烧焦严重，外壳较为完好，则说明火势是从计算机内部向外部蔓延，是由计算机内部引起火灾；反之，则不是。

三、计算机火灾的物证提取

（一）机体残壳的物证提取

计算机在工作的时候，主机里的 CPU、显示卡、硬盘、电源等和显示器都是发热源器件，它们的正常工作温度通常都会达到

60 ℃，并通过计算机的散热系统不断工作来维持这一温度。计算机周围堆积布料、纸张等可燃物阻碍机体散热，同时计算机由于内、外部因素造成主机内部起火，引燃周围可燃物造成火灾。被计算机先期引燃的周围可燃物往往在机体外壳上留下流淌、粘连等痕迹。因此在计算机火灾调查中，物证提取时注意发现机箱、显示器残壳上是否有该类可燃物燃烧残留的痕迹，会对火灾原因认定有直接帮助。如果发现该类的可燃物残留物，就很有可能是由于计算机故障原因引起的火灾。

（二）导线上痕迹的物证提取

铜、铝导线无论短路电弧高温熔化还是火灾热作用，除全部烧失外，一般均能查找到残留熔痕，其熔痕外观具有能代表当时环境条件的特征。由于不同的环境产物参与了熔痕形成的过程，从而保留了区别一次、二次短路熔痕形成时的各自特征，这在熔痕外观、不同元素含量、金相显微组织上都能得到验证。

计算机火灾现场勘验时，应尽可能找出起火部位或起火点处的所有导线熔痕：导线由于自身故障或机械外力损伤于火灾发生前形成的短路，便会形成一次短路熔痕；而由于外界火焰高温作用或本身接点故障产生热引燃可燃物的情况下，铜、铝导线绝缘层失效从而发生短路，在导线上就会形成二次短路熔痕；导线的连接点及电路的连接插件，当接触松动或者存在电阻值大的氧化物时，会因局部过热形成接触过热熔痕；导线由于过负荷造成过热甚至引起绝缘发生燃烧，形成导线绝缘层内层老化烤焦、炭化、断节，绝缘层松弛脱落、熔化滴落等过负荷熔痕，提取这些熔痕对分析认定起火原因非常重要。

（三）电源适配器的物证提取

电源适配器是笔记本电脑供电的枢纽，也是极易发热引起火灾的部件，主要原因为适配器长时间通电、内部变压器绕组过热引起绝缘老化受损，导致漏电、短路起火；电源电压过高、绕组线圈过热或击穿起火；适配器内部接触不良，接触电阻过大，又有异常电流的激发导致严重过热，导致金属熔化将导线绝缘材料引燃。因此在调查笔记本电脑火灾的时候，也应特别关注电源适配器的物证提取。检查漆包线的绝缘漆皮损伤情况作出判断，如内层已经脱落、外层尚完好，证明是内火所致；检查线圈端面不同层的变色情况、烧损程度就能够判断出是内烧还是外烧；检查线圈中形成的短路熔痕来判定，这些熔痕有时出现在外层，有时在线圈里层或两层同时都有，短路熔痕的形态也略有差别，有熔珠状的、有呈凹坑状的、只有一个熔化面的、也有只是严重变色炭化并未熔化，只要在线圈上检查出这些熔痕后，就可以确认是由适配器内部线圈过热短路而起火。

第九章 电气照明装置火灾调查

第一节 概述

所谓电气照明，是指利用电能转化为光能进行人工照明的各种设施。在电能转化成光能的过程中，往往要产生大量的热量，具有较高的温度，由于电气照明广泛应用于生产和生活的各个方面，如工厂、宾馆、商场、市场、展馆、车站、港口、家庭等，特别是随着生产和科学技术的发展，对电气照明的要求越来越高，应用又极为普遍，如果安装或使用不当，极易引发火灾事故。因此，火灾调查员了解常见电气照明装置引发火灾的原因，掌握电气照明装置火灾的调查方法和技术是非常重要的。

一、照明电光源分类

电气照明装置在构成上主要由照明电光源、照明灯具和照明线路等组成，目前使用的电光源，按照其工作原理可分为固体发光光源和气体放电光源两大类，电光源分类见表 9-1。

表 9-1　电光源分类

<table>
<tr><td rowspan="12">电光源</td><td rowspan="4">固体发光光源</td><td rowspan="2">热辐射光源</td><td colspan="2">白炽灯</td></tr>
<tr><td colspan="2">卤钨灯</td></tr>
<tr><td rowspan="2">电致发光光源</td><td colspan="2">场致发光灯（EL）</td></tr>
<tr><td colspan="2">半导体发光二极管（LED）</td></tr>
<tr><td rowspan="8">气体放电光源</td><td rowspan="2">辉光放电灯</td><td colspan="2">氖灯</td></tr>
<tr><td colspan="2">霓虹灯</td></tr>
<tr><td rowspan="6">弧光放电灯</td><td rowspan="2">低气压灯</td><td>荧光灯</td></tr>
<tr><td>低压钠灯</td></tr>
<tr><td rowspan="4">高气压灯</td><td>高压汞灯</td></tr>
<tr><td>高压钠灯</td></tr>
<tr><td>金属卤化物灯</td></tr>
<tr><td>氙灯</td></tr>
</table>

1. 固体发光光源

固体发光光源主要包括热辐射发光光源和电致发光光源。热辐射发光光源是利用电能使物体加热到白炽程度而发光的光源，如白炽灯、卤钨灯等。电致发光光源是利用适当的固体与电场相互作用而发光的光源，是直接把电能转换成光能的电光源，如场致发光灯（Electro Luminescent，EL）和半导体发光二极管（Light Emitting Diode，LED）。LED 的特点是使用寿命长、光效高、无辐射和低功耗，是国家提倡的绿色光源，具有广阔的发展前景，它将大面积取代现有的白炽灯和节能灯。随着现代科学技术的进步，LED 得到了长足的发展，已成为新一代照明电光源，主要以气体放电光源、热辐射光源及半导体光源三种类型为主。气体放电光源又称冷光源，如荧光灯、高压水银（汞）灯，是利用灯管的弧光放电作用促使管内的惰性气体、荧光粉发光的一类光源；热辐射光源又称热光源，如白炽灯、碘钨灯，是利用电流的热效应，使灯丝加热到白炽状态而辐射发光；半导体光源，常见的有场致发光灯（屏）和LED发光二极管，如指示照明、广告等场所。

2. 气体放电光源

气体放电光源是利用电流通过气体或蒸气的放电而发光的光源。气体放电光源按放电形式分为弧光放电灯和辉光放电灯，常用的弧光放电灯有荧光灯、钠灯、氙灯、汞灯和金属卤化物灯。辉光放电灯有氖灯、霓虹灯。气体放电光源工作时需要很高的电压，其具有发光效率高、表面亮度低、亮度分布均匀、热辐射小、使用寿命长等优点，是市场上销售量最大的光源。

（1）辉光放电灯。辉光放电灯主要利用负辉区的光或正柱区的光，如霓虹灯、氖灯、冷阴极荧光灯。

（2）弧光放电灯。弧光放电灯主要利用正柱区的光。根据正柱区的气体压力分为低压弧光放电灯和高压弧光放电灯。例如，荧光灯、低压钠灯是低压弧光放电灯；HID灯、氙灯是高压弧光放电灯。

二、电气照明装置火灾原因

1. 白炽灯

白炽灯是应用较多的电气照明装置，在其长时间的使用过程中，白炽灯表面的温度会呈不断上升的趋势，一旦白炽灯功率较大再加之其玻璃壳具有易碎性，这都极易使其成为火灾的源头。

2. 荧光灯

荧光灯使用过程中最大的引火源是镇流器，当前市场上镇流器产品良莠不齐，同时其自身散热性较差，与灯管的匹配度也不够，这就导致在其工作过程中内部温度极易突然提高，导致瞬间短路或是巨大的热量释放出来，从而导致火灾事故发生。

3. 高压汞灯

高压汞灯和钠灯在进行工作时，功率很大，导致灯具的温度也相当高，是最大的火灾隐患。高压汞灯的镇流器与高压钠灯的电子触发器在运行过程中，极可能因为漏电等释放巨大的热量而引起火灾。

4. 卤钨灯

卤钨灯的管壁温度要比普通白炽灯高出好多倍，它处于正常的工作状态中，温度可以达到 500 ~ 800 ℃，这么高的温度，危险性可想而知，周边一定范围内的物体都可被其烤燃，它的火灾隐患程度是所有照明电器中最高的一个。

5. 特效舞厅灯

蜂巢灯、扫描灯、太阳灯、宇宙灯、双向飞碟灯及本身不发光的雪球灯是构成特效舞厅灯的主要部分。驱动灯具旋转的电动机在运行过程中，当其旋转阻力变大，或者传动机构被物体意外卡住时，迅速升高的温度容易使电动机起火，加之舞台周围的幕景等易燃物，火灾发生的危险性较高。

6. 霓虹灯

需要通过变压器升电的霓虹灯，正常工作时需要的引发电压在 10 000 V 以上，假使变压器的绝缘线柱被尘垢覆盖，在空气湿度较高的情况下，就容易导致漏电、打火，导致火灾隐患的发生。

7. 开关等

大量的灯座、支架、导线、挂线盒、开关等电气照明和装饰中的琐碎附件也是引起火灾事故的重大隐患之一。这些附件由于在操作的过程中，使用不当或者长时间负荷的工作等情况，都会导致线路损坏或者短路起火等故障。

第二节 白炽灯火灾调查

一、白炽灯结构和功能

白炽灯是根据热辐射原理制成的，它利用被加热到白炽温度的灯丝发出可见光。白炽灯的结构如图 9–1 所示，白炽灯的灯丝材料是关键，要求熔化温度高、蒸发速率小、辐射选择性好、机械加工性能优良并在高温下可充分定型。一般采用钨丝作灯丝。灯丝结构主要有单螺旋和双螺旋，特殊用灯有时采用三螺旋形式。白炽灯泡是利用钨丝通过电流时被加热而发光的一种热辐射光源。它结构简单、成本低、显色性好、使用方便，还有良好的调光性能，适用于日常生活照明、工矿企业照明和剧场、舞台的布景照明。但普通照明灯泡的发光效率很低，只有 7.3 ~ 18.6 lm/W。双螺旋灯丝普通照明灯泡发光效率比普通照明灯泡高 15% 左右，适用于家庭及商业照明。白炽灯的类别按用途和特性来区别，有普通照明灯泡，电影、舞台照明灯泡，照相用灯泡，铁路用灯泡，船用灯泡，飞机用灯泡，坦克、汽车、拖拉机用灯泡，矿用灯泡，医疗器械灯泡，仪器、指示灯泡，标准灯泡等。

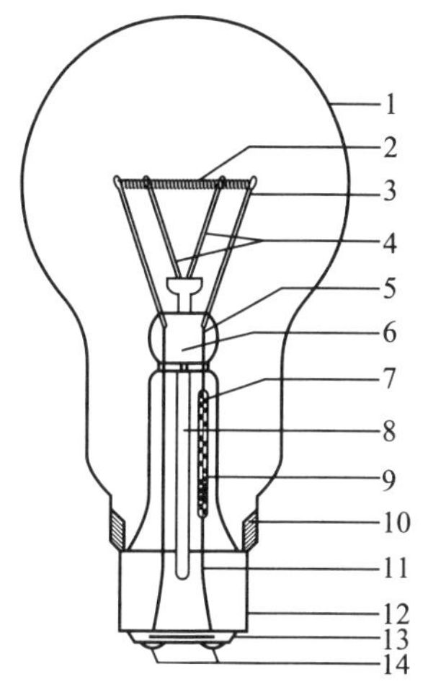

图 9-1 白炽灯结构

1—玻璃泡壳 2—钨丝 3、11—导丝 4—钼丝支架 5—镀镁丝 6—玻璃夹封 7—熔丝套管（内充玻璃珠） 8—排气管 9—熔丝 10—焊泥 12—灯头 13—玻璃绝缘体 14—锡焊点

白炽灯的能量平衡大体为：输入功率 100%；在可见光区域内的辐射输出 7.1%～10%，但人眼能感受到的占 2%～4%；在不可见光区域内的辐射为 72%～86.4%；导线和支架以热形式传出能量 6.5% 左右；充气泡中气体传出能量为 11.5%。由此可见，白炽灯热辐射能量的大部分是红外线不可见辐射。

二、白炽灯引发火灾常见原因

白炽灯在工作过程中，能够将电能转化为热能，再加上使用时间较长，白炽灯内部的热能不断增加，使得其表面温度越来越高，很可能会引发火灾。此外，白炽灯的抗震性较差，当外界震感比较强烈时，很容易出现破碎现象，从而引发严重的火灾。具体原因如下：

1. 灯泡表面高温引起紧贴、覆盖、包裹的纤维、纸张类可燃物阴燃起火

据测定，白炽灯泡的灯丝加热成白炽体时，温度可达2 000～3 000 ℃而发光。在散热良好的条件下，60 W白炽灯泡的表面温度为137～180 ℃，75 W白炽灯泡的表面温度为140～200 ℃，200 W白炽灯泡的表面温度可达160～300 ℃。白炽灯泡表面温度很高，可以烤燃可燃物质，其烤燃可燃物的时间和温度见表9–2。

表9–2 白炽灯泡烤燃可燃物的时间和温度

灯泡功率（W）	摆放形式	可燃物	烤燃时间（min）	起火时温度（℃）	备注
75	卧式	稻草	3	360～370	埋入
100	卧式	稻草	12	342～360	紧贴
100	垂式	稻草	50	炭化	紧贴
100	卧式	稻草	2	360	埋入
100	垂式	棉絮（被套）	13	360～367	紧贴
100	卧式	纸	8	333～360	埋入
200	卧式	稻草	8	367	紧贴
200	卧式	稻草	4	342	紧贴
200	卧式	稻草	1	360	埋入
200	垂式	玉米秸	15	365	埋入
200	垂式	纸	12	333	紧贴
200	垂式	多层报纸	125	333～360	紧贴
200	垂式	松木箱	57	398	紧贴
200	垂式	棉被	5	367	紧贴

从表9–2可以看出，灯泡功率越大，灯泡距可燃物越近，散

热条件越恶劣，则引起燃烧的时间越短。如将 100 W 的灯泡放进稻草内，2 min 即可将稻草燃着起火；200 W 的灯泡放进稻草内，1 min 即可将稻草燃着起火；将 200 W 的灯泡紧贴棉被，5 min 即可将棉被燃着起火；200 W 灯泡紧贴木箱不到 1 h 就可以烤燃起火。

2. 由于散热条件差，灯泡辐射热使位于灯具附近的可燃物升温起火

在散热条件不好的情况下，灯泡表面温度上升更快，温度更高，火灾危险性更大，如用布、塑料或纸张作灯罩，灯具长时间使用时将使其烤燃或烤焦。此类火灾事故时有发生，例如，2004 年发生在中国新疆维吾尔自治区库尔勒市一栋综合楼施工工地的 3・16 特大火灾，火灾共烧毁东芝牌自动扶梯五部，过火面积达 1 799 m^2，造成直接财产损失 400 余万元，通过现场勘查，物证鉴定及模拟实验，认定此次火灾是由 200 W 的白炽灯泡烤燃木质工作台所导致的；2012 年 10 月 9 日，江苏省南京市江宁区的一家沙发厂突发大火，短短半个小时，整个厂房被彻底烧毁，直接经济损失达到上百万元，而起火原因是厂方用红外灯泡加热木材引发的。

3. 通电灯泡破碎，其高温碎片、残体或钨丝熔断时产生的电弧引燃下方可燃物或引爆周围的可燃气体混合物

首先，当白炽灯在正常照明时，突然因受机械力的作用而玻壳破碎，这时玻璃芯杆往往发生断裂，灯丝一方面在空气中剧烈氧化而变细，变脆，另一方面受断落芯柱的拉力作用断落下来（灯丝下落的速度比较快，温度不会降低很多）。如果落到燃点较低的可燃物上就容易起火成灾。试验表明：300 W 白炽灯开灯照明的情况下被击碎时，能够引燃下方 1 m 处的棉被套。其次，白

炽灯和其他许多工业产品一样存在使用寿命的问题，当其使用寿命将要终了时，恰巧赶上电网电压向上波动，而且增加的幅度比较大（比如由额定电压220 V升到270 V或更高），这样就会在灯丝与导丝接头处发生弧光放电（俗称跳电）现象。温度高达2 000～4 000 ℃的电弧往往把灯丝或灯丝与其导丝接头处部分熔化使之形成金属熔珠，当其熔穿玻壳飞落到附近可燃物上时，就有引起火灾的危险。有时跳电引起玻壳爆碎，更多的金属熔化物和灯丝断落的残体飞落下来，落到可燃物上，引起火灾的可能更大。试验表明150 W、200 W和300 W的白炽灯，分别在1.5 m、2.1 m和1.8 m高处发生弧光放电时，形成的金属熔珠或玻壳爆碎后飞落的灯丝和导丝残体均可引燃下方的棉被套。

4. 灯座接线、开关接头接触不良发热或产生电火花引燃可燃物

安装灯泡的灯座，当接线不当，灯座内两个接线头的毛刺相接或接线松脱，通电时就会发生短路或火花放电，如果这一回路上的熔丝选用不当不起保险作用，就会由此引起火灾。

5. 灯泡玻壳与灯头粘接不牢、松动造成内部引线短路，或灯头焊锡熔化造成短路，引起发热或迸出电火花引燃周围可燃物

如果用酚醛树脂制作的灯座安装100 W以上的大功率灯泡，在长时间开灯通电情况下会造成灯座内发生过热，甚至使焊锡熔化形成短路；灯头与玻璃壳松动时拧动灯头而造成短路，灯头接触部分由于接触不良而发热或产生火花，这些都是不可忽视的火灾隐患。

6. 使用不当造成隐患

白炽灯的灯丝烧断后，有的人不及时更换新的灯泡，而是将旧灯泡中的钨丝搭接后继续使用，这是极为危险的。因为灯泡中

的断丝搭接后，功率变大、有时甚至加大到1倍以上，但灯泡中的惰性气体的承受力没变，灯泡的功率成倍增大后，一旦玻璃壁无法承受灯泡内惰性气体急剧膨胀就会爆炸。

三、白炽灯通电痕迹特征及鉴别方法

白炽灯火灾物证的鉴别，最关键的前提是在起火点或起火点附近找到并提取白炽灯的残留物，并确定在火灾发生之前，白炽灯处于通电状态。主要从三个方面来鉴别：

1. 根据白炽灯或其碎片上变形、破坏特征和炭化或分解产物的黏附状态，判断该灯在起火前是否处于通电状态及其与火灾的关系

白炽灯里面一般充入的是惰性气体，通电照明时，玻壳内的惰性气体受热膨胀，壳内压力增大，而与之接触的可燃物燃烧时与玻壳接触处的气压较小，玻壳内压力大于外部压力，又因玻壳局部受热处变软，于是产生玻壳局部向外凸出的变形痕迹；而且由于与白炽灯接触的可燃物在灯泡烘烤下受热，水分蒸发并发生热分解，在高温的作用下分解物和炭化物牢牢地粘在与之接触的玻壳上。白炽灯不通电的情况下，可燃物的燃烧遗留物落在灯泡上是粘不牢的。

白炽灯玻壳上有烟熏痕迹，又有局部变形且有青蛙眼睛状的气孔形成，也可以肯定该灯泡在火灾发生前处于通电照明状态，道理和上述的相同。玻壳内的气体受热膨胀后，壳内压力增大，玻壳局部受热软化，在一定的条件下玻壳内的气体必然从玻壳软化而强度最差的地方突破外壳而外泄，于是形成青蛙眼睛状的气孔。

玻壳上有圆形或椭圆形的孔眼是该灯泡在火灾发生前处于通

电状态的确凿证据，这是由于灯泡发生弧光放电现象时，电弧的高温把灯丝和导丝的接头处熔化成金属熔珠，此种金属熔珠大小不等，较大的熔珠借助于弧光放电时的能量，熔穿玻壳，喷射出去，于是玻壳上留下近似圆形的孔眼。在不带电的情况下，灯泡的玻壳上无论如何是不会形成圆形孔眼的。如果灯泡已经破碎，只要破碎的玻壳上具有上述特征之一，也可以说明问题。

2. 根据残留灯头的芯柱、灯丝的变色、变形和金属熔化痕迹，判断该灯泡在起火前是否处于通电状态

如果灯丝发黑变细，灯丝的支架或芯柱上附有白色的沉积物，并且导丝的端部无放电痕迹，若这两种现象同时存在，就可以确认灯泡是在通电照明的情况下被外力击碎的。也就是说，灯泡在发生火灾前处于通电状态，因为灯丝是金属钨丝制成，在常温下干燥的空气中呈银灰色，如果不是在通电照明的情况下玻壳突然爆碎，使之与空气接触而氧化的话，灯丝不会变黑变细且产生大量的三氧化钨淡黄色粉末，飞溅到灯泡内各处，钨丝上、内导线上、钼丝上、玻璃支柱上、玻璃壳上。而导丝端部无放电的痕迹，则说明玻壳破碎不是弧光放电而致，而是外力击碎的。

灯泡导丝端部有金属熔珠或金属熔化的痕迹，由此可以断定，该灯泡在火灾发生前处于通电照明状态，因为灯泡的灯丝材料为金属钨，其熔点为 3 410 ℃左右，而导丝材料为镀镍的铁丝，其熔点在 1 500 ℃以上。因此，一般的火灾温度很难使灯丝和导丝熔化，尤其不能使灯丝熔化，只有在通电的情况下发生了弧光放电现象才会留下这种痕迹。

3. 勘验灯座内部熔化痕迹、判断是否具有发热、弧光放电、火星引燃引爆可燃物的特征

如果白炽灯的灯座有弧光放电的痕迹或者还有灯头焊锡熔化

的痕迹，则不仅可以证明该灯泡在火灾发生前处于通电状态，而且这次火灾很可能就是由此而引起的。因为只有通电的状态下才会发生这种情况，至于弧光放电的原因，一种可能是接线者粗心，使灯座内的导线毛刺外露形成火花放电，导致弧光放电；另一种可能是灯座受潮所致；第三种可能是在较小的灯座上安装大功率的灯泡，长时间通电产生过热使焊锡熔化导致短路。

四、白炽灯火灾调查的主要内容和方法

普通白炽灯引起火灾时，起火点一般在灯泡掉落的可燃物处，一般具有阴燃起火特征。在排除其他火源情况下，结合现场的痕迹物证，分析可燃物与白炽灯火源的关系，可认定起火原因。

（一）现场勘验的主要内容

1. 准确认定起火点

（1）查明阴燃起火的痕迹，因为灯泡引燃多数具有阴燃起火特征。

（2）查明起火点处物体塌落层次。多数情况下，灯泡都先炸裂，其残体散落到底层，特别是悬挂于空间部位的灯泡，炸裂后其玻璃壳及其他残体均紧贴地面，上层是其他炭化物和屋顶瓦砾。

（3）获取证明蔓延方向的痕迹物证。

2. 起火点处可燃物与灯具的位置关系

勘验灯泡周围可燃物的残骸，查明其种类、数量、散热条件等情况。

3. 排除其他火源

起火点处存在的其他火源情况，判断其是否能引燃可燃物。

4. 火灾前灯具通电状态的证据

通电是电气火灾发生的必要条件，要根据灯泡的残体认定通电状态。

（二）调查询问的主要内容

（1）灯具的型号、功率、使用目的。

（2）安装使用情况，通、断电时间。

（3）起火点与灯具的位置关系。

（4）可燃物的种类、数量、状态、性质及燃点、闪点等基本数据。

（5）可燃物与灯具的位置关系。

（6）同一回路其他灯具及电器运行情况。

（7）以前故障情况，故障原因。起火前出现的异常现象，如灯泡爆炸声、焦煳味以及灯泡忽明忽暗等现象。

（8）起火前灯泡更换时间、功率大小以及熔丝情况。

第三节　荧光灯火灾调查

一、荧光灯的结构和功能

（一）基本结构

传统型荧光灯即低压汞灯，是利用低压汞蒸气在通电后释放紫外线，从而使荧光粉发出可见光的原理发光，因此它属于气体放电光源。荧光灯的核心部件包括管形玻壳、灯丝管内壁涂有的荧光粉、灯丝上涂有的一层发射电子的物质（电子粉，也称阴极）、用于固定灯丝并保证与玻璃灯管密封的芯柱、管内填充的惰性气体和汞蒸气，如图 9–2 所示。

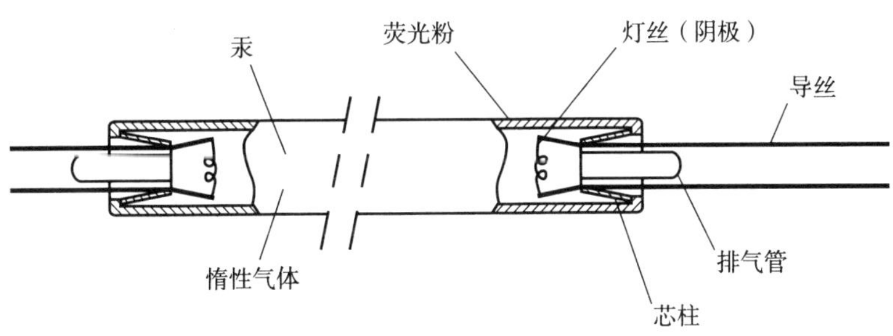

图 9–2　荧光灯结构

（二）主要材料及特性

1. 灯丝

灯丝由钨丝为材料绕制而成，灯丝的尺寸都经过合理的设计和选择，使提供给灯丝螺旋的热能够很快产生一个恰当的温度，保证电子发射。同时，中空的丝体内能够存储更多的发射材料，利于使用寿命的维持。

2. 荧光粉

现在使用的荧光粉是用紫外线来激发发光材料的，这种通过光线激发的发光现象称为光致发光。

节能灯用荧光粉必须满足几个特性：充分吸收 253.7 nm 紫外线；发射的光谱能满足发光效率和显色性的要求；颗粒度适宜，保证亮度和维持率。1974 年，荷兰首先研制成功能够发出人眼敏感的红、绿、蓝三色光的荧光粉。三基色（又称三原色）荧光粉的开发与应用是荧光灯发展史上的一个重要里程碑。三基色荧光粉由红、绿、蓝三种粉依据需要搭配比例而成，调整粉的不同比例可以得到不同的光色表现。

3. 保护膜

玻璃中的金属元素在长时间电子轰击下会逐渐析出，并迁移到玻璃管内侧和汞形成汞齐（汞与一种或几种其他金属所形成的合金），一方面使灯管发黑，另一方面使汞失效，降低灯管的转换效率，光线被遮挡。荧光灯中保护膜的作用是在玻璃和荧光粉之间形成一层致密的薄膜，这层膜可以很好地使二者隔离开，使得析出的金属不至于影响灯管性能。

4. 电子粉

灯丝上需涂覆电子粉浆，使灯丝带有足够发射电子的物质。

荧光灯所采用的电子粉要满足如下条件：工作温度较低、发射效率较高、使用寿命较长。

5. 汞 / 汞齐

汞在气体放电灯的作用是接受电子，并产生出紫外线。汞齐的作用是在相对高的温度环境中维持放电所需要的最佳蒸气压。不同的金属和汞形成的汞齐有不同的适应温度，设计时选取不同种类的汞齐放置于不同的位置来保证相对良好的光输出。

辅助汞齐：在未使用的辅助汞齐中是不含汞的，它在灯中吸收汞，形成汞齐。在灯刚刚启动的时候，借助阴极的热量快速释放出汞，缩短灯的启动时间。

6. 惰性气体

惰性气体化学性质极不活泼，几乎不与其他元素发生化学反应。由于它们在大气中含量极少，所以也被称为稀有气体。惰性气体在节能灯中的作用是使得电子的行程增加，因为电子的重量非常小，和相对很大的惰性气体原子产生弹性碰撞，增加了和汞原子的碰撞机会，增加了电离的机会，使发光的效能提高。常用的惰性气体有氩气、氖气、氪气等，还依据不同的需要搭配出一些混合气体，用于不同需要的灯管。

（三）工作原理

荧光灯的发光包括气体放电辐射和荧光粉固体发光两个物理过程。即通过低气压汞蒸气放电产生的紫外线激发涂敷于灯管内壁的荧光粉而转换成可见光。主要为以下三个过程，如图 9-3 所示。

1. 阴极电子的产生

主要是热电子发射，阴极金属通电产生热量，使得电子从阴极基金属和碱土氧化物涂层中释放。

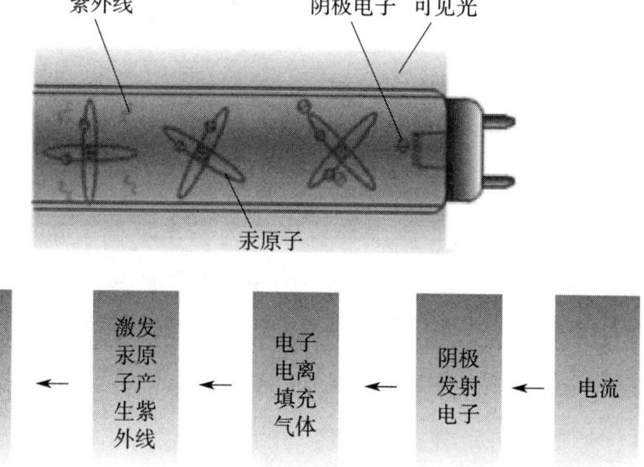

图 9-3　荧光灯发光原理图

2. 紫外线的产生

电子打在汞原子上，汞原子被激发，产生能量转移，释放出波长 253.7 nm 为主的紫外线。

3. 可见光的产生

肉眼所能看到的光线波长范围为 380 ~ 780 nm，而荧光粉能够充分吸收 253.7 nm 的紫外线，产生可见光。

由于气体放电的负阻特性，荧光灯工作时必须在电路中联一个镇流器，限制灯电流并辅助灯启动。荧光灯工作需要灯管、启动器和镇流器三部分共同发挥作用完成，如图 9-4 所示。当接通电源时，由于灯管没有点燃，启动器的辉光管上（管内的固定触头与倒 U 形双金属片之间）因承受了 220 V 的电源电压而辉光放电，使倒 U 形双金属片受热弯曲而与固定触头接触，电流通过镇流器及灯管两端的灯丝及启动器构成回路。灯丝因有电流（启动电流）流过被加热而发射电子。同时，启动器中的倒 U 形双金属片由于辉光放电结束而冷却，与固定触头分离，使电路突然断开。在此瞬间，镇流器产生的较高感应电压与电源电压一起（400～600 V）加在灯管的两端，迫使管内发生弧光放电而发光。灯管点燃后，由于镇流器的限流作用，使得灯管两端的电压较低（30 W 灯管约 100 V），而启动器与灯管并联，较低的电压不能使启动器再次动作。

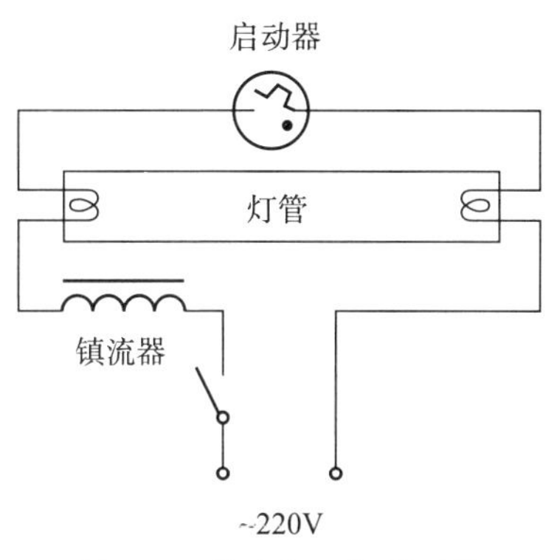

图 9-4　荧光灯工作原理图

镇流器是引发火灾的一个重要因素，也是目前电器防火监测的一个重点。21 W 荧光灯的镇流器消耗量在 6～8 W，电感镇流器达到稳定温度一般为 130 ℃。它是在硅钢制作的铁芯上缠绕漆包线制作而成，这种带铁芯的线圈，在瞬间开 / 关电路时，就会自感产生高压，加在荧光灯管的两端的电极（灯丝）上。当灯管正常发光时，内阻变小，启动器始终保持开路状态，这样电流就稳定地通过灯管、镇流器工作，使灯管正常发光。当镇流器功率小于灯管功率时，很容易造成镇流器线圈流过的电流超过允许值，从而造成发热量的急剧上升。

（四）紧凑型荧光灯

紧凑型荧光灯即节能灯，是在荧光灯的基础上改良和提高的产品，使用的是电子镇流器，相同亮度的情况下，消耗的电能是荧光灯的 4/5，是白炽灯的 1/5～1/10。节能灯主要由灯管、电子镇流器（内置、外置之分）和灯头组成，灯管有螺旋、方形、U 形、直管之分，如图 9-5 所示。

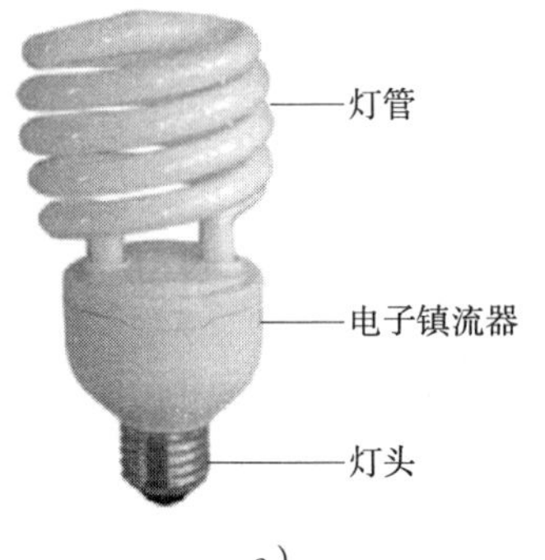

a）

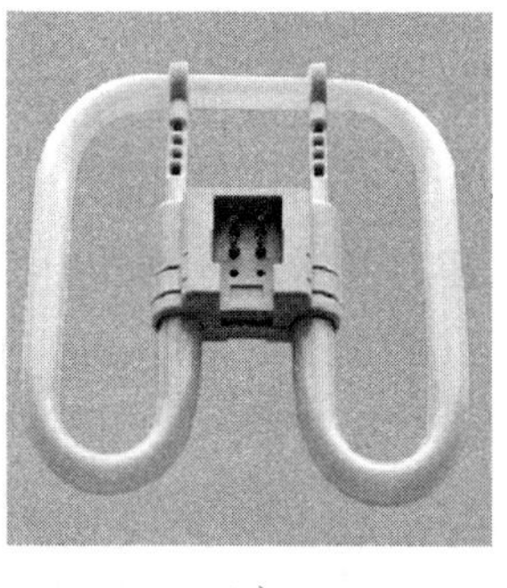

b）

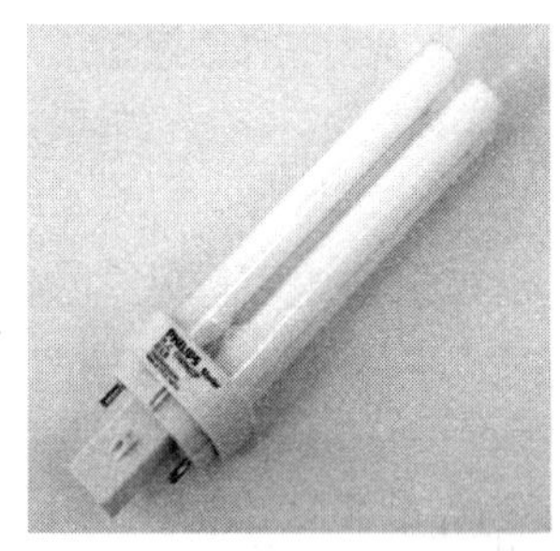

c）

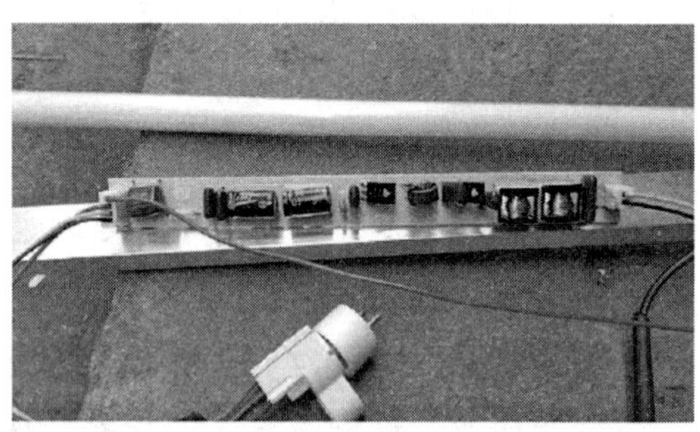

d）

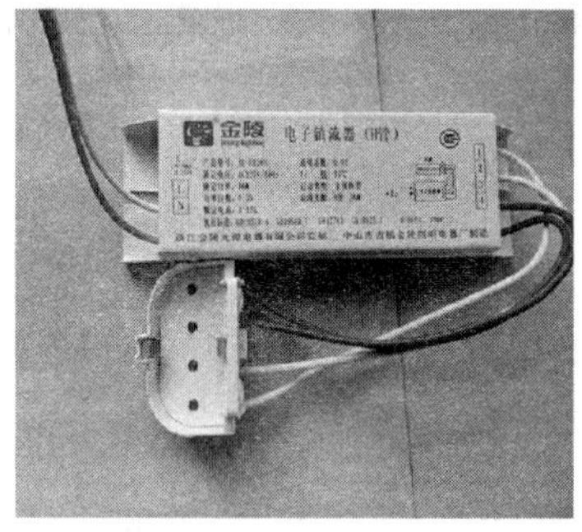

e）

图 9–5　常见的节能灯构造

a）螺旋节能灯　b）方形节能灯　c）U 形节能灯
d）直管节能灯（内置电子镇流器）　e）外置电子镇流器

二、荧光灯引发火灾常见原因

荧光灯引发火灾的主要原因是镇流器发热烤燃可燃物。镇流器由铁芯和线圈组成，小功率镇流器没有外壳，15 W 以上的镇流器用沥青浸封在铁盒内。镇流器设计允许温升为 50 ℃左右，不得超过 65 ℃。正常工作时，因其本身有一定的电耗，所以具有一定的温度，如果制造粗劣、散热条件不好或与灯管配套不合理，以及其他附件发生故障时，其内部温度升高可能破坏线圈的绝缘，形成匝间短路，将周围的可燃物引燃。主要原因如下：

1. 镇流器质量差

有些镇流器在出厂时没有经过严格检验或使用人自己绕制镇流器，由于粗制滥造，质量较差，如线圈匝数不足、绝缘能力不够、线径过小、铁芯面积过小、空间间隙太大、硅钢片插得不紧等，这些都容易使镇流器发热，产生高温，以致损坏绝缘、沥青熔化并从盒内溢出等，形成短路，引起火灾。

2. 镇流器选择安装不当

选用镇流器与荧光灯管功率不匹配、各接点接触不牢、镇流器紧贴天花板等可燃材料安装，并且安装部位通风散热条件很差，这样，一方面镇流器容易发热，另一方面热量不易散发，从而大量骤热，形成高温，烤燃可燃物质，引起火灾。

3. 使用不当

荧光灯的供电电压过高，超负载等会使镇流器产生高温，荧光灯连续使用时间过长或开、关荧光灯过于频繁等，也会使镇流器产生高温，甚至酿成火灾。

4. 维护保养不善

荧光灯镇流器上沉积大量可燃粉尘、木屑等，如果镇流器产生高温会被烤焦起火；镇流器受潮或者进水等，会使线圈绝缘能力下降，甚至短路起火。这些都是平时维护保养不善所致。

三、荧光灯故障痕迹特征及鉴别方法

荧光灯火灾的认定，最关键的前提是在起火点或起火点附近找到并提取荧光灯镇流器的残留物，然后再根据残留物特征鉴别镇流器破坏是内热故障还是外部火烧作用造成的。主要从两个方面来鉴别：

（一）宏观特征及鉴别

（1）镇流器整体过热引起火灾，内部和外部被烧都很重，沥青几乎溢出或烧尽。被火烧的镇流器整体上则是外重内轻。

（2）内部线圈发现熔痕，且线圈发脆变焦、变黑色或黄色、多处烧断。内部烧毁重，外部烧毁轻，证明是内部线圈发生故障。

（3）测量引出线与壳体之间的电阻，如果电阻值很低或者为零，可认为绝缘老化引起内部故障。

（4）故障烧毁的镇流器线圈上部分匝（尤其端部）炭化变色严重，线圈匝间或层间短路点集中在炭化变色较重部位。外部火源作用于通电运行的镇流器时，线圈端部炭化变色较中间部位严重，端部各匝之间炭化均匀，短路点都发生在机壳外部的电源线上。

（二）金相组织特征及鉴别

故障运行的镇流器线圈上的熔断痕迹金相组织为柱状晶 + 内部片层结构，与漆包线上未熔部分过渡区明显，没有或有极少的孔洞，组织特征介于一次短路与二次短路之间，分析原因可能是由于故障使线圈过热达到 200 ℃后线圈漆包线上的绝缘漆完全失效（绝缘漆一般采用 A 类绝缘，极限工作温度为 105 ℃），镇流器内部达到一定的环境温度，但没有形成火灾的环境气氛，所以形成上述特有的组织特征，这种熔痕是内部过热的结果同时又是火灾的原因，可以将此熔痕定义为内部过热熔痕。不同部位未熔化的硅钢片、线圈在金相组织上没有明显的差别。

火灾中带电运行的镇流器，其电源线上短路熔痕的金相组织为粗大的柱状晶，过渡区不十分明显，内部有大量的孔洞，体现为火灾中短路痕迹的特征。

内部故障过热和外部火灾作用的镇流器虽然存在由内至外和由外至内两种不同的传热方式，但是设备不同部件之间或同一部件不同位置之间的温度差别太小，现有的分析方法无法检测到这种差别。而且由于受到内部线圈绝缘极限的限制，部件的温度在 30 ℃以下，很容易受到外部火灾再次加热的破坏，所以即使能够寻找到检测这种细微温度差别的仪器设备和方法，在火灾现场残留物的技术鉴定中的应用价值也是有限的。

四、荧光灯火灾调查的主要内容和方法

准确认定起火点，起火点就在镇流器处，具有阴燃起火的特征，被引燃的可燃物一般是低燃点的物质。对镇流器进行细项勘验，寻找电气故障痕迹物证，提取并送检。如果鉴定结论是发生了二次短路，说明是镇流器内部过热引起的火灾。

（一）现场勘验的主要内容

1. 准确认定起火点

（1）寻找以镇流器位置为中心向周围蔓延的痕迹，镇流器过热起火具有阴燃起火特征。

（2）获取镇流器所在部位局部炭化痕迹或被烧程度较重痕迹。

（3）获取以镇流器所在部位为中心，屋顶构件倒塌痕迹特征。

2. 荧光灯火灾前处于通电状态的根据

查找电气线路与灯具开关，观察总断路器、分断路器、漏电保护器复位开关状态，可利用多用表测定断路器接线柱通断，也可利用X射线成像仪测定开关动触头、静触头离合状态，如图9–6所示，确定灯具是否通电。

a）

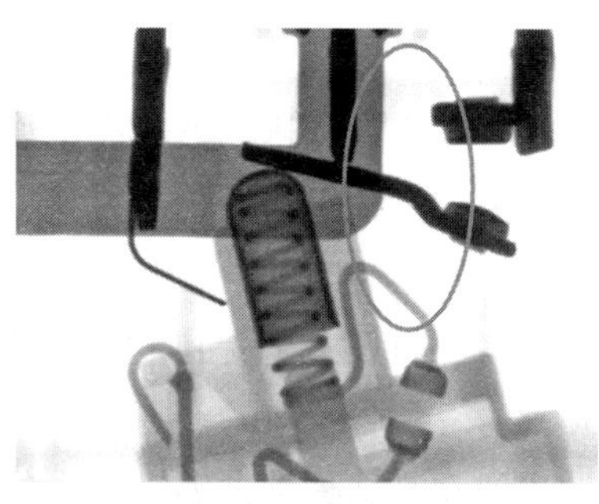

b）

图9–6 查看断路器和灯具开关状态

a）断路器通断状态 b）开关动触头、静触头在X射线成像仪下离合状态

3. 查找灯具故障痕迹

由负荷端向电源端，查找供电线路故障点，供电线路与金属灯架对应的烧蚀痕迹。如图9–7所示，荧光灯灯架局部变形变色、电子镇流器外壳及内部电路板完好，灯管外表面完好，内部端头处有黑色沉淀物，灯座熔融，与电源线连接处有短路熔痕。

4. 对镇流器残体进行细项勘验

在起火点处或其底部提取镇流器残体，用放大镜观察线圈内外有无短路熔痕、变色、烧焦、烧断痕迹等。

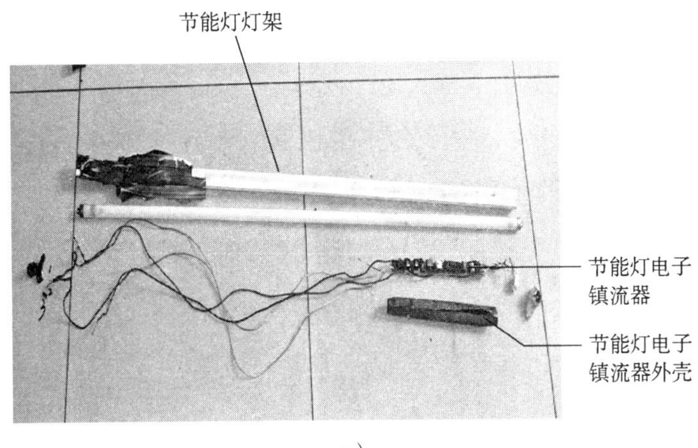

a）

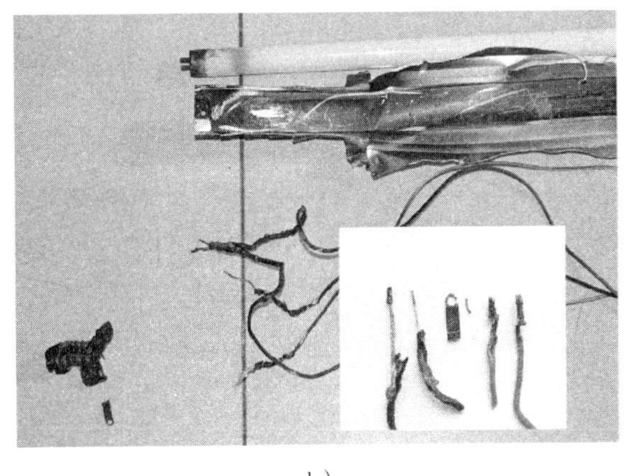

b）

图 9-7　灯具故障痕迹

a）荧光灯灯架局部变色　b）灯座熔融，与电源线连接处有短路熔痕

5. 起火点处可燃物情况与灯具的位置关系

灯具与可燃物位置要相对应，有时起火点、镇流器和灯具位置不一致，应在起火部位内认真寻找。

6. 排除其他火源

起火部位是否有其他火源，分析其引燃可燃物的可能性。在现场寻找火源物证，逐个分析排除其他火源。

（二）调查询问的主要内容

（1）荧光灯安装的位置、控制形式、开关种类等。

（2）镇流器的型号、功率、与灯管的匹配情况。

（3）镇流器安装部位与可燃物的位置关系。

（4）起火前镇流器出现的异常征兆。

（5）荧光灯的使用情况，如开灯时间、连续使用时间等。

（6）查明电网电压波动情况，是否出现电压偏高或偏低的情况。

（7）灯管和镇流器的使用年限。

第四节 碘钨灯火灾调查

一、碘钨灯结构和功能

（一）基本结构

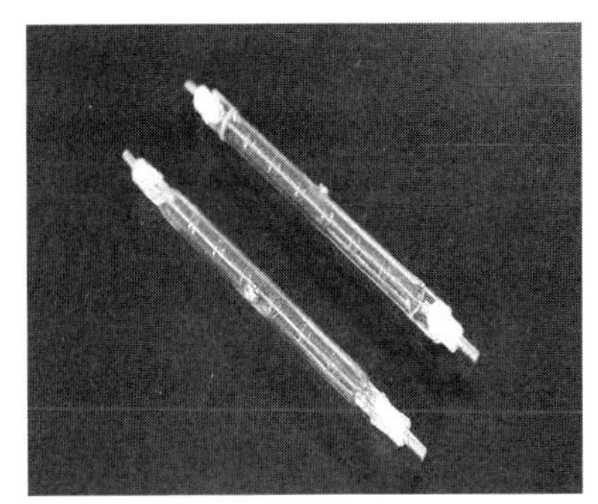

图 9-8　碘钨灯

碘钨灯是卤钨灯的一种，是最早问世的用碘作循环剂的卤钨灯。这是因为在四种卤族元素里，碘的性质最不活泼，不像其他几种卤素那样有强烈的腐蚀作用。最常见的碘钨灯，有着像钢笔一样的细长身材，如图 9-8 所示。灯的主体是一根直径 10 ~ 12 mm 的石英管，软化点高达 1 700 ℃。中间是由钨丝绕成的灯丝，被支撑在也是钨丝绕成的圈上，灯丝两端由灯头引出以便接入，外壁为耐高温的石英玻璃制成，灯管内填充适量的碘。灯丝上每隔一定距离用一个支撑圈托着灯丝，灯两端的长方形扁块是封接部分，用来保证既能导电，又不漏气。

（二）工作原理

碘钨灯就是把碘充于白炽电灯中，玻壳壁的温度控制在250 ~ 1 200 ℃，从灯丝上蒸发出来的钨就会在玻壳壁附近与碘化合成碘化钨。随着气体的对流，碘化钨将扩散到灯丝附近，由于这里的温度可以高到2 000 ℃以上，不太稳定的碘化钨就会在这里分解成碘和钨，钨重新回到灯丝上继续工作，碘则再次向玻壳方向扩散去完成新的“搬运”钨的任务，这一过程一般称为卤钨循环或钨的再生循环。再生循环大大减缓了钨在灯丝上的蒸发速度，延长了灯管的使用寿命。

与普通白炽灯相比，碘钨灯由于应用了碘钨循环的原理，大大减少了钨的蒸发量，所以它的工作温度可提高到3 000 ℃，延长了使用寿命，发光效率也提高很多。普通白炽灯的平均使用寿命是1 000 h，碘钨灯的使用寿命要比它长一倍，发光效率提高30%。从大小来看，碘钨灯显得特别小巧玲珑，同样一只500 W的灯泡，碘钨灯的体积只有白炽灯的1%。它的玻壳里除了有碘，还充进了惰性气体，又小又结实，充气压力高达1.5 ~ 10个大气压。

（三）分类及用途

根据用途不同，碘钨灯可分为几种。有的碘钨灯能发出大量看不见的红外线，热效率高，是加热干燥用的理想热源。有的碘钨灯功率大，可辐射出大量的光能，用作大型车间、广场、体育场、机场、港口等处的照明。有的碘钨灯是新闻摄影、彩色照相制版，以及电影摄影、放映的光源，功率高、体积小、重量轻是它的主要优点。在一部分激光装置中，碘钨灯还可用作光泵。

二、碘钨灯引发火灾常见原因

（一）碘钨灯管壁高温引燃附近可燃物

碘钨灯灯管的表面温度比白炽灯灯泡表面温度更高，因其工作时，玻壳壁的最低温度为 250 ℃，1 000 W 的碘钨灯灯管表面温度为 500～800 ℃，而其内壁温度更高，约为 1 600 ℃。而一般 1 500 W 电炉的表面温度也只有 900～1 000 ℃。因此，碘钨灯不仅可以烤燃接触灯管表面外壁的可燃物质，而且其高温热辐射，还能将接近灯管的可燃物质烤着，若将纸、布、棉花等可燃物质放在碘钨灯上，很快就可以着起火来。把带罩的碘钨灯扣在地毯上，也只需几分钟就可以引燃着火。因此，碘钨灯的火灾危险性比其他电气照明灯具更大。

据测试，在不同通电电压下，不同功率碘钨灯对可燃物的引燃能力，呈规律性变化。随着通电时间的延长，碘钨灯表面各处温度逐渐增高，300 W 灯管在 220 V 和 380 V 电压下温度呈规律性变化，电压为 220 V 时碘钨灯灯管的温度最高只有 492.2 ℃，而在 380 V 电压下灯管的最高温度达到 693.0 ℃，在其他条件不变时，通电电压越高，碘钨灯引燃能力就越强，火灾危险性越大。

（二）工地临时照明等使用不规范造成隐患

因碘钨灯价格便宜、使用方便、亮度大等优点常被施工单位使用，依据《施工现场临时用电安全技术规范》要求，碘钨灯的安装高度宜在 3 m 以上，灯线应固定在接线柱上，不得靠近灯具表面。但碘钨灯电源线常使用两芯线，缺少金属外壳 PE 线保护，且电源两端子极易出现裸露，现场使用时常用铁架固定，固定高度为 1.5 m 左右，未达法规 3 m 以上规定要求。如附近有可燃物，极易引起火灾。

（三）碘钨灯容易因为温度骤然改变发生炸裂

因为碘钨灯发热量较大，灯体温度较高，在遇到雨水或其他水接触的时候，很容易因为灯体表面骤然的温度变化发生爆裂，飞溅出高温碎片或产生金属熔珠引燃周围可燃物。

（四）碘钨灯的电源线发生故障引起火灾

碘钨灯由于功率较大，所用的电源线如果不匹配，容易出现线路过负荷现象，甚至发生短路。或者电源线离碘钨灯高温表面较近，且未做防护，易引燃线路绝缘层或造成线路短路引发火灾。

三、碘钨灯通电痕迹特征及鉴别方法

碘钨灯火灾物证的鉴别，最关键的前提是在起火点或起火点附近找到并提取碘钨灯的残留物，并确定在火灾发生之前，碘钨灯是否处于通电状态。主要从两个方面来鉴别：

（一）根据碘钨灯灯架或灯罩变色痕迹鉴别

（1）碘钨灯工作时，一般必须安装在专用的有隔热装置的金属灯架上，因此把现场中同部位提取的不同碘钨灯金属架或灯罩进行对比，金属变色严重的可说明此碘钨灯在火灾中是通电状态。

（2）碘钨灯自身发热造成的故障，一般灯罩内侧金属变色明显，为灰白色，根据灯罩内外侧颜色变化对比，判定碘钨灯是否在通电状态。

（二）根据碘钨灯电源线痕迹鉴别

（1）查找碘钨灯故障痕迹。由负荷端向电源端，查找供电线路故障点，供电线路与金属灯架对应的烧蚀痕迹。

（2）碘钨灯功率较大，容易造成电源线过载，易出现线路绝缘层内焦、松弛的过负荷现象，或过电流导致线路接头接触不良，发热产生局部烧蚀痕迹。

四、碘钨灯火灾调查的主要内容和方法

碘钨灯引起火灾时，起火点一般在碘钨灯掉落的可燃物处。在排除其他火源情况下，结合现场的痕迹物证，分析可燃物与碘钨灯火源的关系，可认定起火原因。

（一）现场勘验的主要内容

1. 准确认定起火点

（1）以碘钨灯附近所在处为中心向周围蔓延的痕迹。

（2）查明起火点处物体塌落层次。多数情况下，碘钨灯附近可燃物最先破坏，其残体散落到底层，特别是悬挂于空间部位的碘钨灯，对应空间部位的可燃物最先引燃掉落下方，在掉落处形成新的起火点，附近上方可燃物逐层塌落在此上方。

（3）获取证明蔓延方向的痕迹物证。

2. 起火点处可燃物与灯具的位置关系

勘验灯具周围可燃物的残骸，查明其种类、数量、散热条件等情况。

3. 排除其他火源

查明起火点处存在的其他火源情况，分析其是否能引燃可燃物。

4. 火灾前灯具通电状态的证据

通电是电气火灾发生的必要条件，要根据灯具的残体认定通电状态。

5. 灯具是否安装在金属灯架上

碘钨灯工作时，灯管的温度很高，管壁可高达 500 ~ 700 ℃，因此，灯管必须安装在专用的有隔热装置的金属灯架上，切不可安装在非专用的、易燃材料制成的灯架上。

（二）调查询问的主要内容

（1）灯具的型号、功率、使用目的。

（2）安装使用情况，通、断电时间。

（3）起火点与灯具的位置关系。

（4）可燃物的种类、数量、状态、性质及燃点、闪点等基本数据。

（5）可燃物与灯具的位置关系。

（6）同一回路其他灯具及电器运行情况。

（7）安装碘钨灯时，是否把灯管装得与地面平行，一般要求倾斜角度不大于 4°。

（8）是否私自移动过碘钨灯。普通碘钨灯的正常使用寿命达 1 000 h 以上（优质的可达 2 000 h 以上），由于工作状态碘循环要求灯管平稳。工作时移动会产生碘聚集在灯丝上，烧坏灯丝。

（9）灯丝较脆，是否发生剧烈震动和撞击。

第五节 其他灯具火灾调查

一、LED 灯火灾调查

（一）LED 灯结构和功能

LED 灯是一种半导体光源，是一种能够将电能直接转化为光能的固态半导体器件，因光效高、能耗低、使用寿命长、易于智能控制而广泛应用。LED 灯泡由灯罩、散热器、LED 芯片、驱动电路、灯头等组成，如图 9–9 所示。

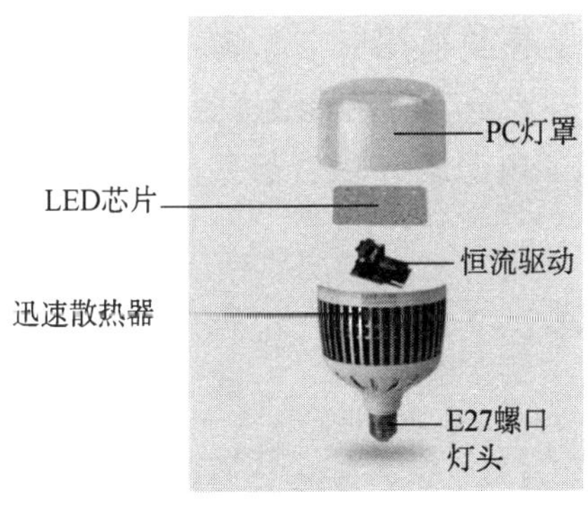

a）

b）

c）

图 9–9　常见的 LED 灯结构

a）LED 灯泡　b）LED 筒灯　c）LED 吸顶灯

（二）LED 灯引起火灾常见原因及痕迹特征

从火灾调查工作实践来看，引发火灾的常见原因有电源线路短路、接头接触不良等。主要痕迹特征有：

（1）灯具在起火部位范围内，安装灯具处吊顶相对下部受烟熏或烧损严重，并以此为中心向周围燃烧蔓延。

（2）灯具为通电状态。通过查找电气线路与灯具开关，观察总断路器、分断路器、漏电保护器复位开关状态等确定。

（3）查找灯具故障痕迹。由负荷端向电源端，查找供电线路故障点，供电线路与金属灯架对应的烧蚀痕迹。图 9–10 所示为 LED 灯具内表面局部烟熏，电源线与 LED 灯珠连接处有短路熔痕。

（三）调查主要内容和方法

1. 勘验要点

（1）查看起火部位（点）周围是否存在灯具及灯具残骸散落层次、周围燃烧蔓延痕迹。

a）

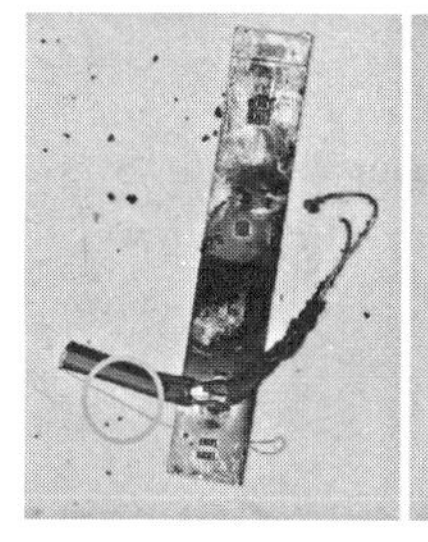

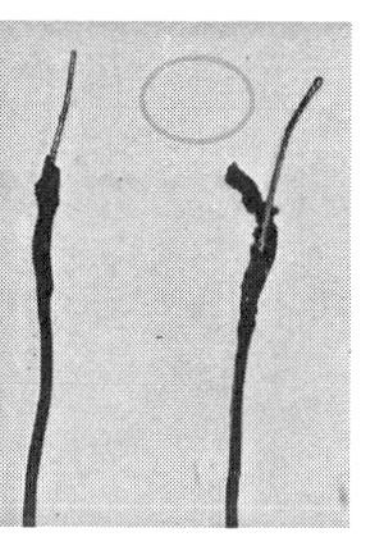

b）

图 9-10　电源线路故障痕迹

a）LED 灯具内表面局部烟熏　b）电源线与 LED 灯珠连接处有短路熔痕

（2）查看灯具周围可燃物残骸，查明其种类、数量、蓄热、相对位置等情况。

（3）查看灯具控制开关、插座、保护装置（熔断器）等状态及电源线路故障痕迹。

（4）查看灯珠与连接线处痕迹、电路板残骸上电子元件受损情况等。

2. 询问要点

（1）灯具通电时长、有无闪烁、历史故障及维修情况，同一支路中其他电气设备有无异常现象。

（2）灯具种类、功率、使用年限，是否带有智能控制功能。

（3）灯具控制开关安装位置及线路连接方式，是否由专业人员安装。

（4）灯具与可燃物相对位置，可燃物种类、数量、堆放状态，起火部位通风、散热、湿度等环境情况。

二、广告灯箱火灾调查

广告灯箱是采用箱体式中空结构的广告宣传载体，主要分布在大型综合体、室外广场、交通站点、沿街店铺等场所，具有通电时间长、老化速度快、着火后社会影响大等特征。广告灯箱的常见起火原因有线路故障、镇流器故障、电动机故障、灯带故障等。

（一）常见广告灯箱结构

广告灯箱主要由电源线、灯管、灯带、镇流器、电动机、保护面板、导光板、内容板、反光材料、外框架等组成。主要有固定式、滚动式两种展示方式，如图 9-11、图 9-12 所示。

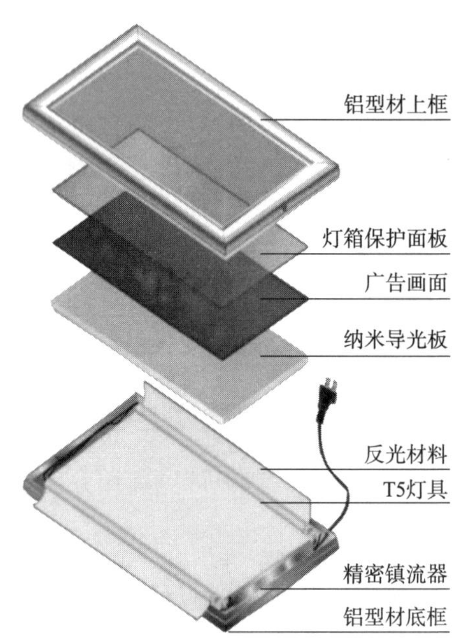

图 9-11　固定式灯箱结构

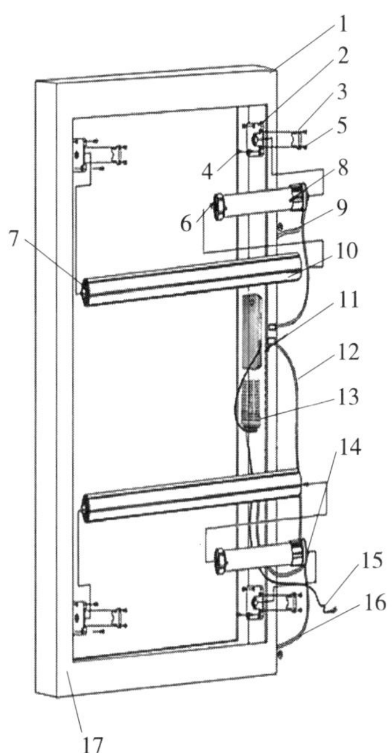

图 9-12　滚动式灯箱结构

1—壳体　2—底座　3—底座滑块　4—M6 螺钉　5—M5 螺钉　6—电机套件
7—尾插组件　8—上滚轴系统　9—接机壳地线　10—铝管　11—主控制盒
12—7 芯数据线　13—系统（24 V）电源线　14—下滚轴系统
15—AC220 V 电源输入　16—接机壳地线　17—灯箱正面

（二）广告灯箱引起火灾原因及痕迹特征

引起广告灯箱火灾的原因可分为外部因素和内部因素，其中以由于敷设、安装、选型不规范及受潮、磨损等导致灯箱内部电气线路故障、电动机故障、灯带故障和镇流器故障引发的火灾为主。主要痕迹特征如下：

1. 起火部位痕迹明显

观察广告灯箱和外墙立面燃烧终止线，根据燃烧规律，容易在外墙立面形成明显的 V 字形燃烧痕迹，通常广告灯箱在 V 字形痕迹的底部，如图 9–13 所示；灯箱起火点在 V 字形痕迹的底部，如图 9–14 所示。

图 9–13　灯箱及外墙立面烧损痕迹

图 9–14　广告灯箱烧损痕迹

2. 电线熔痕明显

线路及接插件有熔痕、灼蚀痕迹，图 9–15 所示为广告灯箱电线短路导致灯箱支架被击穿，图 9–16 所示为使用剩磁仪测量短路击穿点剩磁值达到 2.06 mT。

图 9–15　灯箱支架被击穿

图 9–16　支架尖端剩磁数据

3. 镇流器故障痕迹

镇流器存在金属变形、变色等痕迹变化，尤其要注意本体有无空鼓、击穿、缺失等烧损情况，图 9–17 所示为镇流器端口烧损变色，图 9–18 所示为镇流器端口处部分金属被击穿。

图 9–17　故障镇流器

图 9–18　镇流器端口被击穿

4. 电动机故障痕迹

通过拆解电动机，可以判断接线端子是否存在接触不良等打火痕迹，还可以查找线圈短路故障熔痕。电动机线圈内短路熔痕，如图 9–19 所示；电动机内部短路形成的喷溅熔珠，如图 9–20 所示。

图 9–19　线圈出现匝间短路熔痕

图 9–20　壳体内部存有喷溅熔珠

5. 灯带故障

要观察广告灯箱内灯带是否完整，是否存在严重受损的部位。灯带有明显的过热痕迹，如图 9–21 所示，灯带芯片中一发光二极管芯片熔融烧毁缺失，如图 9–22 所示。

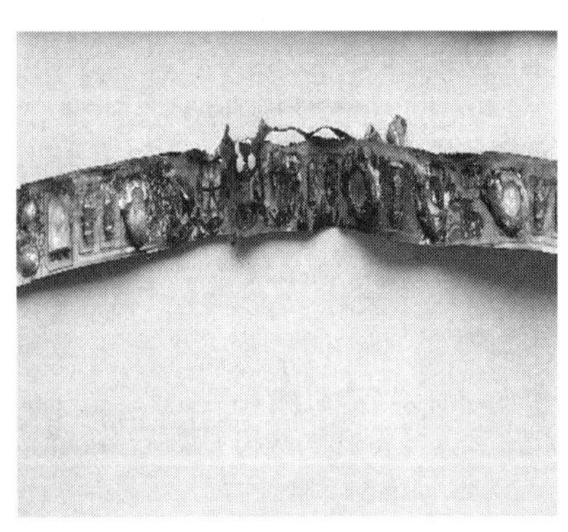

图 9–21　灯带表层塑料过火烧损

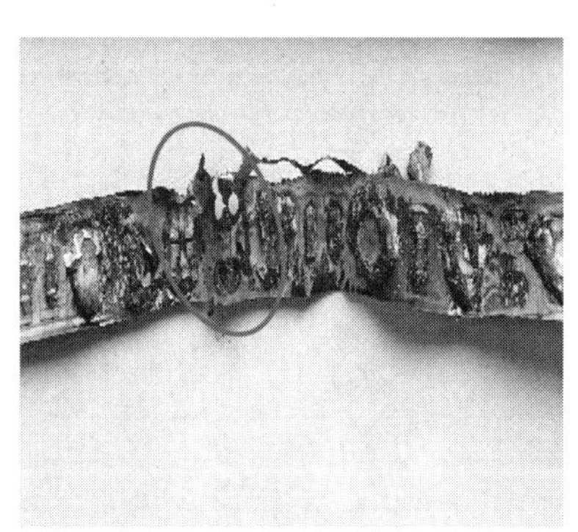

图 9–22　灯带发光二极管烧毁

三、调查主要内容和方法

认定广告灯箱起火需掌握三个方面的关键点：一要确定蔓延路径。通过现场燃烧痕迹，判断火势由内向外还是由外向内蔓延燃烧，结合调查询问、查看视频监控等综合确定。二要判断通电状况。通过询问和勘验，确定火灾发生前灯箱电源线通电，灯箱电源开关开启。三要查找起火源。通过查看产品手册、询问安装人员、现场勘验等，理清线路走向，查看灯箱内电气故障痕迹，提取痕迹物证及时送检。

1. 勘验要点

根据火灾现场勘验程序和方法、分析起火部位和起火点，固定并提取证明起火原因的痕迹物品，查清引火源和起火物。

（1）调取监控视频，观察火灾发生发展的经过，查明出现异常或明火时的特征和时间、是否有外来火源、火势发展情况等。

（2）观察燃烧和烟熏痕迹、灯箱支架的变形变色痕迹及地面熔融物。

（3）确认配电盘动作情况、灯箱电源线路的连通状态。

（4）勘验内部线路及元器件状态，寻找故障痕迹和物证，必要时作专门的技术鉴定。

（5）勘验是否有外来火源的可能，如雷击、焊渣等。

2. 询问要点

询问发现起火的时间、经过、火势的大小以及蔓延方向、初期火灾扑救情况、通断电情况，重点把握以下要点：

（1）灯箱形式结构、线路连接及敷设走向、电气保护装置、安装施工及使用时间。

（2）火灾前是否处于通电状态，是否正常工作，是否发生过雷击。

（3）日常使用情况，功能是否完好，近期是否有过维修。

（4）周围可燃物数量和分布。

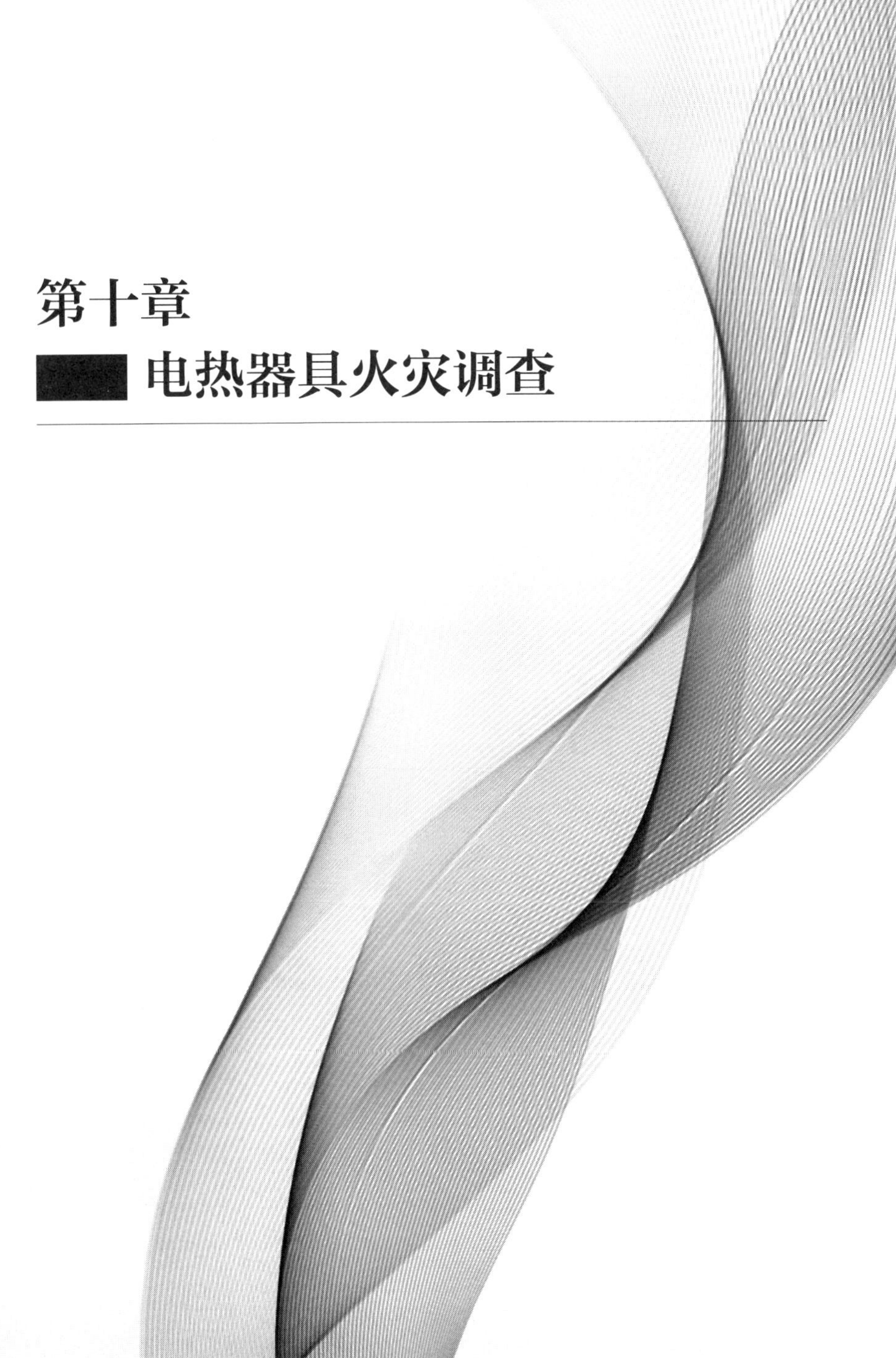

第十章 电热器具火灾调查

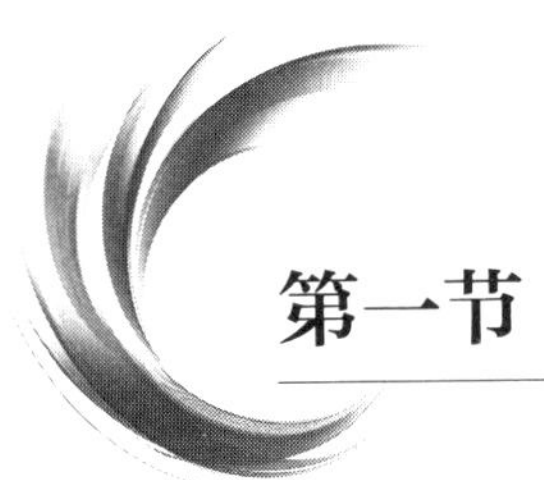

第一节 概述

电热器具是指将电能转化为热能而供人们生活中使用的器具。近年来，我国电热器具的生产发展很快，新型的家用电热器具不断问世。由于家用电热器具使用时自身温度高、功率大，一旦使用不当易引燃周围可燃物，造成巨大损失。因此人们应掌握电热器具的基本结构原理，查清电热器具引起火灾的原因，从源头上减少此类火灾发生。

一、电热器具的分类

（一）按原理分类

按加热方式的不同，电热器具大体可分为电阻式电热器具、远红外式电热器具、电磁感应式加热器具及微波式电热器具。

1. 电阻式电热器具

电阻加热是电热器具的主要加热形式。它是利用电流的热效应进行加热的。对被加热的物体来说，可分为直接加热和间接加热两种。

2. 远红外式电热器具

远红外式电热器具是在电阻式加热器具的表面涂有远红外辐射涂料，通电加热时辐射出红外线来，从而达到加热的目的。

这类电热器具的特点是热效率高。常见的远红外式电热器具有红外辐射取暖器、消毒碗柜等，加热器是由特制的、能辐射远红外线的热管制成的。该热管的材料一般为搪瓷材料，经表面处理使其炭化，或在外表面上涂有远红外线涂料。当电流通过这样的电热管时，以波长 3 ~ 1 000 μm 辐射远红外线，被烤箱内食品所吸收，继而食品内部分子发生振动，产生热能，达到加热的目的。这种烤箱的热效率比电阻丝电烤箱高 20% ~ 30%。

3. 电磁感应式加热器具

电磁感应式加热器具是利用电磁感应来加热的。铁磁材料放在交变磁场中就能产生涡流，涡流在导体内部会克服内阻作回旋流动产生热量。

利用这种方式加热的典型产品是电磁灶。在电磁灶中，因工频电磁灶（50 ~ 60 Hz）易产生振动和噪声，家用电磁灶一般都采用 1 500 Hz 以上的高频电磁灶。

4. 微波式电热器具

微波是波长 1 mm ~ 1 m 的电磁波，频相应为 300 ~ 300 000 MHz，食物是吸收微波的一种介质，在微波辐射之下，食物中水分子随微波频率的变化，在 1 s 内作二十几亿次（2.45 GHz）的摆动，食物中水分子之间的摩擦十分剧烈，从而产生足够的热量。微波炉就是微波加热的典型器具。

（二）按用途分类

家用电热器具按产品的用途来分类有以下几种：

1. 电炊具

如电饭锅、电烤箱、电磁灶、微波炉、电热饮水机等。

2. 取暖用具

如电暖气、电热毯等。

3. 卫生洁具类及其他

如电热水器（电淋浴器）、家用消毒器、洗碗机、电熨斗、电烙铁等。

二、电热器具的结构

电热器具的基本结构一般可以分为发热元件、控制元件、温度保险元件三大部分。

（一）发热元件

发热元件的主要功能是将电能转化为热能。它由各类电热元件组成。常见的有电热丝、电阻发热体、电热合金发热板、管状电热元件、PTC 电热元件、远红外辐射器等。此外还有高频加热线圈及微波介质加热。按发热方式，可将电热元件分为电阻式电热元件、远红外电热元件和 PTC 电热元件。

（二）控制元件

控制元件的主要作用是对发热器件的温度、电功率、通电时间等进行控制、调节和显示，以满足使用者的需要。按其控制的目的可分为温度控制元件、功率控制元件和时间控制元件三种类型。

1. 温度控制元件

在家用电热器具中，常用的温度控制元件有双金属片式温控器、磁性温控器、热电偶以及电子温控器等。

（1）双金属片式温控器件。双金属片由热膨胀系数不同的两种金属薄片轧制结合而成。在常温下，两片金属片保持平直，当温度上升时，热膨胀系数大的一片伸长较多，使金属片向膨胀系数小的那一面弯曲，温度越高，弯曲越厉害。当温度下降时，热金属片收缩恢复到原状。利用双金属片受热后弯曲变形的运动，带动电触点的闭合或断开，使电源接通或关断。双金属片式温控器示意图如图 10–1 所示。

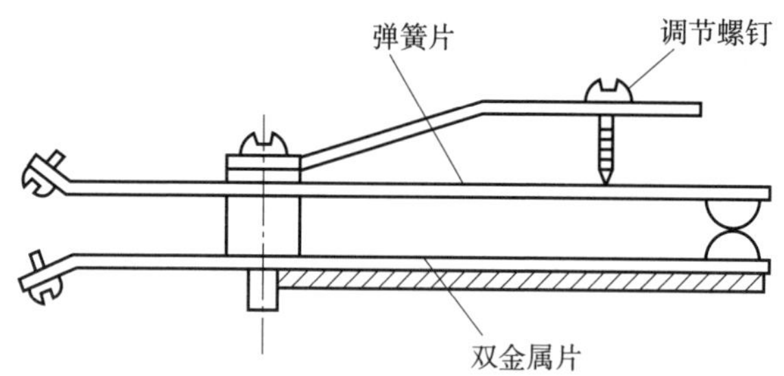

图 10–1　双金属片式温控器弹簧片

（2）磁性温控元件。磁性温控元件主要由永久磁钢和感温软磁组成，如图 10–2 所示。在位置固定的感温软磁下有一个永久磁钢，永久磁钢的下面有一弹簧以一定的拉力向下拉它。在常温下，永久磁钢和感温软磁之间的吸力大于弹簧拉力与永久磁钢的重力之和，因而当永久磁钢与软磁贴近，即软磁吸住永久磁钢，使得它们所带动的两个触点闭合，电热元件通电发热。一旦电热元件发热超过预定值，温度上升到感温软磁的居里点时，软磁的磁力急剧减小，使得弹簧拉力与永久磁钢的重力之和大于磁吸力，永久磁钢落下，两触点脱离，电热元件断电。

（3）热电偶。热电偶是一种能将温度转换成电势的传感器。它的工作原理是物体的热电效应。由两种不同材料的导体组成一个闭合回路，得到了两个结合面，称为两个结点。当两个结点的温度不同时，回路中将产生电动势，这种现象称为热电效应。热电偶所产生的电动势称为热电动势。热电偶的两个结点中，置于温度为 T 的被测对象中的结点称为测量端，又称工作端或热端，而置于参考温度为 T 的另一结点称为参比端，又称自由端或冷端。使用时，当热端温度大于冷端温度时，在电路中产生电动势即产生电信号，此电信号经放大后控制执行机构，达到调节和控制温度的目的，如图 10-3 所示。

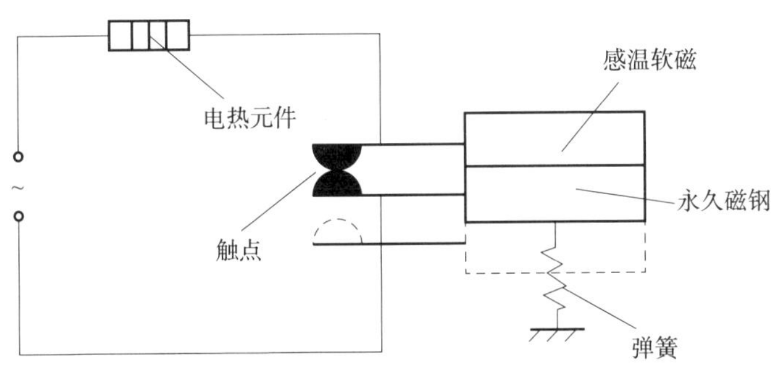

图 10-2　磁性温控元件

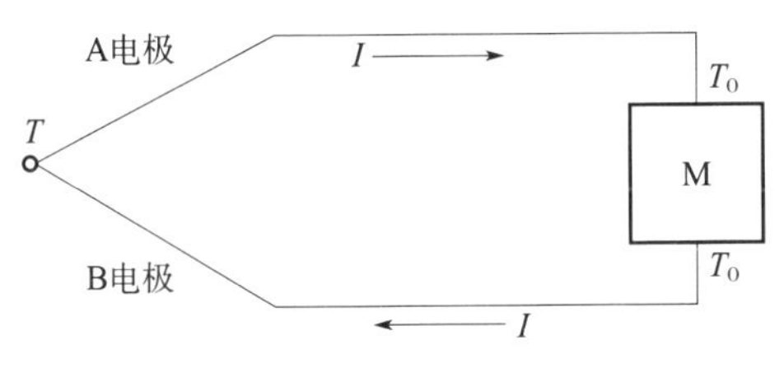

图 10-3　传感器原理图

热电偶是一种特殊的温度控制元件，它工作时相当于电源，并且具有一定的带负载能力。因此，有足够大的温差时，它能驱动某些制造精密的电动部件。热电偶温控元件常用于较大型电热器具中，如储水量在 100 L 以上的电热水器、大型电烤炉等产品中。

2. 功率控制元件

（1）开关换接控制。对装置数支电热元件的电热器具，在工作时利用开关的通断以及串并联等不同的组合，改变电热元件与电源的连接方法，从而得到不同大小的功率。

（2）二极管整流控制。二极管整流控制是利用转换开关将二极管接入电路中，利用二极管的整流作用，将单相正弦波电压变成脉动的单相半波电压。对纯电阻性负载，可使平均发热功率降低一半。

（3）晶闸管调功控制。通过改变晶闸管的导通角，控制电路使电热元件得到不同的工作电压，从而使电热元件产生不同的功率。

3. 时间控制元件

时间控制元件俗称定时器。分为机械式、电动式和电子式。

（1）机械式定时器。机械式定时器主要由发条、齿轮传动系统、机械开关组件及电触点等部分组成，机械开关组件由一个带凹槽的圆形转盘和一个有固定支点的杠杆组成，如图 10–4 所示。

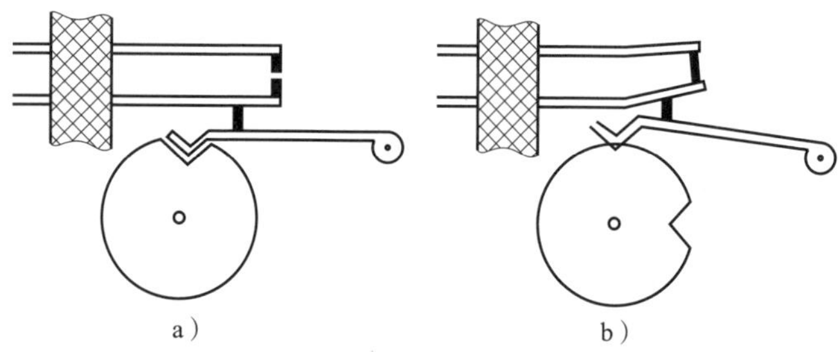

图 10–4　机械式定时器

（2）电动式定时器。电动式定时器主要由微型同步电动机、减速机构、机械开关组件及电触点等部分组成，其工作原理与发条式定时器基本一致，只是用微型同步电动机代替了发条机构作为动力源。

（3）电子式定时器。电子式定时器一般采用集成电路构成，通过电容器充电或放电所用的时间来实现电路的定时，控制电位器可使定时时间在某一范围内连续可调。

（三）温度保险元件

温度保险元件的主要作用是在电热器具发热温度超过正常范围时，自动切断电源，防止器具过热而损坏，甚至酿成事故。常用的温度保险元件有超温保护熔断器、热继电器等。

1. 双金属式安全装置

只要把双金属式温控器的温度调整在比正常使用的温度更高的位置上，它就可以作为安全装置使用。当电热器具温度超过正常使用温度时，该双金属式温控器便会动作，切断电源，保证安全。

双金属式温控器用作安全装置的主要优点是可以多次重复使用。它分为自动复位和手动复位两种。前一种是在动作后待温度下降时自动复位，电热器又可工作；后一种需要人工复位。

2. 温度熔丝

温度熔丝也称热熔断器，能提供可靠的过热保护，主要应用于各种电热器具和其他高电流负载的设备中。温度熔丝由铅、锡、铋等受热易熔化的合金制成。将它串联在电热器件电路中，当电热器件温度过高时，电源由于温度熔丝受热熔化而被切断，如图 10–5 所示。

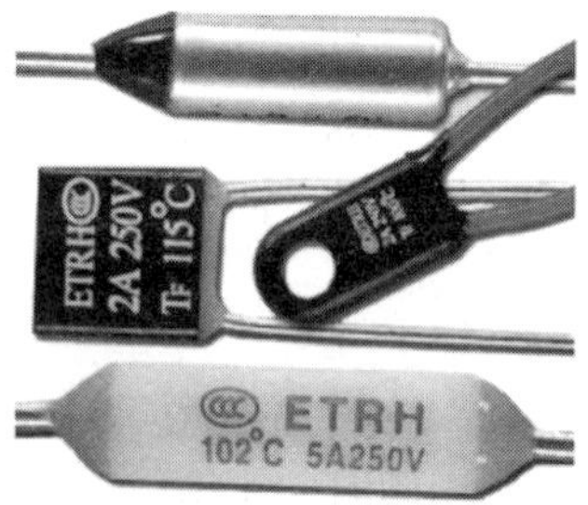

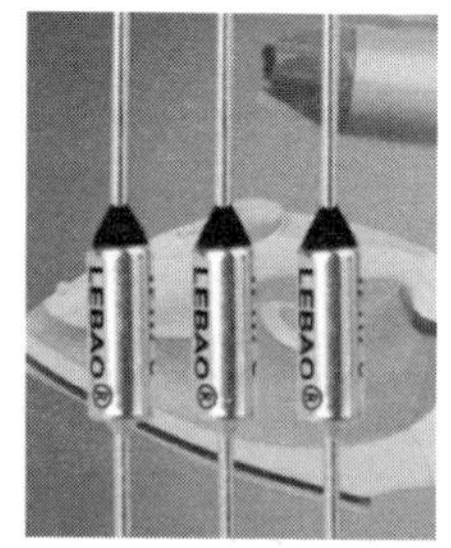

图 10-5　温度熔丝

三、电热器具常见火灾原因

（一）设计缺陷

（1）家用电热器具未设置控温元件，致使内部持续加热、温度不断升高引起火灾。

（2）大功率家用电热器具使用截面过小的导线或容量过小的开关、插头，造成发热或打火引起火灾。

（3）使用劣质材料偷工减料，耐火性能未达到标准。如电热杯的杯座材料隔热性能差，长时间通电，杯座放出的热量超出与之相接触的可燃物燃点所需的最低热量，引燃周围可燃物引起火灾。再如电热毯的电热丝本身有缺陷且在使用中发生断裂，断裂处电热丝因接触不良引起火花、电弧，引燃电热毯（垫）周围的可燃物质。

（二）接触不良

一方面，电热器具插头与插座的接插部位处理不当或接触不良会产生火花、电弧，引燃周围可燃物而引起火灾。另一方面，电源线与电热器具发热元件接点处理不当造成接触电阻过大、高温过热甚至打火引起火灾。

（三）安装或使用不当

（1）家用电热器具与周围可燃物质之间距离较近，由于热辐射或者热传导作用，并且无人看管引燃周围可燃物，引起火灾。如热得快长时间通电将水烧干或直接将其置于可燃物上，而引起周围可燃物燃烧。

（2）使用者不懂得电热器具性能、使用方法随意改动电热器具，如用大功率的电热丝装在小规格的炉盘内使用，使电热器具功率超过规定的限度引起火灾。

（3）家用电热器具控温定时装置失灵，持续加热引起火灾。

（4）使用者把未完全冷却的电热器具放在可燃物上，或把可燃物放在未经冷却的电热器具上而引起火灾。

（四）设备与使用环境不匹配

家用电热器具在易燃易爆环境下，由于电热器具电源线、插头、插座的接插部位产生电弧甚至打火，易引发爆炸。此外，家用电热器具相关的导线、开关、插座等容量过小，造成过负荷发热，易引起火灾。

（五）维护不当

家用电热器具使用时间过长，导致电源线绝缘破损或失效造成短路，引燃周围可燃物，引发火灾。如电熨斗的相关接头松动，绝缘材料老化、破损，或将导线直接缠在接线柱上，造成接触不良、漏电、短路或产生电弧，易引起火灾。

家用电热器具电路部分进水引起漏电，如电饭锅、电热杯内胆与电热元件接触部分若进水，致使绝缘性能降低，引起漏电等故障，造成火灾。

四、电热器具火灾调查主要内容和方法

（一）调查内容

对于怀疑是电热器具引起的火灾，一般应从以下几个方面进行调查：

（1）电热器具与起火点的位置关系。

（2）熔丝的规格和状态。

（3）电源线、插头、插座与开关。

（4）电热器具的通电状态，通、停电时间。

（5）检查电热器具内部是否有过热现象。

（6）查明电热器具最先引燃的具体物质以及它们之间的距离。

（二）调查方法

（1）查清电热器具与起火点处物质作用情况，及时提取有关物证。电炉、电烙铁等电热器具引起的火灾现场，曾与它们接触的可燃物上应残留有炭化坑或穿洞，或附近应有织物炭化层、木板炭块等。电吹风、电梳子等电热器具引起的火灾，其放置点也会有炭化区。

（2）勘验插头、插座、开关和电源线上的熔痕，分析判断电热器具的通电状态。引起火灾的电热器具在起火前必须处于通电状态，或有断电后有足够的余热。电热器具通电与否，可通过其电源线、电源插头、插座的物证来判断。电热器具引起的火灾，其电源线会先受热，绝缘破损，可能产生电弧，甚至发生短路，因而可能会发现电弧熔痕或熔珠；电源插头、插座的密合面上烟熏轻或无烟熏，插头金属片表面比较清洁或基本保持原有的金属色泽；插座内金属片失去弹性，两片之间间距增大，且间距正好

为插头的厚度，呈分开状，插座金属片内侧清洁无烟熏。若出现以上特征，则证明电热器具火灾前处于通电状态；反之，则说明电热器具火灾前没有处于通电状态。

（3）根据电热器具外壳、电阻丝或附件受热变色、熔化或机械性能的变化情况，判断电热器具受热类型和通电过热状况。电热器具仅受外部火焰作用，其内部结构不会被破坏，也没有明显变化。如果内部有过热特征，如电阻丝氧化严重，绝缘隔热材料变色、机械性能改变，电热器具内外金属变色均匀，则说明是通电时间过长引起的。

（4）进行必要的模拟试验，验证勘验分析结论。在一定条件下，电热器具能否引起火灾，并遗留下某些特征痕迹，可通过模拟试验进行验证。为了取得可靠的试验结果，应尽量保持模拟试验与火灾前的条件基本一致。如果模拟试验证明能够发生的，一般较可信。但模拟试验证明不能发生的，则一定要慎重分析，必要时进行多次试验。

第二节 电阻式电热器具火灾调查

电阻式电热器具是利用电流的热效应进行加热的，当电流经过高电阻率导体时，要克服电阻的阻力而消耗功率，其消耗的功率再以热的形式释放出来，这就是电阻加热。分为直接加热（例如对水加热的热水器）和间接加热（电流使电热器具中的电热元件产生热量，再通过辐射、对流或传导将热量传送到被加热物体）。在家用电热器具中，间接加热的典型产品有电饭锅、电热毯、电烤箱和电熨斗等。

一、电阻式电热元件材料

1. 电热材料

电阻式电热元件是靠电热元件中电阻系数大的电热材料在通过电流时发热工作的。在家用电热器具中电阻式电热元件的材料一般采用合金电热材料，如铁铬铝、铬镍等。

2. 绝缘材料

绝缘材料即不导电的材料，又称电介质，如云母、玻璃、瓷器等。

3. 绝热材料

为了提高电热元件的热效率，在电热器具中往往还要采用适当的绝热材料，同时起到减少电热元件烫伤人体及防止火灾的作用。常用的绝热材料有软木、毛毡、石棉、硅藻土和泡沫塑料等。

二、电阻式电热元件类型

1. 开启式螺旋形电热元件

这种电热元件是将合金电热丝绕制成螺旋状，直接裸露在空气中。它在电吹风和家用开启式电炉中广泛应用。螺旋式电热元件绕制尺寸如图 10–6 所示，为避免电热丝变形、断裂，增加使用寿命，D、d、h 符合如下要求：当 $d \leqslant 1.0$ mm 时，选 $D=(3\sim5)d$，$h=(2\sim4)d$；当 $d>1.0$ mm 时，选 $D=(5\sim7)d$，$h=(2\sim4)d$。

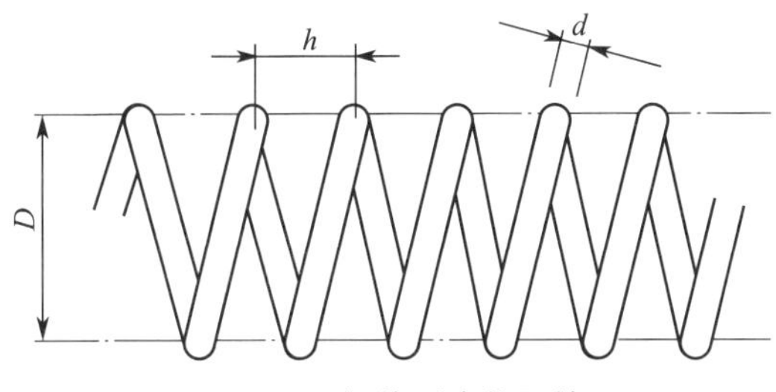

图 10–6　螺旋形电热元件

2. 云母片式电热元件

将合金电热丝缠绕在云母片上，在外面覆盖一层云母作绝缘，主要应用在电熨斗等电热器具中，如图 10–7 所示。

3. 金属管状电热元件

金属管状电热元件是电热器具中最常用的封闭式电热元件，主要由电热丝、金属护套管、绝缘填充料、封口材料和引出棒等组成，如图 10–8 所示。

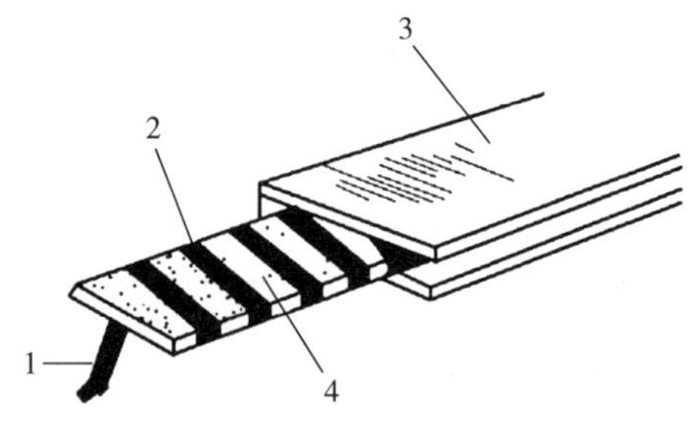

图 10-7　云母片式电热元件

1—电热丝　2—发热体　3、4—云母

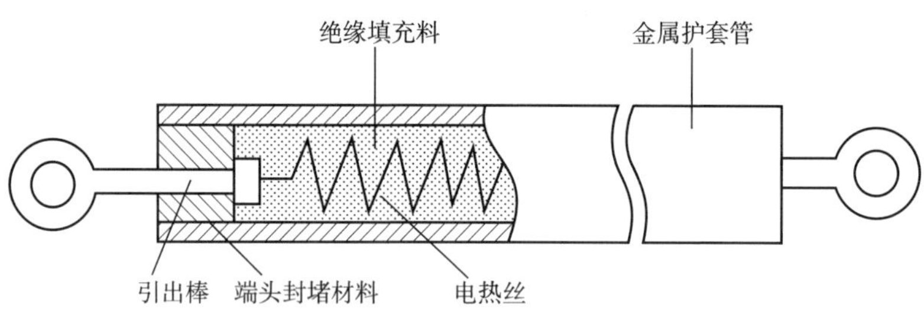

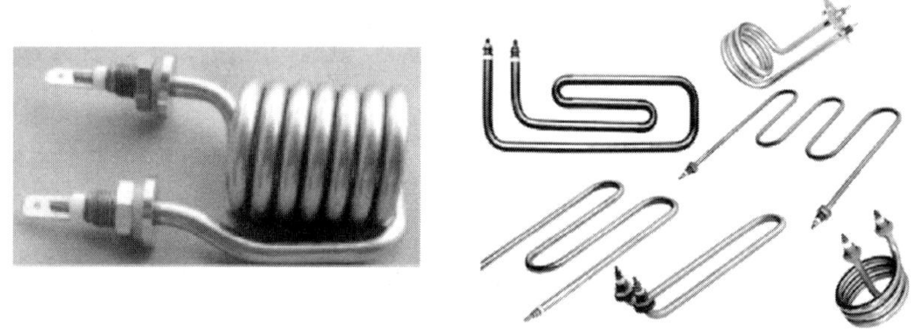

图 10-8　金属管状电热元件

4. 电热板

电热板的形状有圆形、方形等，主要采用铸板式和管状元件铸板式两种结构形式，一般应用于电饭锅等电热产品中，如图 10-9 所示。

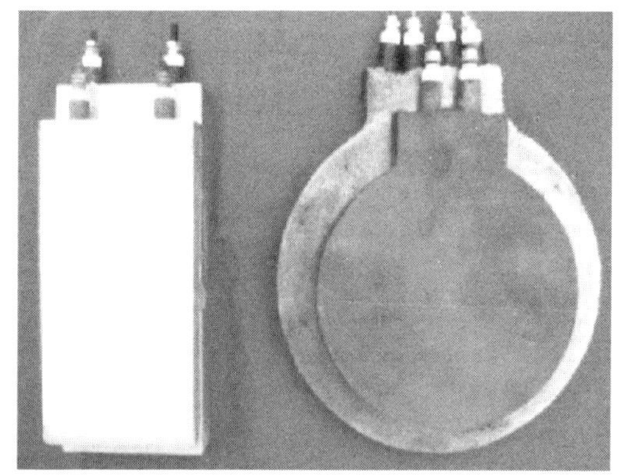

图 10–9　电热板

5. 绳状电热元件

在一根用玻璃纤维或石棉线制作的芯线上，缠绕柔软的电热丝（铜、镍合金等），再套一层耐热尼龙编织层，在编织层上涂敷耐热聚乙烯树脂。主要用于电热毯、电热衣等柔性电热织物中，典型结构如图 10–10 所示。

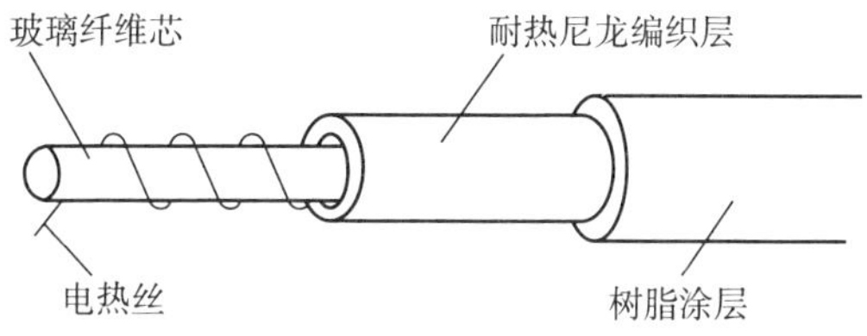

图 10–10　绳状电热元件

二、常见电阻式电热器具火灾调查

（一）电饭锅火灾调查

电饭锅是一种能够自动进行蒸、煮、炖、焖等多种加工工艺，且能保温的现代化炊具。电饭锅使用起来清洁卫生，省时省力，是现代家庭不可缺少的用具之一。

1. 分类及结构

电饭锅按加热方式分，有直热式和间热式两种。按结构形式分，有整体式和组合式两种。按控制电路的形式分，有机械式和电子式两种。按锅内压力分，有常压式、低压式、中压式及高压式四种。按控制方式分，有自动保温式、定时启动保温式及电脑控制式三种。

在各型号的电饭锅中，机械式自动保温电饭锅使用最广泛，其他类型的电饭锅都是在此基础上发展起来的。

机械式自动保温电饭锅如图 10-11 所示。它主要由外壳、内锅、电加热器、磁性温控器、双金属温控器及插座等组成。原理为通过底部发热盘加热内锅中的食物，并利用磁钢限温器中的感温磁体在锅内食物上升至一定温度时暂时失去弹性的特点，控制锅底温度。

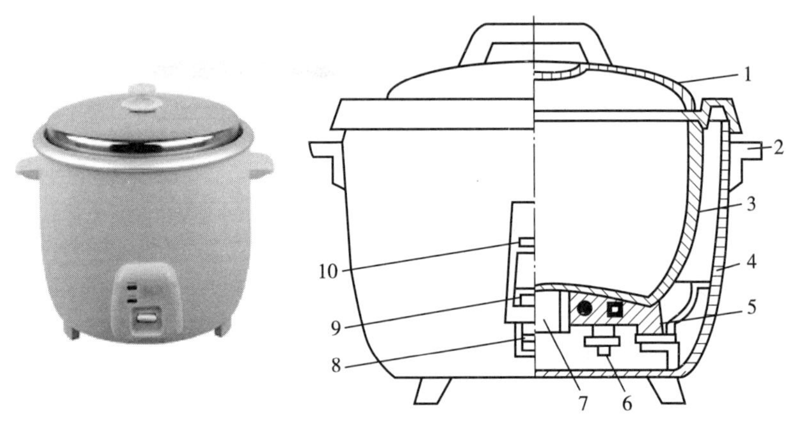

图 10-11 机械式自动保温电饭锅

1—锅盖 2—锅耳 3—内锅 4—外壳 5—电热盘 6—双金属片恒温器
7—磁铜限温器 8—电源插座 9—按键开关 10—指示灯

2. 引起火灾原因及痕迹特征

电饭锅常见火灾原因主要有内部连接件短路、电源插接接触不良、控制面板电子元器件异常高温、过热干烧等。

（1）内部连接件短路特征痕迹。内部连接件上多存在熔断、熔珠、击穿特征，存在对应点，金属变形范围小。

（2）电源插接接触不良特征痕迹。电源线插接件处局部熔化、变色，如图 10–12 所示。

图 10–12　电源插接接触不良痕迹

（3）控制面板电子元器件异常高温痕迹。控制面板电子元件故障，控制面板局部烧损严重处多位于电饭煲表面 V 字形烟熏痕迹下部，如图 10–13 所示。

（4）过热干烧痕迹。电饭锅干烧后往往内胆外侧底部过热失去金属光泽，局部形成熔化穿孔，底部加热盘有过热熔融痕迹。而外烧特征表现为内胆光滑，底部加热盘比较完好，锅体表面有烧损痕迹，如图 10–14 所示。

锅内食物底部焦焖均匀、下重上轻，为持续干烧所致；若食物焦煳不均匀，一侧重一侧轻，一般为单向外来火源所致。

图 10-13　控制面板电子元器件异常高温痕迹

a）　　b）

c）　　d）

图 10-14　过热干烧痕迹

a）内胆失去金属光泽，底部熔化穿孔　b）加热盘过热熔融

c）外烧时内胆光洁　d）外烧时加热盘完好

3. 调查主要内容和方法

（1）勘验要点

1）电饭锅是否位于起火部位（点）。

2）电饭锅电源线是否连接电源，开关状态，电气线路及元器件是否存在故障点。

3）电饭锅内部及外表面烟熏、烧损状态。

4）加热盘过热，内锅底部变形、开裂、熔融，磁钢限温器故障等痕迹，食物焦煳状态。

（2）询问要点

1）电饭锅的类型、品牌、型号、使用年限，是否经过维修及维修情况。

2）电饭锅的通电使用情况。

3）电饭锅附近可燃物分布情况。

4）电饭锅使用中是否有焦煳味道和异常声响。

（二）电热毯火灾调查

电热毯、电热垫及类似柔性发热器具（以下统称电热毯）是冬季常见的接触式电暖器具，其工作原理是利用发热部件将电能转换成热能，从而达到取暖的目的。如果电热毯使用不当，往往会引发火灾。

1. 电热毯结构

电热毯主要由电源线、控制器和发热部件组成，其中发热部件为发热线，一般缝制在两层纤维织物中间。发热线由电热丝螺旋缠绕在绝缘线芯上，外面包裹一层绝缘防护层制成。电热毯发热部件结构如图 10–15 所示，电热毯控制器结构如图 10–16 所示。

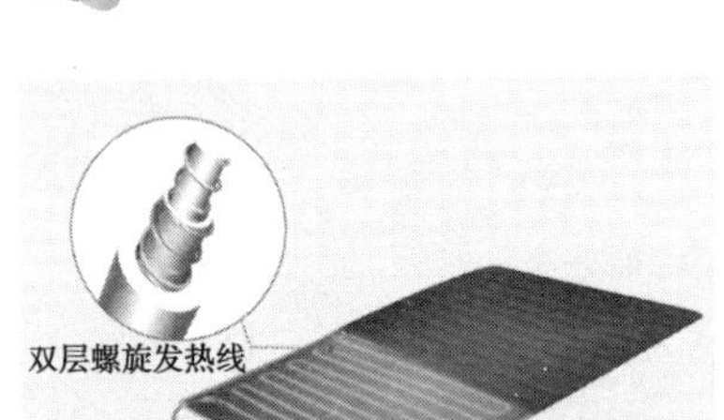

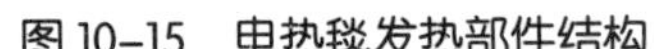
图 10–15　电热毯发热部件结构

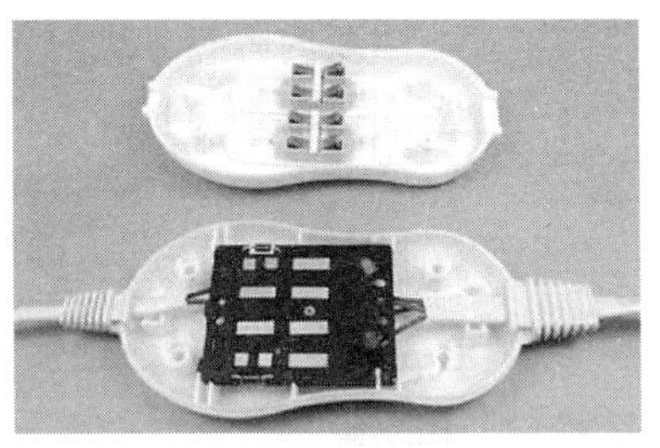
图 10–16　电热毯控制器结构

2. 引起火灾原因及痕迹特征

电热毯火灾一般发生在卧室床铺上。引起火灾原因有发热线路故障、电源线及控制器电气故障、覆盖物多且长时间通电、折叠使用导致电阻丝断裂或虚接、控温元件故障等。由于周围可燃物较多，发现不及时极易形成猛烈燃烧，现场烧损情况严重。主要有以下典型痕迹特征：

（1）电热毯在起火部位处。床铺附近墙面有明显烟熏痕迹，床铺上电热毯及被褥炭化严重，现场呈以床为中心向四周蔓延的痕迹，如图 10–17 所示。

a）

b）

图 10–17　电热毯火灾痕迹特征

a）电热毯炭化严重　b）床铺整体炭化严重

（2）电热毯引发火灾的首要条件是电热毯处于通电工作状态。

发现电热毯插头与插座处于通电状态，且电热毯控制器处于开启状态，或电热毯控制器与发热部件之间的线路上存在电熔痕，如图 10-18 所示。

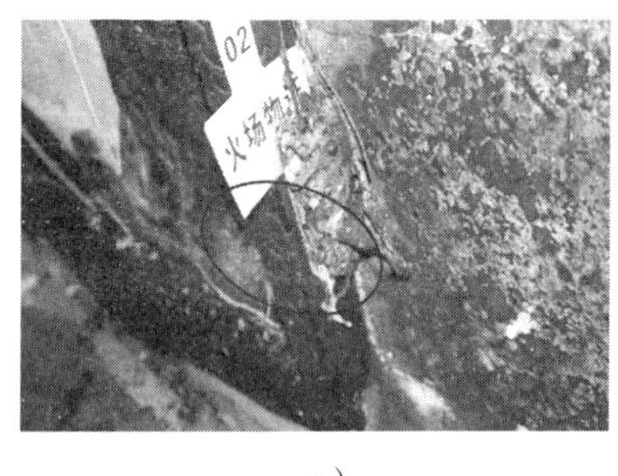

a）

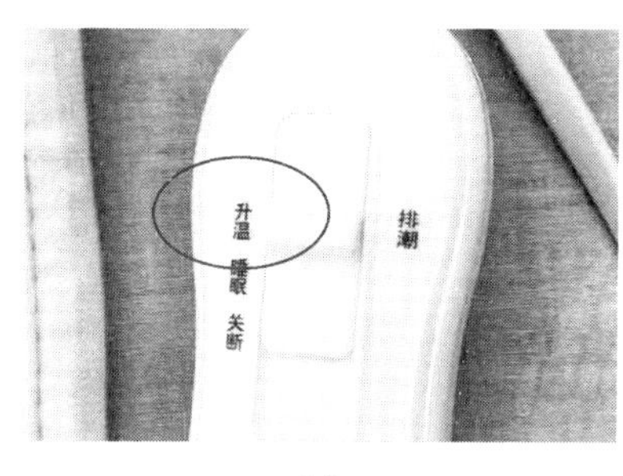

b）

图 10-18　电热毯通电状态痕迹

a）插头与插座处于通电状态　b）控制器处于开启状态

（3）电热毯整体炭化痕迹内重外轻，周围可燃物邻近电热毯一侧烧损炭化重于背离侧。电热毯上方被褥上表面部分未过火，下表面整体炭化严重，可判定由电热毯引发火灾而非外火引燃，如图 10-19 所示。

a）

b）

图 10-19　电热毯上方被褥烧损情况

a）电热毯上方被褥的上表面部分未过火　b）电热毯上方被褥的下表面整体炭化严重

（4）电热毯故障点与上下层可燃物炭化点相对应或发热线断头处有故障熔痕，如图 10-20 所示。

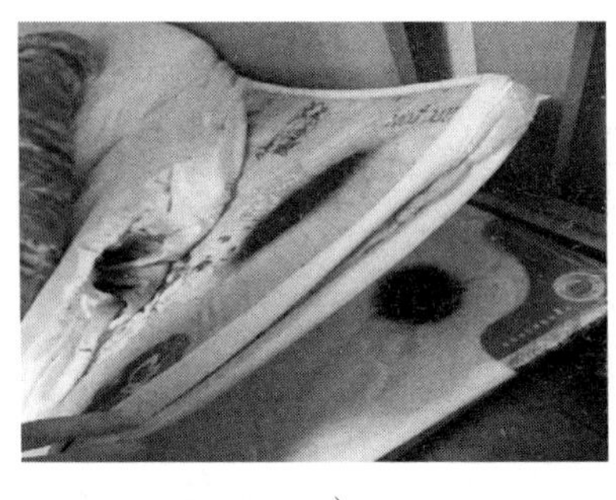

a）

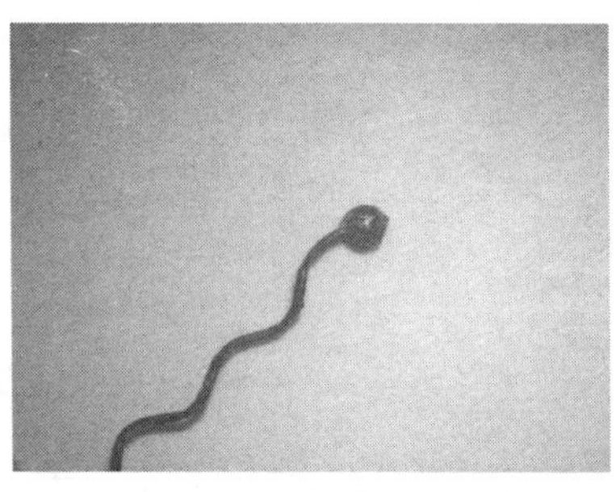

b）

图 10-20　电热毯自身故障痕迹

a）电热毯及上下可燃物烧损痕迹　b）发热线断头处的故障熔痕

电热毯引发火灾时一般自身烧损炭化严重，应重点确认电热毯发热线、电源线残骸上是否有电气故障熔痕，应整体提取送检鉴定，并结合现场勘验、调查询问等情况综合认定。

3. 调查主要内容和方法

（1）勘验要点

1）逐层勘验起火床铺，观察床铺每层物品材质及烧损情况，重点勘验电热毯烧损情况。

2）勘验电热毯的电源线与插座是否连接、控制器是否开启。

3）勘验控制器至发热部件的电气线路，查看线路是否有断路、是否有电熔痕。

4）勘验电热毯发热部件中发热线有无故障痕迹。

（2）询问要点

1）电热毯的品牌、型号、购买时间及使用频率，收纳时是否折叠。

2）是否出现过开关不灵等故障，有无清洗或浸湿等情况。

3）发生火灾时电热毯是否正在使用，使用方式以及周围可燃物情况。

4）起火前电热毯及其他设备运行状况和起火后断电、停电情况。

5）居住人员起火前是否饮酒、是否抽烟。

（三）热得快火灾调查

热得快是生活中常用的一种浸入式电加热器具，按其外观分类主要有 U 形、螺旋形，功率一般在 600 ~ 2 500 W，广泛用于市场、学校宿舍、建筑工棚、出租屋等场所。目前，我国还没有将类似于热得快的浸入式电加热器具纳入强制性产品认证范围，产品质量参差不齐，使用时存在一定火灾风险。

1. 热得快结构

热得快主要由电加热管、电源线、温控装置及插头等部件组成，如图 10–21 所示，电加热管通常为铜管、铝管或不锈钢管，内嵌螺旋形电加热丝，并填充绝缘材料。绝缘材料主要成分为氧化镁，有时添加少量的石英砂（二氧化硅），管端用硅胶或环氧树脂等密封，如图 10–22 所示。

2. 引起火灾原因及痕迹特征

热得快引发火灾的主要原因是干烧，因此，要认定热得快干烧引发火灾，一定要掌握热得快干烧痕迹特征。从工作实践总结、归纳主要有以下干烧痕迹特征：

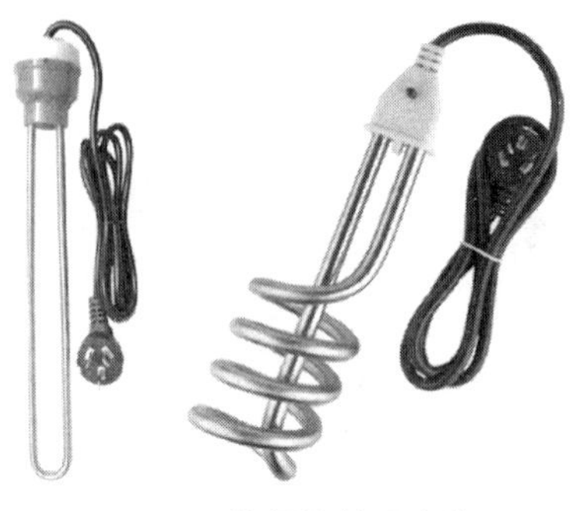

图 10-21　热得快外观实物图

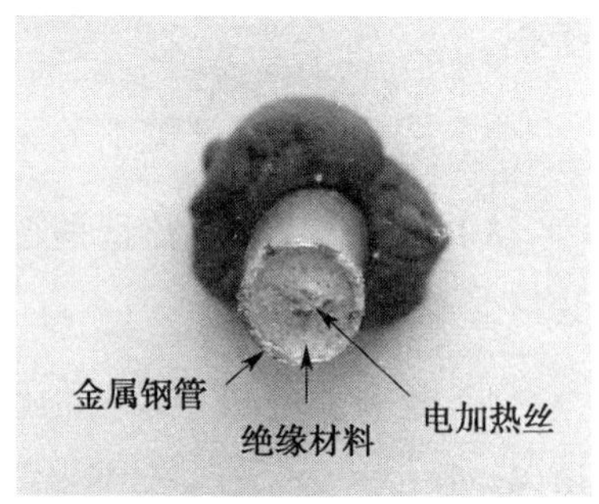

图 10-22　电加热管内部截面示意图

（1）有明显变色分界线。有水状态下，如果热得快在烧水过程中引发火灾，那么水中部分和暴露在空气中的部分会形成明显的变色分界线，水中部分颜色相对完好，空气中的部分受热氧化呈黑褐色，如图 10–23 所示。无水状态下的干烧，热得快本体受热氧化变色严重，与上部接线端有明显的变色分界线，如图 10–24 所示。

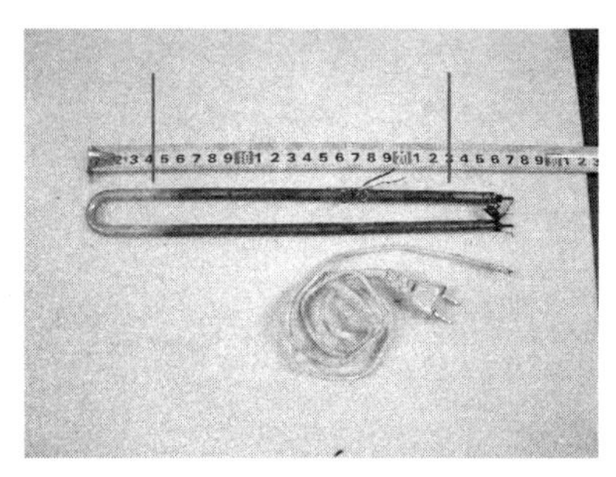
图 10-23　有水状态下的干烧

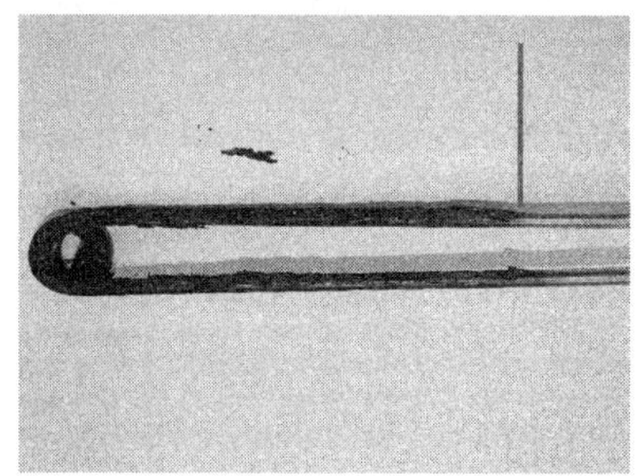
图 10-24　无水状态下的干烧

（2）有局部击穿孔洞。当内部电阻丝长时间通电发热与管壁接触短路，击穿管壁形成单个击穿孔洞痕迹，如图 10–25 所示；热得快持续带电，内部电阻丝与管壁持续接触，形成连续短路，多处击穿，这种大面积击穿痕迹不常见，如图 10–26 所示。

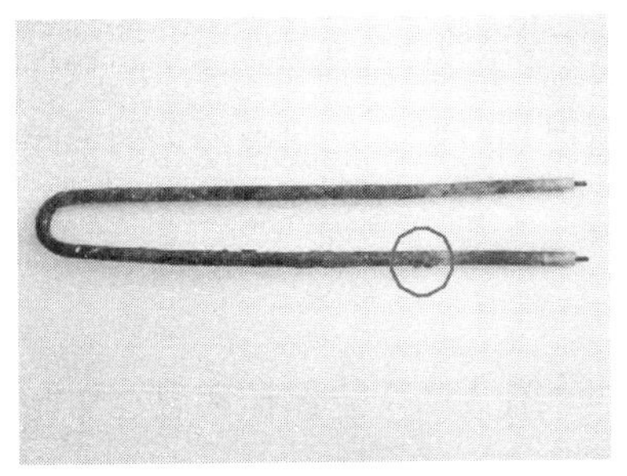
图 10-25　单个击穿孔洞痕迹

图 10-26　大面积击穿痕迹

（3）管内氧化镁变色。未经干烧的填料氧化镁，呈白色粉末状，如图 10-27 所示；长时间干烧时，由于电阻丝持续加热，可能会导致填料氧化镁烧结成块状，颜色也会发生变化，呈褐色，如图 10-28 所示。

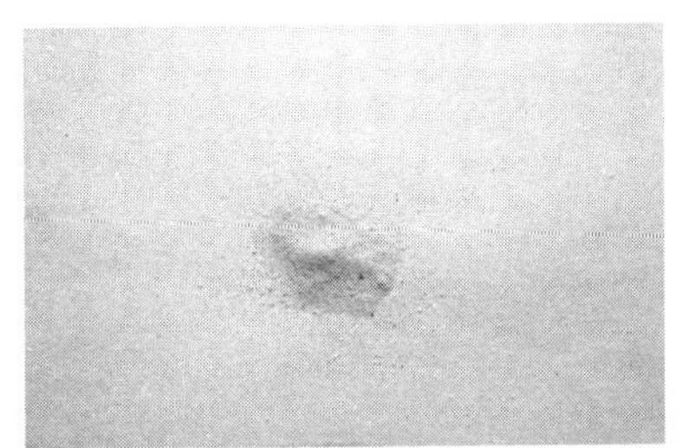
图 10-27　未经干烧的填料

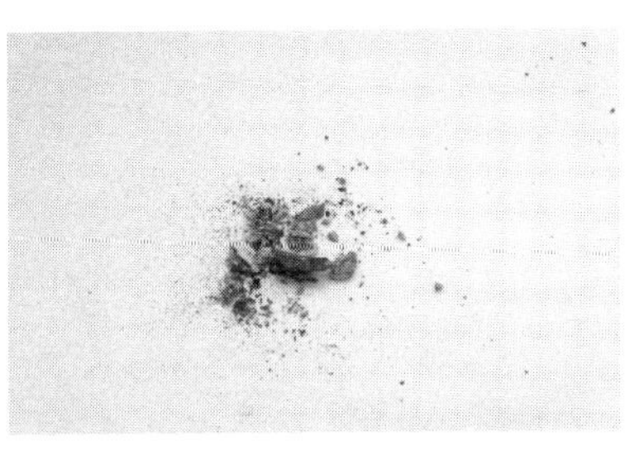
图 10-28　干烧后的填料

3. 调查主要内容和方法

（1）勘验要点

1）查看起火部位范围内是否有热得快残骸。

2）查看热得快电源线残骸是否连接插座或插排。

3）查看热得快附近是否有水壶、脸盆等塑料外壳的燃烧残留物，电加热管与塑料外壳有无粘连；木质桌椅上的炭化痕迹与电加热管接触面的形状是否吻合。

4）查看热得快残骸，重点查看电加热管变色、破损、锈蚀和电源线是否有熔痕等情况。

（2）询问要点

1）热得快品牌型号、购买时间、有无防干烧保护和温控功能及线路改接等情况。

2）火灾发生前热得快通断电情况、有无异味、使用时长及放置方式等。

3）热得快附近物品放置情况，如有无可燃物。

4）热得快使用历史情况，以前有没有出现热得快干烧的情况。

第三节 红外式电热器具火灾调查

红外式电热器具工作基本原理是先使电阻发热元件通电发热，靠此热能来激发红外线辐射物质，器具使其辐射出红外线对物体加热。它具有升温迅速、穿透能力强、节省能源和加热时间的特点，在电取暖器、电烤箱和消毒柜等家电产品中广泛应用。

远红外石英取暖器是利用石英电管通电后在远红外线照到的距离内发热，向外辐射远红外线，通过人体吸收后转化为热能来取暖的。其外观小巧，移动方便，热量的穿透性很强，很适合定向发送热能，在小范围内取暖亦理想，实用性强。本节重点介绍有关远红外式取暖器火灾相关内容。

一、远红外石英管取暖器的分类

远红外石英管取暖器的种类较多，其外形结构如图 10-29 所示。

按石英管的安装形式，可分为卧式和立式。按使用石英管的数量，可分为单管、双管和多管等。按其消耗的电功率划分，常有 500 W、800 W、1 000 W、2 000 W、3 000 W 等多种。按使用石英管的长度划分，有 16 cm、18 cm、20 cm、22 cm、23 cm、

25 cm、27 cm、29 cm、33 cm 等多种。

图 10-29　远红外石英管取暖器

二、远红外石英管取暖器的结构

远红外石英管取暖器的结构如图 10-30 所示，主要由远红外石英电热管、反射罩、防护网罩、附属器件、外壳及底座等组成。

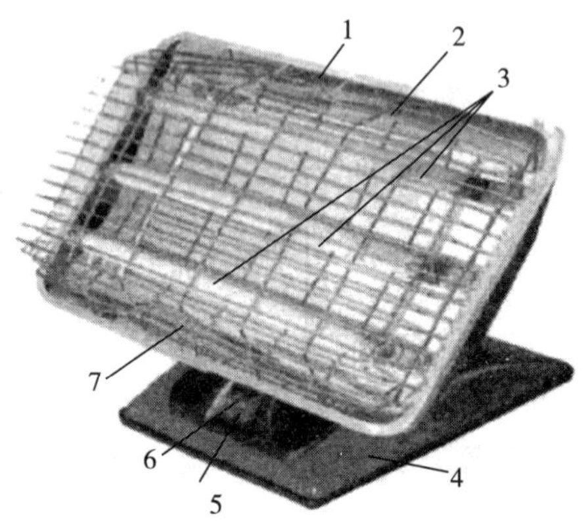

图 10-30　远红外石英管取暖器的结构

1—外壳　2—防护条　3—石英管　4—底座　5—开关　6—功率调节开关　7—反射罩

1. 远红外石英电热管

远红外石英电热管是取暖器的核心器件，它一般由石英管和电热丝组成，其两端有螺钉，可以安装在支架上，外形结构如

图 10–31 所示。石英管采用乳白色半透明石英材料经特殊工艺制成，管内装有螺旋状电热丝，通电后，电热丝发出可见光和红外线，从而向外辐射红外线。

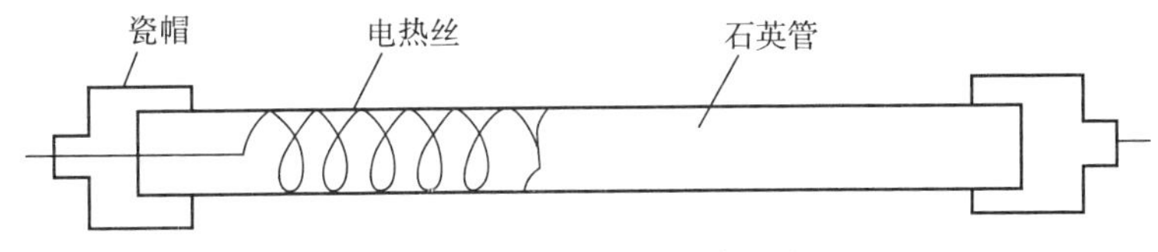

图 10–31　远红外石英电热管

2. 反射罩

反射罩的主要作用是提高热效率，一般用不锈钢材料经特殊工艺制成抛物线状，以有利热辐射。

3. 防护网罩

防护网罩设置在石英管外壳的正面，主要起防护作用，防止人体触及热源烫伤和器物碰坏石英电热管。

4. 附属器件

附属器件主要有开关、功率调节开关、旋转装置、防倾倒开关等。开关一般采用按键式，用来控制总电源，有的机型和功率调节开关合成一个总成。

旋转装置是用一个小电动机驱动摇摆机构，使取暖器在 70° ~ 90° 范围内自动旋转，可以扩大取暖范围。摇摆机构传动装置安装在取暖器下方的电气室内，由摇摆电动机、偏心轮和传动片组成。电动机以 5 r/min 转速驱动偏心轮、传动片带动取暖器摆动。摇摆机构分解图如图 10–32 所示。

防倾倒开关安装在底座下面，如取暖器倾倒，则该开关立即断开，切断总电源，防止电热管与地板或地毯接触而引起火灾；取暖器安装位置正常时，该开关处于常闭状态，取暖器可正常加热。

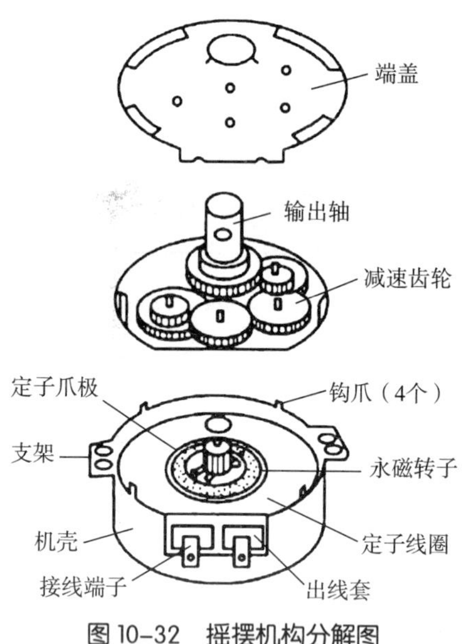

图 10-32　摇摆机构分解图

5. 外壳及底座

外壳及底座起支撑、防护及装饰作用。它一般采用塑料注塑成型或用薄铁皮冲压成型。

三、红外式取暖器引起火灾原因及痕迹特征

远红外石英管取暖器引起火灾的原因有长时间烘烤衣物蓄热起火、近距离靠近可燃物起火、覆盖可燃物起火和内部线路短路、加热元件故障、温控开关失灵、电源线路故障引燃可燃物起火。从火灾调查实践工作看，主要有以下痕迹特征：

1. 红外线取暖器长时间烘烤衣物蓄热起火

利用取暖器烘烤衣物，容易长时间蓄热起火。该类火灾的特征痕迹表现为：取暖器位置两侧墙体整体烧损脱落，形成 V 形烧

损痕迹。取暖器位置对应的屋顶抹灰层严重剥落。取暖器金属外壳受高温氧化变色严重。取暖器内部金属反射膜长时间受高温作用变黑、发脆。

2. 红外线取暖器近距离靠近可燃物起火

红外线取暖器表面温度较高，使用时近距离靠近可燃物，容易引发火灾。该类火灾的特征痕迹表现为：火势以取暖器为中心向四周蔓延，地面瓷砖炸裂，如图 10–33a 所示；屋顶抹灰层脱落，如图 10–33b 所示；石英管表面干净，呈白色，如图 10–33c 所示；安全金属罩上有可燃织物残骸，如图 10–33d 所示。

a）　b）　c）　d）

图 10–33　石英管风扇型取暖器使用不慎起火

a）火势蔓延，地面瓷砖炸裂　b）屋顶抹灰层脱落

c）石英管表面干净，呈白色　d）安全金属罩上有可燃织物残骸

四、调查主要内容和方法

1. 勘验要点

（1）勘查起火部位是否有电加热元件、金属防护罩、壳体等电取暖器残骸。

（2）勘查电取暖器残骸上是否附着有可燃物残骸。

（3）勘查电取暖器是否处于通电使用状态。

（4）勘查电取暖器加热元件变色、短路等情况。

（5）勘查电取暖器周围的可燃物烧损、炭化及烟熏等痕迹，确认其是否符合起火点的蔓延特征。

2. 询问要点

（1）基本情况：品牌型号、功率大小、加热方式、购置时间、有无防跌倒保护和温控功能等情况。

（2）使用情况：放置位置、是否通电、使用时长、有无异味和异响等情况。

（3）环境情况：周围可燃物种类和分布情况、相对距离、是否覆盖等情况。

（4）改造及维修情况：是否经过改装以及改装部位、是否有过故障及维修处置情况。

第四节　感应式电热器具火灾调查

导体在交变磁场中可以产生感应电流，即涡流。感应式电热元器件是利用涡流能够在导体内部电阻上产生热效应的原理制成的，如电磁灶中的线盘（线圈），其外形结构如图 10–34 所示。

图 10–34　感应式线盘

电磁灶是生活中最常用的感应式电热器具，通过电流产生交变磁场使铁质锅具中的铁原子振动加速生热，实现加热功能的电热器具，当炉面上未放置铁质锅具时，即使处于通电状态也不会生热，安全性较高。但电磁灶因自身电气故障或使用不当干烧引发的火灾却时有发生。本节重点介绍电磁灶火灾相关内容。

一、电磁灶的结构

家用型电磁灶由外壳、面板、风机组件、发热线盘、检测组件及电路主板等组成。电磁灶整机结构分解图如图 10–35 所示。

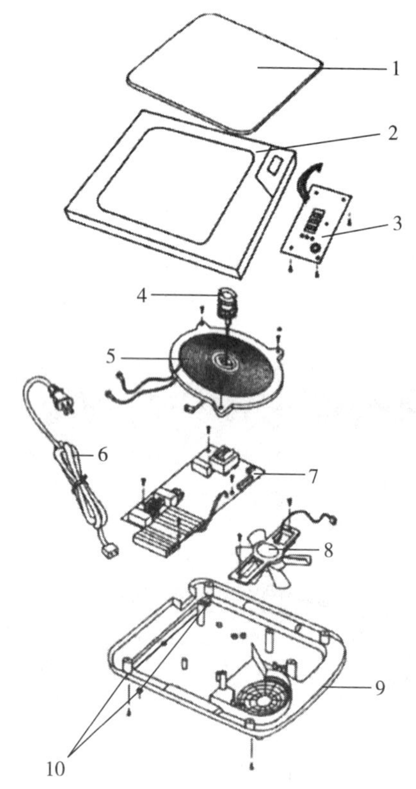

图 10–35　电磁灶整机结构分解图

1—微晶板　2—上盖外壳　3—控制板　4—温度采样器　5—发热盘　6—电源线
7—电子主板　8—电动机　9—下盖外壳　10—炉脚

二、电磁灶引起火灾原因及痕迹特征

电磁灶火灾常见原因有线盘匝间短路、电路板元器件故障、电源线路短路、无保护干烧等。电磁灶本体引发火灾时，内部烧损一般重于外部，外壳内表面炭化、烟熏痕迹明显。外部火烧引燃电磁灶时，则呈现外部烟熏、烧损重于内部的特征。电磁灶本身原因引发火灾主要有以下痕迹特征：

1. 线盘匝间短路起火

电磁灶进行满功率长时间加热时会产生高温，加速线盘绝缘漆老化，形成线盘匝间短路，引燃塑料底壳及周边可燃物。线盘匝间短路起火的痕迹特征包括：当线圈匝间发生点对点短路时，线盘上会有明显的短路故障点，如图 10–36 所示；当线圈匝间发生线圈与线圈的多点短路时，线盘上会有明显的大面积短路熔融痕迹，如图 10–37 所示。

图 10–36　线盘短路熔痕故障点

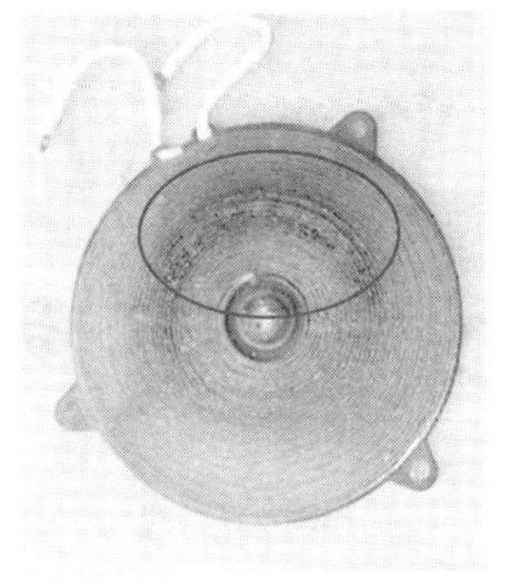

图 10–37　线盘上形成的大面积短路痕迹

2. 电路板元器件故障引起火灾

电路板元器件故障起火的痕迹特征包括：当电容鼓包内部形成的气体压力增大，电容就可能发生爆裂，形成电容故障痕迹，如图 10–38 所示；当整流桥发生短路，局部会呈现高温变色痕迹，如图 10–39 所示。

图 10–38　电容故障痕迹

图 10–39　电路板整流桥短路痕迹

3. 电源线短路起火

电源线质量不满足使用要求，长期过热使用造成绝缘层失效，形成短路引发火灾。痕迹特征为：电源线绝缘皮呈现内焦状态，线上存在短路点，提取物证送检后呈现短路金相特征。

4. 电磁灶使用不当干烧起火

个别使用者将湿毛巾、纸等可燃物覆盖在电磁灶表面或相邻位置，当炊具出现干烧时，极易引起可燃物燃烧，此种情况下，电磁灶面板与炊具底部一般会附着毛巾等可燃物的炭化物，使用的毛巾会有炭化烧蚀痕迹，如图 10–40 所示。

三、调查主要内容和方法

1. 勘验要点

（1）起火点处是否放置电磁灶，电磁灶是否通电。

（2）电磁灶是否有内热痕迹，电源线上是否存在短路点，绝缘层的焦化状态；电磁灶内部线圈、电容等元器件是否存在故障点。

a）

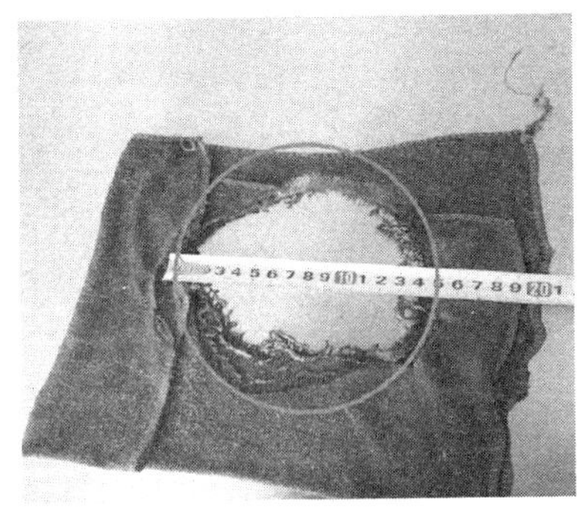

b）

图 10-40　电磁灶干烧痕迹

a）电磁灶干烧　b）干烧后毛巾炭化烧蚀痕迹

（3）炊具内食物焦煳状态，炊具底部干烧变色痕迹，电磁灶面板与炊具底部是否有毛巾等可燃物炭化物。

2. 询问要点

（1）电磁灶品牌、型号、功率及使用年限，是否有 3C 认证。

（2）电磁灶的放置位置、持续使用时间。

（3）火灾前是否听到异响或发生其他异常情况；控制面板是否曾经出现错误提示；近期是否进行过维修，维修的部分和更换的元器件有哪些。

（4）电磁灶周边可燃物分布情况。

第五节 微波式电热器具火灾调查

微波是电磁波，频率较高。微波炉工作时，电能首先转换成微波能量，再对物体进行加热。微波炉使用方便、加热效率高，被广泛应用，引发的火灾也时有发生。本节重点介绍微波炉火灾相关内容。

一、微波炉的结构

家用普及型微波炉的基本结构如图 10–41 所示，主要由磁控管、波导管、搅拌器、炉腔体、旋转工作台、炉门及控制系统等组成。

二、微波炉引起火灾原因及痕迹特征

微波炉常见火灾原因有长时间加热达到可燃物自燃点、微波炉高温外表面引燃可燃物、电气线路故障、电子元器件故障等。微波炉引发火灾，在贴近的墙面会形成 V 字形烟熏痕迹，微波炉内部烧损较为严重，外部烧损相对较轻，腔体烟熏、变色、锈蚀内重外轻，加热残留物炭化严重，拆解金属外壳可见电气线路及元器件故障点。周围火灾荷载较大、燃烧充分时，需要进一步提取微波炉内部的电气线路及电子元器件进行技术鉴定，综合判定起火原因。

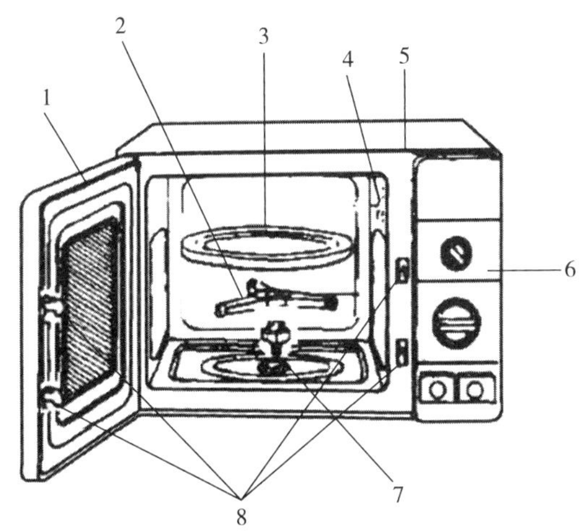

图 10-41　微波炉结构

1—炉门　2—转盘架　3—玻璃托盘　4—炉灯　5—通风孔　6—控制板
7—转动连接装置　8—门安全装置

1. 长时间加热达到可燃物自燃点起火

加热时间过长，物品温升过高，达到加热物自燃点起火。炉腔内部烧损程度重于外部；腔体内壁变色、变形较外部严重，上部附着大量烟迹，并有火势向外蔓延的痕迹，炉腔内残留食物炭化严重，如图 10-42 所示。

2. 微波炉高温外表面引燃可燃物

可燃物放置处微波炉表面局部变色严重，有炭化残留物痕迹，如图 10-43 所示。

图 10-42　微波炉加热食物炭化痕迹

图 10-43　微波炉散热不畅引发火灾痕迹

3. 电气线路故障引发火灾

电气线路存在短路、接触不良、过负荷等故障点，常见于控制面板及转盘电动机线路处，如图 10–44、图 10–45 所示。

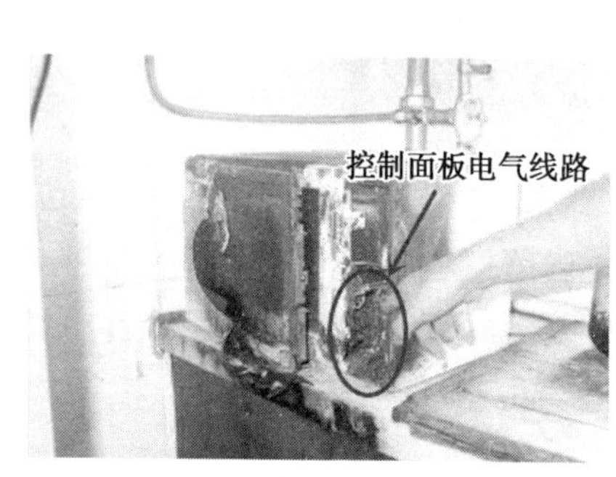

图 10-44　控制面板电气线路故障痕迹

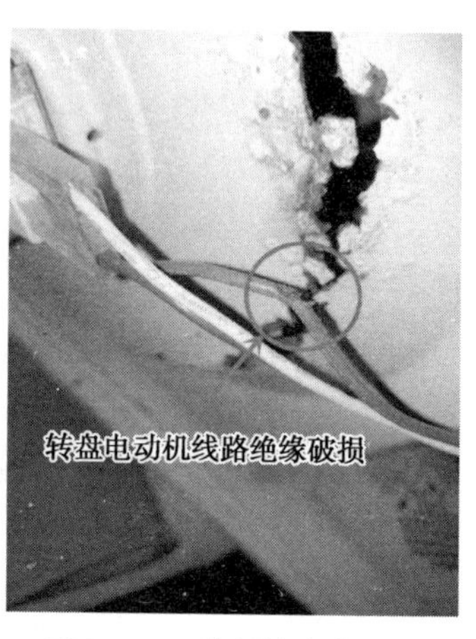

图 10-45　底部转盘电动机线路故障痕迹

4. 电子元器件故障引发火灾

微波炉长时间空转、过热保护器失效等导致过热、高压电容器故障等，会使磁控管的发射头打火、局部过热，从而引燃周围可燃物引发火灾。磁控管天线套管有局部熔融痕迹，如图 10–46 所示；腔体内云母片有击穿痕迹，如图 10–47 所示。

图 10–46　磁控管天线套管故障痕迹

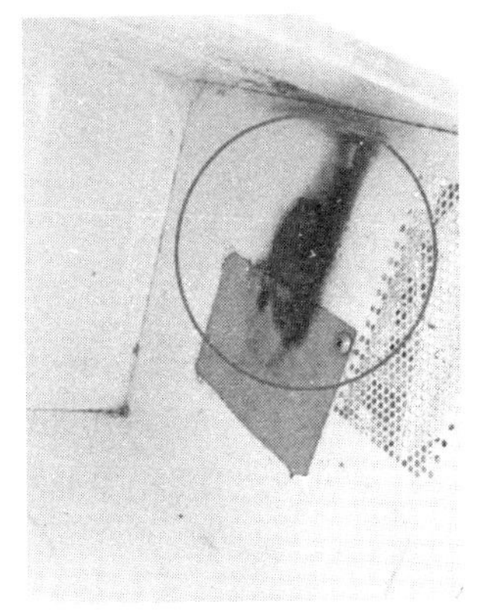

图 10–47　微波炉云母片击穿痕迹

三、调查主要内容和方法

1. 勘验要点

（1）勘验微波炉炉腔内食物、箱体内外烧损状态。

（2）勘验周围燃烧残留物的种类、位置及残留状态。

（3）勘验内部高压变压器、高压电容等电子元器件及电气线路是否存在故障点。

2. 询问要点

（1）微波炉购买年限、品牌、型号、功率，通电状态及使用情况。

（2）加热食物及使用器皿的种类，周围可燃物的种类、位置、距离。

（3）有无维修，维修的部位及更换的元器件。

参考文献

[1] 国际消防官委员会，国际放火火灾调查员委员会，美国消防协会编．火灾调查员——《火灾和爆炸调查指南》和《火灾调查员职业资格认证标准》的原则与实践［M］．5 版．张金专，李阳，等译．北京：中国人事出版社，2020.

[2] 应急管理部消防救援局．火灾调查与处理（高级篇）[M]．北京：新华出版社，2021.

[3] 应急管理部消防救援局．火灾调查与处理（中级篇）[M]．北京：新华出版社，2021.

[4] 杨云．一起室外架空线路火灾事故的调查分析［J］．消防科学与技术，2014，4（48）：575-578.

[5] 张一军．几起电缆槽内电缆短路火灾的调查与分析［J］．武警学院学报，2015，12（31）：92-96.

[6] 林漫亚．配电系统接地故障与电气火灾的预防［J］．大众用电，2016，31（10）：35-36.

[7] 姚圣祥．开关电源火灾故障案例分析和思路探讨［J］．今日消防，2021，6（11）：112-114.

[8] 利国明．万用孔插座易引发电气火灾［J］．大众用电，2015，30（6）：40.

[9] 孙坚．变压器［M］．北京：中国劳动社会保障出版社，2006.

[10] 戴巍．电力变压器火灾事故预防［J］．安全，2007（5）：46.

[11] 封栋梁．干式变压器优化设计研究［D］．南京：东南大学，2005.

[12] 赵志刚，徐征宇，王健一，等．大型电力变压器火灾安全研究［J］．高电压技术，2015，41（10）：3378-3384.

[13] 丁皋生，邹旭昭．220 kV 及以上大型主变压器消防灭火对策研究

（二）——火灾检测和启动方式的调研分析［J］. 上海电力，2004（4）：311-315.
［14］耿明. 干式变压器火灾现场勘查［J］. 消防技术与产品信息，2010（9）：19.
［15］曲先寨，赵承杰. 浅析变压器发生火灾、爆炸的原因［J］. 安全健康和环境，2010，10（4）：11-12.
［16］沈海涛. 变压器火灾及预防［J］. 中国安全生产科学技术，2005，1（3）：69-71.
［17］邓剑机. 浅析变压器火灾发生的原因［J］. 机电工程技术，2004，33（8）：151-152.
［18］威廉·阿特金逊. 变压器火灾的原因及预防［J］. 水利水电快报，2001（22）：35.
［19］杜本杰，汤光鑫. 油浸变压器的火灾危险性及预防措施［J］. 消防科学与技术，2005（25）：146-147.
［20］郭殿胜. 如何防止变压器火灾和爆炸［J］. 安全生产，2014，22（2）：30.
［21］徐和平. 变压器发生火灾的原因及防范措施［J］. 安全用电，2002（12）：34.
［22］郑含博. 电力变压器状态评估及故障诊断方法研究［D］. 重庆：重庆大学，2012.
［23］武建强. 简述干式变压器的使用［J］. 山西建筑，2007（34）：65-66.
［24］卫广昭. 电气火灾痕迹物证提取和原因认定中需要注意的问题［J］. 消防技术与产品信息，2011（9）：21-22.
［25］万志强. 绝缘油色谱分析与故障诊断［J］. 设备管理与改造，2012（24）：89-90.
［26］耿庆鲁，白海斌. 大功率电动机的火灾危险和防火措施［J］. 氯碱工业，2017，53（08）：23-25.
［27］余振平. 电动机火灾的勘查检验技术［J］. 福建分析测试，2011，20（04）：48-51.
［28］王春华. 电动机在生产运行中的火灾危险及其预防［J］. 安全，2006（6）：41-42.
［29］周英歌. 维修空调器引发的火灾［J］. 农村电工，2003（2）：36.

[30] 唐燚. 空调电气系统火灾事故的分析与防范措施 [J]. 铁道车辆，2001 (39)：43-45.

[31] 熊建军. 空调客车电气系统火灾事故的防范 [J]. 铁道机车车辆，2002 (3)：50-51.

[32] 陈水良. 谨防空调器火灾 [J]. 甘肃消防，2001 (7)：36.

[33] 超然，万善朝. 空调器常见火因及预防措施 [J]. 消防月刊，2002：22-23.

[34] 杨同富. 空调设备的火灾危险及预防措施 [J]. 上海消防，1994 (3)：34-35.

[35] 晓月. 使用空调器也应注意引起火灾 [J]. 家用电器，2001 (9)：23.

[36] 商允领. 家用空调器的分类及特点 [J]. 农村电气化，2000 (6)：48.

[37] 刘栋臣. 电冰箱的防火防爆 [J]. 上海消防，1995 (7)：39.

[38] 王忠. 电冰箱火灾原因认定 [J]. 山东消防，1997 (3)：40-41.

[39] 黄熠. 真空绝热板及其在冰箱上的应用 [J]. 制冷技术，2011 (1)：38.

[40] 孙贺明. 浅析电冰箱的工作原理及使用方法 [J]. 林业科技情报，2011，43 (2)：76-77.

[41] 周大勇. 电冰箱结构原理与维修 [M]. 北京：机械工业出版社，2010.

[42] 熊德永. R134a、R600a 环保型制冷剂的特性探讨 [J]. 化工与材料，2010 (4)：25-26.

[43] 卓洪强. 电冰箱电气控制系统常见故障分析与排除 [J]. 科技风，2012 (4)：54.

[44] 谢松明，张永丰. 电视机火场现场勘验方法研究 [J]. 消防科学与技术，2008 (8)：153-154.

[45] 何祖锡. 彩色电视机原理与维修 [M]. 北京：电子工业出版社，2005.

[46] 韩广兴. 液晶和等离子体电视机原理和维修 [M]. 北京：电子工业出版社，2009.

[47] 程美玲. 用电器维修简明实用手册 [M]. 江苏：科学技术出版社，2009.

[48] 吴丹萍. 电视机火灾原因初探及防治措施 [J]. 中消协电防委 2005 年学术论文专刊，2005：43-44.

[49] 张校珩. 等离子电视机和液晶电视机原理与维修 [M]. 北京：金盾出

版社，2007.
[50] 郭强．最新液晶电视显示应用 [M]. 北京：电子工业出版社，2006.
[51] 陈广坤．怎样预防计算机火灾 [J]. 山东消防，2002（1）:19.
[52] 洪刚．警惕计算机火灾 [J]. 云南消防，2003（11）:27.
[53] 陈长红．雷击火灾的预防 [J]. 安全与健康，2006（11）：35.
[54] 孙正新．大、中型计算机中心的火灾危险性及防火对策 [J]. 山东消防，2001（5）：32.
[55] 梁和．计算机组装与维修 [M]. 北京：清华大学出版社，2007.
[56] 李云峰．容易忽视的显示器故障 [J]. 计算机迷，2006（4）：35.
[57] 吴琦．电源适配器常见的质量问题 [J]. 电子质量，2005（1）：24.
[58] 张学楷．利用电气原理判定起火部位的典型应用 [J]. 消防科学与技术，2003（5）：33-34.
[59] 刘振刚．电气照明火灾危险性分析及其预防措施 [J]. 消防科学与技术，2001，5（3）：59-61.
[60] 荣彦超．LED 光源火灾危险性探究 [J]. 武警学院学报，2019，35（8）：45-49.
[61] 金静，张金专．碘钨灯引燃能力实验研究 [J]. 消防科学与技术，2016，35（4）：587-590.
[62] 邸曼，尹绍奎．火灾现场中电饭锅残留痕迹的鉴别 [J]. 消防科学与技术，2004（3）：298-300.
[63] 何沛．对一起电热毯引发的亡人火灾事故原因认定 [J]. 消防技术与产品信息，2010（9）：13-15.
[64] 罗文．不同使用状况下热得快电热丝的显微断口形貌分析 [J]. 武警学院学报，2014，30（4）：16-18.